U0391372

6+安特卫普时尚

|比利时|琳达·洛帕 等——著

6+ Antwerp Fashion

Linda Loppa——吴 俊伸—译

重庆大学出版社

目录

Haider Ackermann 2006—2007 秋冬系列

6+ 安特卫普时尚在弗拉芒议会大厅

过去的一段时间里，在弗拉芒议会大厅举办了一系列大家认为非常先锋的展览。有“法兰德斯设计偶像（Icons of Design in Flanders）”（2003 年 10 月—2004 年 3 月），“帕纳马朗科在弗拉芒议会：陆海空（Panamarenko at the Flemish Parliamnt: On Land, at Sea and in the Air）”（2004 年 10 月—2005 年 3 月），“让·法布尔在弗拉芒议会：灯箱与概念模型 1977—2004（Jan Fabre at the Flemish Parliament: Viewing Boxes and Concept Models 1977—2004）（2006 年 1 月—6 月）”，“6+. 安特卫普时尚在弗拉芒议会大厅（6+. Antwerp Fashion at the Flemish Parliament）”是在此举办的第四个展览。

虽然通常人们很难想象，但一个议会其实非常需要敞开大门，举办面向大众的活动。作为弗拉芒人的代表，我们有三个主要工作：常规立法、管理政府以及调整预算。在这个过程中，议会不断成长，变成了一个具有自我意识的弗拉芒人的真正标志。特别是这些蓬勃发展的新专业主义，也成为了我们关键的优势。

作为一个努力宣扬其独特个性的议会，我认为这个议会还有第四个作用：透明屋。我们就像一扇在布鲁塞尔敞开的弗拉芒窗口，好多到访过的客人都会继续关注我们的工作，这就是最好的例子。我们通过把议会更多地推向公众来找寻和市民的更多接触。将不同的人和观点放在一起，有利于议会在更大范围内更良好地实行民主。通过一个展览将人们聚集在一起，就是让人们更好地认识弗拉芒议会的第一步。

能将这个展览带到弗拉芒议会大厅，我们感到非常自豪。它所关注的安特卫普时尚正是当代弗拉芒经济的重要组成部分。这本书的内容也非常独特，它完整地记录了安特卫普如何在巴黎、伦敦、米兰之后崛起，并成为全球时尚之都，同时，也阐述了台前幕后的安特卫普时尚学院的学生们在国际范围内推进时尚发展的过程。

我希望各位能享受这个展览和这本书。

弗拉芒议会发言人

玛莲·凡德波登（Marleen Vanderpoorten）

Veroniuque Branquinho，1998 春夏系列

时尚，魔幻时刻

向前看。不管是时装设计师、化妆师、发型师、平面设计师、摄影师、场景设计师、记者、灯光音响设计师、模特经纪公司，或者简单地概括——所有和我们一样热爱时尚的人，都在向前看。说起来从我们初涉时尚到现在已经有40年了。在这期间有什么改变吗？并没有。不管是当时还是现在，老师们都在传承特定的规则，一种关于身体和版型的语言，为时尚学习提供基础。他们的存在让我们每个人都懂得如何表达自己的独特个性，他们刺激我们成为潮流的制定者，而不是追寻某个系统。系统随着时代在改变，任务随之得到细化与优化，技术也更加先进。在这些变化之后，制衣的传统却依然存在。设计师们时而给我们指明方向，时而带领我们走向一条意想不到的道路，给我们带来惊喜，可是最重要的是，他们给了时尚不断往前的力量。男男女女们通过手中的面料、发明的新版型、改进轮廓，奠基与刺激着时尚这个魔幻时刻。这些时刻保证了绝对的时尚，让独特的设计师们能够在未来带给我们惊喜，让我们的设计师能够征服北美、亚洲、俄罗斯和中东：他们会拓展新的地平线，发展我们的产业，是我们的学校和博物馆的寄托。

在这之中当然有对于我个人来说非常重要的时刻：1968剧变、安特卫普沃尔街和de Muze咖啡厅、80年代和“金纺锤大赛”、90年代安特卫普时尚的大突破。而时尚和创意也是一种行动与反应，是社会与艺术革命的回应，也是政治情况的体现，如：“9·11”事件等。我们想通过这个展览和这本书记录这些重要的时刻，因为在过去的40年里，在安特卫普，弗拉芒人撰写了新的历史。对此，我们非常自豪。

安特卫普时尚博物馆受到弗拉芒议会的邀请，将这段历史用展览和出版物的方式呈现。在此，我对议会，以及其发言人玛莲·凡德波登对我们的信任和慷慨表示感谢。

时尚是一个梦，让我们永远沉醉其中！

安特卫普时尚博物馆馆长
琳达·洛帕（Linda Loppa）

Dries Van Noten，1997—1998 秋冬系列

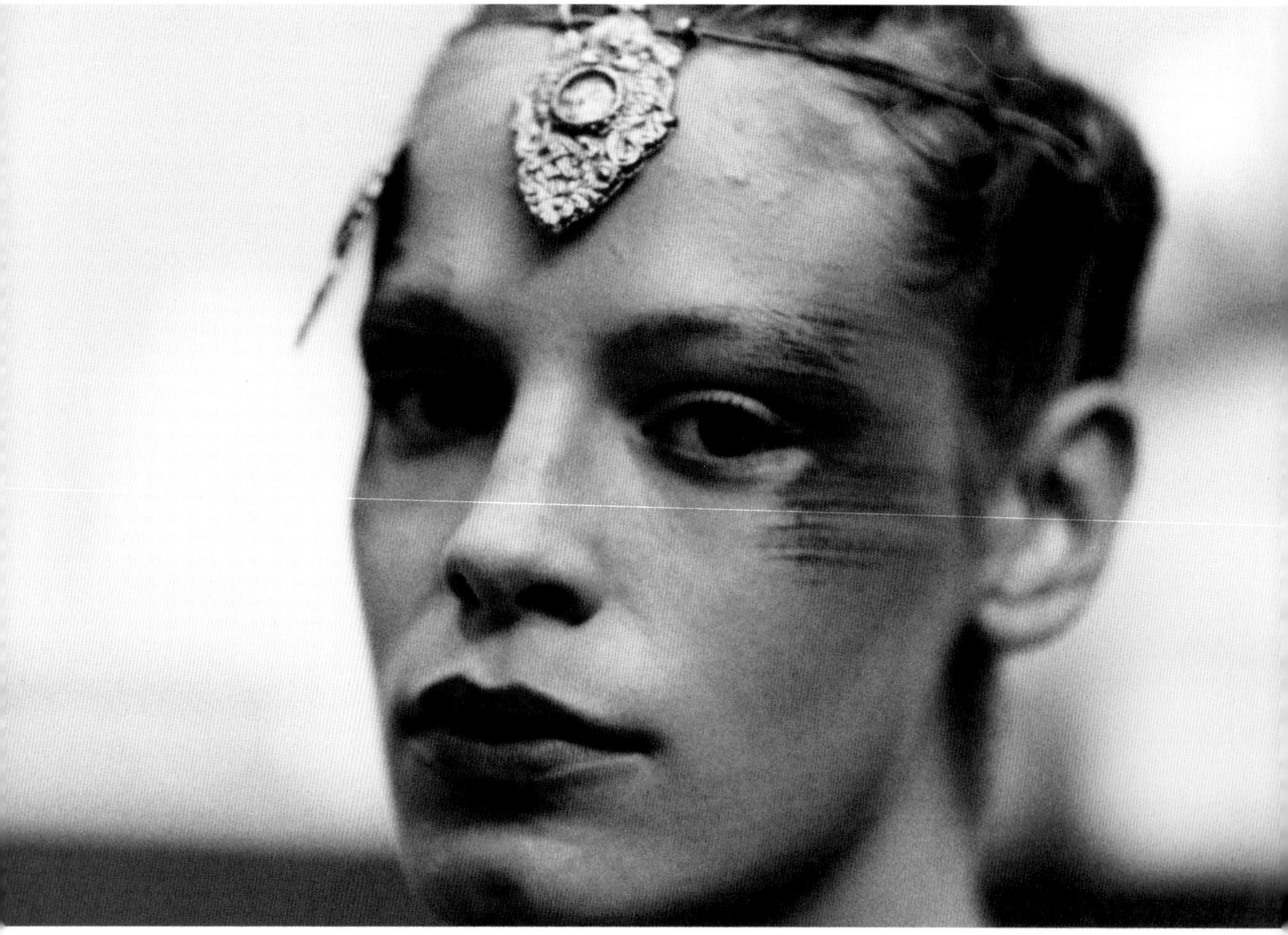

本书的内封来自一张1989年安特卫普设计师安·得穆鲁梅斯特（Ann Demeulemeester）设计的照片。这张照片被策展人选为书的封面和展览的海报图片，因为大家都认为它最好地代表了安特卫普时尚的性格，无关明星，无关风采，只有低调。而这张照片主题的模糊不清让人有很多解读。模特充满了神秘感，她的双眼被蒙蔽，可是她看上去却不是束手无力。她的双唇放松，双手充满深意，像是准备好搏击。她的眼罩是黑色的，所以她可能处于一局比赛中，或者她根本只是装作眼睛被罩住。

通常即将被处决的人都会被戴上眼罩，可是她看上去却不是那样：她的双手自由，正在调整自己的眼罩，所以她不是囚徒。眼罩看上去像“佐罗的面具”，她的衬衫像海盗的衬衫。也许她就是个海盗，像是18世纪隐姓埋名化妆成男人的女海盗。她的眼睛被罩起来，失去了看的能力。而这个眼罩也是一个面具，如果看的能力那么强大，同样，这个面具也有强大的力量，甚至更多。1929年，精神分析学家乔安·里维埃尔（Joan Rivière）在一篇后来常被引用的文章中写道：

“女性特征，可以被看作一个可以穿戴的假面。读者可能现在会问我，我如何去定义女性特征，又如何去划分真实的女性特征和它的假面。我的观点是，它们没有区别。不管是表面上，还是根本上，它们都是一回事。”[1]

到了20世纪80年代，这个假面的理论得到发展，给予了新一代的女性通过身体表面表现女性特征的方式。这个理论认为，女性特征并不是一个生物性的自然特征，而是一种文化发展的结果，一种文化的展示。妆容、肢体动作、时尚等都是这个假面的组成部分，可以假扮，可以根据需要变形，可以掩饰想要掩饰的地方，可以成为你想成为的任何东西。人类学家克洛德·列维-斯特劳斯（Claude Lévi-Strauss）观察到：“面具并不是它所代表的东西，而是它成为的东西。”[2] 一个自愿戴上面具的女人掌握了整个形象的控制权，也就掌握了女性特征这个假面。

在沃特·范·贝尔道克的W.&L.T.（Wild & Lethal Trash）1992年春夏系列的图片中也有一个戴着面具的女人，不一样的是，她的眼睛没有被遮住，她能看得见。而这个面具是画上去的，而不是布，就像是一层新的皮肤。这让人联想到雷德利·斯科特（Ridley Scott）电影《银翼杀手》（*Blade Runner*）中的人造人“普丽丝”（Pris），她在脸上画了一条黑色的眼

1 乔安·里维埃尔（Joan Rivière）：《作为面具的女性特征》（*Womanliness as a Masquerade*），《国际心理分析期刊》（*The International Journal of Psycho-Analysis*），1929年。

2 克洛德·列维-斯特劳斯（Claude Lévi-Strauss）：《面具之道》（*The Way of the Masks*），1982年。

Walter Van Beirendonck，W.&L.T.，1992 春夏系列

影来遮住眼睛。化妆师英格·格罗纳（Inge Grognard）在模特脸上画的黑色眼影和红色唇妆，像两条缎带缠绕模特的脸，看起来就像临行的战士一样。而这样一个妆面打破了通常的观念，和平常人们看到红唇与黑眼影的联想大不相同。相似的是，在20世纪80年代早期，COMME des GARÇONS 的模特妆面看起来像从脸上“滑落”一样：脸蛋上不小心溜出一抹口红，颧骨上出现一抹黑眼影，就好像是淤青。1975年，作家安吉拉·卡特（Angela Carter）在描述20世纪60年代短暂的“红眼黑唇”风潮时说，这种人工的对于所谓“自然”秩序的颠覆，实际上揭露了口红的事实——“脸上的伤口”。[3] 对于卡特来说，这种特殊的妆容激进地揭露了潜伏在平常妆容下的隐喻。

在 Dries Van Noten 的1997—1998秋冬系列中，模特的脸看起来好像被一个尖锐平面刮伤了一样，刮痕取代了眼影和腮红。同 W.&L.T. 中的形象相似，它们都颠覆了化妆品是为了让女人更美而存在的事实，并且揭露了它的诡计。化完妆后，精巧的雕琢完成了，在它之后，看不见的“女主人”可以开始操纵她的假面。她们可以成为海盗、展示行走的伤口：所有的这些都成为可能，可是它们都不是一个固定的现实。女性特征的假面永无止尽地在表面演出，而在背后并没有一个“真实”的性别，因为有着数不清的面具，在上面能够上演精心排练的女性特征戏剧。这也是超现实主义艺术家克劳德·卡恩（Claude Cahun）作品的背后支撑。她在1919年之后有意拒绝通常观念上的女性特征。她剃光了头发，或者把寸头染成粉红或绿色。她拍摄自己在各种环境和伪装下的照片：不管是男人、女人还是木偶，她都有一个精心设计的故事。卡恩也深知化妆后的脸就像一副面具一样，其后并不存在一个“真我”。在一幅拼贴画上，她叠映了一张又一张自己的脸，在旁边写道：“在这副面具之下，有另一副面具。我永远不会取下它们。”

在 A.F. Vandevorst—2002 春夏系列的图片中，同样由英格·格罗纳打造的妆容像一个邪恶的小丑。这不免让人联想到杰克·尼科尔森（Jack Nicholson）在“蝙蝠侠”系列中扮演的小丑，以及后来辛蒂·雪曼（Cindy Sherman）在2003年6月为《Vogue》杂志英国版拍摄的小丑系列。[4] 格罗纳的小丑早于雪曼一年，通过在毫无血色的脸上龇牙咧嘴展现了小丑邪恶的潜质。雪曼在“9·11”事件之后开始制作小丑系列，揭露了小丑阴暗和扰人的一面，让“麦当劳叔叔”的脸看起来又阴郁又可怕。格罗纳创造的形象则更加模糊不清，徘徊在威胁与畅快之间。模特的眼睛虽然被帽子的影子遮住，但由于她脸的朝向，让人感觉她好像在试探性地看着你。正因为我们看不到她的眼睛，所以这个形象就变得非常吸引人。她有一种“小赖子”式的女性特征：她的长发和裸露的皮肤形成对比，一方面像个小女孩，另一方面

3　安吉拉·卡特（Angela Carter）：《无所畏惧》（*Nothing Sacred: Selected Writings*），伦敦，1982年。
4　辛蒂·雪曼（Cindy Sherman）：《无题144》（*Untitled #144*），2003年。

A.F. Vandevorst，2002 春夏系列

Dirk Van Saene，1998 春夏系列

又让人轻微地联想到胸毛，所以又很男性化。她可以是个假小子、海盗、变形者，或者骗子。也许化妆师才是真正的骗子吧。

格罗纳为 Maison Martin Margiela 1996—1997 秋冬系列创造的形象也让人联想到辛蒂·雪曼的另一个作品：图片中她穿着一身 80 年代的套装，一头凌乱的金发遮住了脸，双手在身体旁握拳，好像在用力反抗这张脸。[5] 格罗纳的设计灵感来自于戴帽子时在脸上留下的阴影，更加细腻与暧昧。这张半黑半白的脸上既像有着阴影，又像戴着面纱，同时还画着鲜艳的红唇。可是这个面纱是画上去的：就像在 W.&L.T. 中的妆面一样，这是皮肤，不是布料。这种暧昧就像艾尔莎·夏帕瑞丽（Elsa Schiaparelli）设计的 30 年代山羊皮手套一样，在指尖镶上了红色的蛇皮指甲。意义的游戏总是在身体表面进行。皮肤、面料、化妆、颜色组成了看不见的层次，就像威尼斯画派的油画一样。这里，我们刚好能看到一点模特的眼睛，被头发遮住一半，神秘而诱惑，就像面纱本身一样。这张图片陈述了一个矛盾：一方面眼睛作为"灵魂的窗口"在那儿，透露"真我"的信息；另一方面，强调表面的假面层层叠叠，表明"真我"只存在于幻想之中，而所谓的深刻意义也只存在于表面之上。

格罗纳为 Dirk Van Saene 1998 春夏系列创作的造型和她平常的风格不太一样，模特天真、可爱的少女素颜被一个泥巴色画出的框架罩住。可是即使这张脸也是个面具，女性特征的假面不仅存在于化妆之中，就像卡恩所说的，"在这副面具之下，有另一个面具"。模特的左半边是凌乱的金发，也许她真的有很多副面具，甚至很多张脸。也许她明天就会戴上另一张脸，从天真的少女变成狩猎的欲女。或许这一切都是我们投射在她身上的影像，她只是戴上了面具，我们就像变魔法一样把各种意义附着在上面。朱迪斯·威廉姆森（Judith Williamson）曾在一篇关于辛蒂·雪曼的文章中写道，一个人在一个场合中得到的待遇，往往取决于那个早晨的第一个决定——穿什么。[6]

作家安德里亚·斯图尔特（Andrea Stuart）曾指出，20 世纪初的歌舞秀场女孩（Showgirl），是典型的现代女性，她们每天例行的化妆是一种表演自己存在的方法。这些女孩们不再作为男性眼光下的被动物件存在，她们生产自己的形象。她们化妆台前的镜子则是"一个自我意识的工具，一个女人为自己表演的场所，一个她发现与改变自我的地方"。[7] 每个女人都会这么做，只是模特们更专业，因为她们的工作就是当"变色龙"。玛丽·安妮·多恩（Mary Ann Doane）说过："假面在女性特征的炫耀中，保持了一段距离。"[8] 而在这个过程中，天真的少女形象永远是最好的假面。

5　辛蒂·雪曼：《无题 122》（*Untitled #122*），1983 年。
6　朱迪斯·威廉姆森（Judith Williamson）：《消费热情》（*Consuming Passions*），1984 年。
7　安德里亚·斯图尔特（Andrea Stuart）：《秀场女孩》（*Showgirls*），伦敦，1996 年。
8　玛丽·安妮·多恩（Mary Ann Doane）：《电影与假面：女性观众的理论化》（*Film and the Masquerade: Theorizing the Female Spectator*），《银幕》（*Screen*）期刊，1982 年。

Maison Martin Margiela，1996—1997 秋冬系列

安特卫普艺术学院，时装科，三年级，1977 年［佚名］

1663—1982

Antwerpse mode-klas op verkenning

Jo Wyckmans : expeditie doorheen de Londense mode-wereld

Jo Wyckmans : «Londense mode uitdagend» (M)

« IK HOU NIET van de Londense modecreaties, maar er zitten wel ideeën in die tot iets kunnen uitgroeien ». Aldus de mening van Jo Wyckmans, een van de vijftien studenten van de Antwerpse Academie, die onder leiding van de professoren mevr. M. Prijot en de h. P. Serneels, een studiereis ondernamen naar de Britse hoofdstad. Vermits het hier de klas voor mode en kostuum betrof, ging de aandacht in de eerste plaats uit naar de jongste modecreaties, het kostuumatelier van de Royal Opera, de winkelstraten, en werden de bezoeken aan de historische gebouwen en musea tot een minimum herleid.

DAGSCHUIMER

Voor Jo Wyckmans was de kennismaking met Londen een verrassing en anderzijds ook een ontgoocheling.

— De stad heeft op mij meer indruk gemaakt dan Parijs, maar voor wat de mode betreft blijft Parijs het centrum. Een eerste duidelijk verschil is het volgende : De Parijse mode richt zich tot de hoge wereld ; de Londense meer tot een lagere klasse. Het zijn trouwens uitsluitende de jonge meisjes die te Londen de moderichtlijnen volgen. Voor hen is het vooral een reactie tegen het conservatieve.

Het wordt een «demonstratie» die naar het ordinaire verglijdt, veel aandacht schenkt aan sex, en slechts nu en dan plezierig is. Met hun korte rokken - zij doen aan twintig centimeter boven de knie - en hun wit geschminkte gezichten kan men nog moeilijk gewagen van vrouwelijke charme. Het zijn jongemensen die er dikwijls uitgeleefd uitzien. De groep die dit volgt is zestien tot twintig jaar oud. Zij werken om kleding en platen te kunnen kopen. Hiermee schijnt hun wereldbeeld af te zijn.

— Voor de herenmode blijft Londen de top voor wat het klassieke aangaat. De zakenman met de bolhoed houdt er trouwens stand. Daarnaast streeft men er in de herenmode eveneens naar een reactie op het conservatieve. Men tracht aanpassingen te vinden op de militaire uniformen van 1800. De Londense mode wordt dus gekenmerkt door het uitdagende, het te opzichtige, en bereikt niet het gedistingeerde.

Zij wordt dan ook niet door de elite aanvaard. Dit wil niet zeggen dat er te Londen geen ideeën te vinden zijn. Die zijn er veelvuldig, maar zij worden niet voldoende uitgewerkt.

— Te Londen ontstaan de ideeën, maar Parijs heeft de soepelheid om ze tot iets moois uit te werken. Dit verschijnsel is trouwens ook in de etalagekunst te zien. Er worden heel wat inspanningen gedaan, maar men heeft altijd de indruk dat ze niet helemaal af zijn. Toch is het best mogelijk dat wat men nu te Londen ziet, het begin is van iets groots. De stoot wordt immers gegeven door jonge mensen die iets durven. De huidige mode wordt er bepaald door enkele jonge ontwerpsters, van 22 tot 28 jaar, die pas hun studies voltooid hebben. En zij vinden er een massale navolging, wat bij ons zelfs niet mogelijk zou zijn. Dat komt door de grootstadsfeer, waar men zich vrijer voelt.

Jo Wyckmans houdt van het mode-vak, maar blijft zeer nuchter tegenover alle nieuwigheden.

— Bij mode mag men nooit vergeten dat het om zeer vergankelijke stijlen gaat. Een bepaalde mode heeft slechts één seizoen tot doel. Op-art in de mode veroverde binnen enkele weken de ganse wereld, maar het seizoen is nog niet ten einde, en we zijn er al op uitgekeken.

De bijzonderste verrassing van de reis was de kennismaking met de Britse industriële vormgeving.

— Op dit gebied is Londen toonaangevend. Men vindt er nog enkel heel oude of hypermoderne winkelinrichtingen, en die moderne zijn zeer mooi. Niet dat halfslachtige dat bij ons nog altijd als uiterste geldt. Het is dus wel duidelijk dat er te Londen iets aan het broeien is dat nu een eerste uitbarsting kent ; nog niet in verfijnde normen werd geleid, maar zeer spoedig een invloed kan hebben op de ganse wereld. Er gebeurt wat. Iedereen die er bij het modevak betrokken is, voelt dat aan en dat wordt een niet te onderschatten stuwkracht.

Nog enkele trefpunten : de beleefdheid van de Londenaars ; hun discipline bij het wachten op de bus ; hun fantastisch georganiseerde musea ; hun verzameling historische kledingstukken en stijl-interieurs ; hun rijke verzameling oude Vlaamse wandtapijten.

Het laatste modesnufje van Londen : een mengeling van veel zwakke pastelkleuren waarin een hevig contrasterende kleur.

Jo Wyckmans twijfelt er niet aan dat er ook in ons land kansen zijn in het modevak. Het bewijs is er trouwens. Hij blijft zich nog een jaar specialiseren aan de Antwerpse Academie, maar tevens is hij reeds in dienst als ontwerper voor een Belgische confectiezaak, gespecialiseerd in regenmantels. Zijn doel : «Een goede Belgische mode in de confectie opbouwen».

Dat is alvast een vijfjarenplan.

Piet Sterckx

《新报》(*De Nieuwe Gazet*)

1966.5.13

○

| 尤·维克曼斯(Jo Wijckmans)

远征伦敦时装世界

安特卫普艺术学院的学生在玛丽·普利约特(Mary Prijot)的带领下到伦敦采风。学生尤·维克曼斯说道:“我不太喜欢伦敦的时尚,但是他们的某些想法有一定的潜力。”

“伦敦的时尚变成了一种‘示威’,可是之后又马上变得很正常。他们太过于关注和性有关的话题了。不过很有可能的是,你现在在伦敦看到的东西,在不久的将来会站上一个很重要的位置。通常迈出第一步的总是不顾一切、敢于尝试的年轻人。”

1663 – 小大卫·特尼尔斯(David Teniers the Younger)在安特卫普建立皇家艺术学院。

1953 – 皮尔·卡丹(Pierre Cardin)在巴黎建立时装屋。

1954 – 维达·沙宣(Vidal Sassoon)在伦敦的发廊开张。

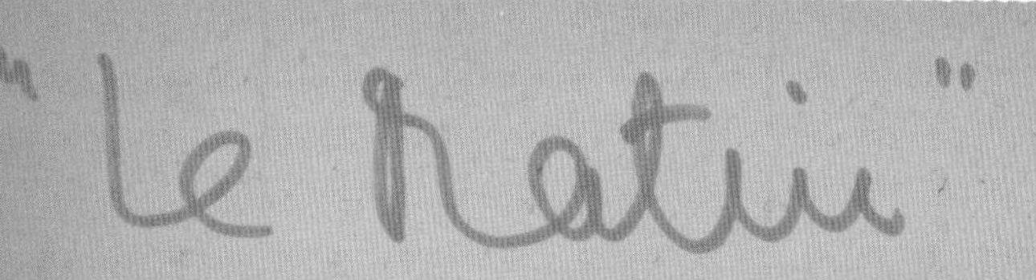

JEUDI 12 MAI 1966

JOURNAL DE LA VIE ANVERSOISE

Des étudiants de l'Académie à Londres

Un groupe d'étudiants de l'Institut National Supérieur des Beaux-Arts s'est rendu du 29 avril au 7 mai dernier à Londres sous la conduite de Mmes Mary Pijot et M. Mertens ainsi que de M. Piet Serneels pour y effectuer un voyage d'étude.

Le groupe d'élèves après le voyage à Londres, encadrés de leurs professeurs.

Faisant tous partie de la section « mode-costume de théâtre » ces 13 étudiants ont, à l'occasion de cette visite à la capitale britannique, pu faire plus ample connaissance ou entrer en contact avec des écoles et instituts où se pratique le noble art de la création de mode.

La « School of Fashion Design » du Royal College of Art, le « London College of Faschion » les ateliers de costumes de Covent Garden, etc... les accueillirent également. Ainsi ces jeunes filles et jeunes gens, dont l'âge moyen se situe aux environs de 20 ans, surent découvrir, au cours de leurs nombreuses visites les éléments qui, sans doute adaptés à nos normes continentales, leur permettront d'inspirer leur sens créatifs et il est sûr que cet afflux d'idées portera ses fruits.

D'ailleurs, lors d'une conférence de presse tenue à l'Académie, professeurs et étudiants ont au cours d'une conversation à bâtons rompus avec la presse, fait part de leurs impressions de cette semaine britannique dont ils sont enchantés, et qui permettra, espérons-le, aux étudiants de finir de fort brillante façon leur dernière année de spécialisation.

J.

《晨报》(*Le Matin*)

1966.5.12

○

| 安特卫普艺术学院的学生在伦敦

1955 – 玛丽·官（Mary Quant）在伦敦的第一家店开张。

1961 – 安德烈·库雷热（André Courrèges）和伊夫·圣·洛朗（Yves Saint Laurent）分别在巴黎建立时装屋。

MODE ONTWERPEN MET ZESDE ZINTUIG

Linda Loppa uit Berchem (Antwerpen) doorsnuffelt buitenlandse modetijdschriften, keurt splinternieuwe stoffen en werpt kritische kennersblikken naar collecties van Dior, Yves St.-Laurent en Valentino. Linda Loppa is modeontwerpster. Ze tekent slanke, elegante figuurtjes met kilometerslange benen, gehuld in soepel vloeiende mantels.

— Eerst wilde ik architecte worden en volgde daarom de lessen aan de academie te Antwerpen. Al spoedig verloor ik mijn hart aan de mode. Na de oriëntatie-afdeling werd me dan ook van naald tot draad uitgelegd wat kostuumgeschiedenis en snit en naad is. Ook tekenen stond op het programma, eerst naar de natuur en later de karikaturale, uitgerekte modefiguurtjes.

Tweemaal per jaar sjouwt Linda haar tekentafel naar de woonkamer. Telkens ze vijf minuten tijd heeft, tekent ze haar ontwerpen op. De inspiratie komt soms op de meest onverwachte momenten. Een goed ontwerp wordt echter niet tussen de soep en de aardappelen gemaakt, maar vraagt veel voorbereiding.

— Het volstaat niet een mode tekening te maken. Je moet ook de stof, knopen, kousen en bijpassende halsdoeken kiezen. Vanmorgen ben ik nog naar een weverij geweest om een stof te laten weven met de juiste kleurschakeringen.

MODEBRON

Of België toekomstmogelijkheden biedt aan modeontwerpsters?

— Ik werk voor een confectiebedrijf, maar je kunt natuurlijk ook zelfstandig werken. Ik heb veel geluk gehad want mijn werkgevers laten me volledig vrij in het ontwerpen van mijn collectie. Ik reis ook veel naar het buitenland om daar belangrijke modehuizen te bezoeken.

Dat is noodzakelijk omdat Antwerpen niet aan de bron van de mode ligt: Parijs. Als je zelfstandig werkt kun je hier in België nooit genoeg verdienen om die reizen te ondernemen. Nu en dan kun je een collectie verkopen aan een modehuis of kleine ontwerpen voor een film, doch dit zijn uitzonderingen.

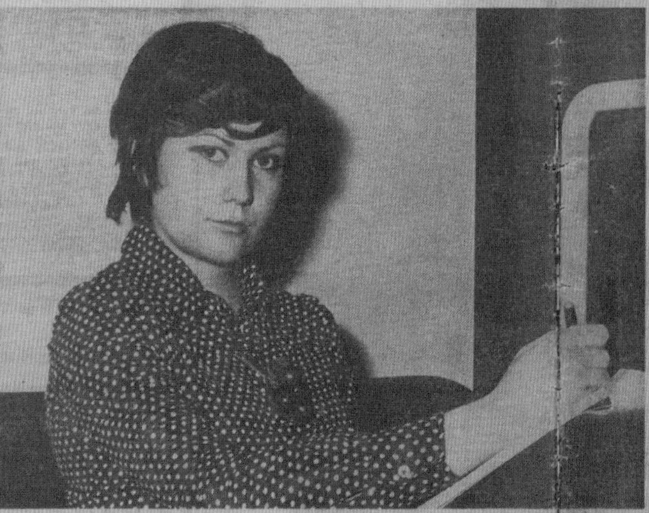

Je hoeft geen helderziende te zijn om de mode anderhalf jaar op voorhand te kennen. Vraag het recept maar aan Linda

Opmerkelijk is wel, dat er meer mannen dit beroep uitoefenen.

SPEURDERSNEUS

Een modeontwerpster moet niet alleen creatief en handig zijn maar eveneens beschikken over een speurdersneus. Ze gaat op ontdekkingstocht naar buitenlandse modemarkten. Daar treedt een zesde zintuig in actie dat haar verklapt, wat de modetiran 16 maanden later zal voorschrijven.

— Je moet het kaf van het koren kunnen scheiden en over een «feeling» beschikken. Zo wisten we een jaar geleden al dat in 1972 de wind waait van uit de zeehoek met de marinebode.

— In september, oktober en november tekenen we de wintermode voor anderhalf jaar later. Een collectie bestaat uit 60 tot 70 ontwerpen die in december, januari en februari op tolle worden gezet. Dan kan het nog gebeuren dat het afgewerkte kleed heel verschillend is van het geschetste.

KAAS OP JE BROOD VERDIENEN

— Het einde voor een modeontwerpster is natuurlijk het tekenen van haute couture. Om daar echter de kaas op je brood mee te verdienen moet je uitwijken naar Parijs of Rome.

Het ontwerpen van klaar-om-te-dragen kleding is echter even boeiend en zelfs moeilijker. Bij haute couture maak je een droomkleed voor een vrouw met een ideaal figuur. Je kan dan je creativiteit botvieren op een uniek model, dat dan ook ongeveer 50.000 fr. zal kosten. Bij pasklare kleding moet je voor ogen houden dat je zowel dikke als magere, lange als kleine mensen kleedt.

Modetijdschriften zijn documentatie voor Linda. Ze geven het tijdsbeeld weer, nu vooral gekenmerkt door de mode van 1930: vuurrode lippen, blozende wangen en opgest[…]en haar.

— Belangrijk is dat je een onderscheid maakt tussen het extravagante en het [...]ordeweekse. De actieve vrouw [...]eft vooral praktische kleren [...]. Daarom boeit de vrouw [...]traat me zo: ik let nauwke[...] op welke mantels worden g[...], welke handtassen en sch[...]. Kleren moeten [...]

FR[…]EDA JORIS

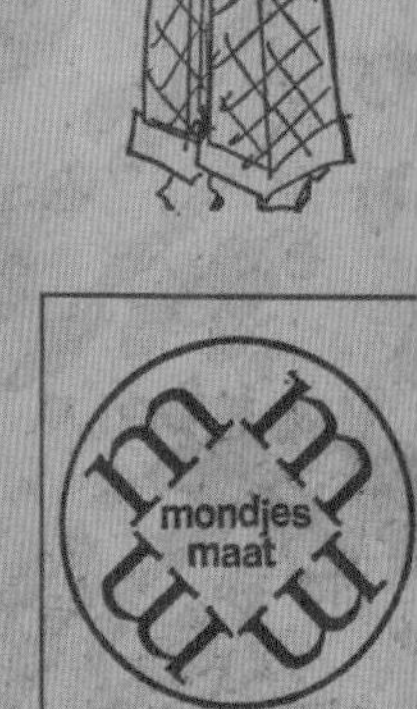

● De eeuwig dynamische Gilbert Bécaud heeft zopas naar zo goed als jaarlijkse traditie, zijn Olympia-show '72 in de zwarte groeven gelegd. Opvallend veel oude toppers in dit live-opgenomen spektakel. Heel oude zelfs want «Les croix» was een eersteling van Bécauds onuitputtelijke inspiratie. Verder de herneming van he[…] geestige «Les tantes Jeannes», van «Me que me que», «Les marchés de Provence», «La ballade des baladins». […] is daarentegen een van zijn jongste muzikale geesteskinderen. Het hoef[…] […] niet herhaald dat show- […]rat Bécaud slechts uitzo[…] derlijk vakwerk aflevert d[…] zowel muzikaal als naar i[…] houd en vertolking af is. A[…]

1962 – 伊里奥·费尔鲁奇（Elio Fiorucci）在米兰展示他的时装系列。

1963 – 玛丽·普利约特在安特卫普艺术学院建立时装插画专业。

—— – 维达·沙宣为玛丽·官创造“波波头”。

1964 – 第一家Biba时装店在伦敦开张。

来源不明
1972

○

| 第六感的时装设计

在与琳达·洛帕的采访中，她表示，年轻人并不认为比利时是一个充满可能性的国家。作为一个设计师，如果想在经济上独立并生存下来，你必须搬到巴黎或者罗马。

Woensdag 8 maart 1972 / 23

Jong

Elke dinsdag, woensdag, donderdag en vrijdag

ARVEST» VAN NEIL YOUNG

RIJKE OOGST

den maanden ongeveer
n de popscharen op Neil
gs vierde solo-lp moeten
ten. Misschien zit de rug-
waar deze jonge begif-
muzikant door geplaagd
er wel voor een of ander
. Wie zal het zeggen? De
ere gelaatstrekken van
g op foto's werden door in-
wel eens door de voort-
de pijnscheuten die dit
fde ex-Buffalo Springfield
isteren, uitgelegd. En ook
onbestemde triestheid in
gs liederen zou hierin zijn
ring vinden. Maar nu
de man pas zelf te zeggen,
ij helemaal geen koukleum
dat hij zijn muzikale
selen helemaal niet zo
eilijk vindt, als algemeen
uitgelegd. En die lange
tijd zou enkel te verkla-
ijn door technische moei-
den (in Engeland moes-
nderdaad een hele hoop
ngetrokken worden, om-
r ruis op zat) en onenig-
over het hoesontwerp. Nou
«Harvest» ligt er en on-

klopt (evenals trouwens John Harris die er piano in speelt en hier op het nummer «Harvest» meepingelt) Timm Drummond (bas), Jack Nitsche (slide en piano) en de uitstekende Ben Keith (steel guitar).

KLAAGMUUR

Van «A Man Needs a Maid» kijk je wel even op. Neil zingt alsof hij voor de klaagmuur van Jeruzalem staat en dan loodzwaar en als een hond in een kegelspel komt het London Symphony Orchestra binnen gedonderd, klokkenspel en zware aanslagen op de vleugel inbegrepen Jack Nitsche, wiens arrangeurkunst overigens buiten kijf staat, is hier verantwoordelijk voor. Gelukkig maakt Neil het vlak hierop weer allemaal goed met «Heart of Gold», een topper waar ook James Taylors stem werd voor ingehuurd. Tevergeefs, aldus Young, heb ik stad en land afgezocht naar dat peperkoeken hart en intussen word ik toch maar steeds een dagje ouder. Te mooi.

安特卫普艺术学院，时装科，四年级，1971［佚名］

1965 – 玛丽·官进驻安特卫普 Nieuwe Gaanderij 百货公司。
—— – 贝纳通（Benetton）创立。
—— – 伊夫·圣·罗兰展示“蒙德里安系列”。

—— – 法国传奇电视风尚节目“Dim Dam Dom”开播。节目经常采访知名设计师，如可可·香奈儿（Coco Chanel）。

1966 – 以“未来金属裙”出名的西班牙设计师帕高·拉巴纳（Paco Rabanne）在巴黎建立时装屋。

《邮报》[*De Post*]
1972.1.16

○

| 女人渴望具有吸引力
关于设计师安·莎伦斯 [Ann Salens]
的时装评论

安·莎伦斯："传统的时装秀都是媚俗。它彻底地让女人毁灭，让她们没有个性，无血无肉。"

安·莎伦斯不从商业的角度考虑她的职业道路。她对于商业变化不是太感兴趣，而更专心于创造忠于自己直觉的设计。

1966 – 伊夫·圣·洛朗在他的新成衣时装线 "YSL Rive Gauche" 中设计了第一件女装燕尾服。（见上图）

Panorama jan 71

AN SAELENS:

DE VROUW WIL VERLEIDEN

„In de grond ben ik agressief. Ik geloof dat elke vrouw het is. Mijn shows zijn het ook; ik wil shows die totaal vrij zijn."
An Saelens: jong, donker kortgeknipt haar, scherpe trekken, boeiende hese stem, een blik die nog duidelijker spreekt dan haar woorden. Geboren te Oostende, opgegroeid in Limburg, sinds tien jaar in Antwerpen gevestigd. Wie poorter is in deze stad kan nergens anders poorter zijn. Maar ze verkoopt ook in Parijs, Düsseldorf en Amsterdam.
Haar boetiek vind je in de Wolstraat, ergens in het oude stadsgedeelte waar de nieuwe stijl echt wel een nieuwe lente geschapen heeft. Ze rookt zware Michel en vertelt, zonder pose, soms hortend, altijd autenthiek, over haar werk. Ze schijnt formules te wantrouwen, de gemeenplaats, het pasklare antwoord. Liever lacht ze in een soort zelfironie dan er zich met een elegante uitdrukking van af te maken.

Het gesprek komt voorzichtig op gang, tot de grens van de banale uitwisseling voorbij is, tot het subjectief, contact wordt.

Enkele meisjes die nauw bij haar werk betrokken zijn, zitten er nonchalant bij. Het pakje sigaretten gaat heen en weer. Er komt een klant binnen, kiest, past.

„Inspiratie?" zegt An, „Ik weet het niet. Dit blauw hier kan me inspireren. Rommel. Een stuk stof. Het figuur, de persoonlijkheid van een vrouw. De jurkjes van mijn shows zijn gemaakt voor de grietjes die ze tonen."

Die shows van An Saelens zijn iets aparts, en ze weet het. Ze zijn gegroeid uit een behoefte aan wat ze zelf omschrijft als agressiviteit: „De klassieke modeshow is kitsch, verknoeit de vrouw, haalt haar naar beneden tot het niveau van het onpersoonlijke, de opgelegde norm, het bloedloze. Het is gewoon een aanslag." An bedoelt een reactie te zijn. Ze rebelleert tegen het vastgestelde patroon dat men wil opdringen. „Ook een vrouw moet vrij zijn. Gewoon zichzelf."

„Vrij van wat?"

„Nou, van de complexen die je worden ingegoten. Bestaande normen. Laat een vrouw zich prettig voelen in haar vel."

De modellen en de shows liegen er niet om: ze voeren een regelrechte aanval uit tegen het traditionele vrouwentype. Als dusdanig betekenen ze veel meer dan een decoratief probleem. Ze rekenen af met de passieve receptieve aard die oudergewoonte aan de vrouwelijke natuur wordt toegeschreven. De „grietjes" van An Saelens zijn onafhankelijk, energiek, zelfbewust. Haar mannequins komen niet uit het beroep: ze kiest hen omwille van hun drang naar vrijheid die uit hun voorkomen en temperament moet blijken. Die drang beschouwt An niet als het aanvoelen van een momenteel nog aanwezige onvrijheid; ze zijn er over heen, zegt ze, ze hebben zichzelf reeds veroverd.

Je moet al erg belabberd zijn als je het verband tussen de shows en de erotiek niet kan merken. Het is er de „grietjes" niet alleen maar om te doen een mooi jurkje te tonen; ze komen een ritueel opvoeren waarin de erotische vitaliteit van de vrouw nogal duidelijk centraal staat. In een laaiende dans van licht, kleuren, beweging en lichamen wordt een vrouwelijkheid beleefd die wild is, teder, meeslepend, agressief inderdaad.

„Ik geloof dat de vrouw wil verleiden", zegt An Saelens. „Dat zij het initiatief tot het erotische spel wil nemen. De man wenst verleid te worden."

Ongeveer vijf jaar is ze met die shows bezig: het zullen er nu al wel twintig zijn.

Hoe reageert het publiek op zo'n spektakel dat in wezen enkele muurvaste zekerheden omver werpt?

„De eerste keer hadden wij het nogal lief en vriendelijk opgevat. Pas daarna is de lijn duidelijk geworden. Wel, aanvankelijk zijn de mensen nogal verrast; ze weten niet goed hoe ze het allemaal moeten opvatten. Ik geef toe dat het een beetje vreemd kan lijken, ja. Er moet nog zoveel veranderen in de mentaliteit. Misschien heeft de vrijheid iets afschrikwekkends als je er de eerste keer mee in aanraking komt."

Nooit wordt twee keer dezelfde show opgevoerd. Er is geen strakke regie. Het contact moet het doen, het vermogen van de ploeg om elkaar aan te voelen.

In feite benadert An Saelens het vak niet vanuit een commercieel standpunt Ze interesseert zich minder voor een massale omzet dan voor het tot stand brengen van een creatie die zo nauwkeurig mogelijk haar intuïtie uitdrukt. Het succes dat zich toch sinds enige tijd begint af te tekenen verrast haar wel een beetje.

„Aan welke dingen heb je een hekel, An?"

„Koude mensen, onverschilligheid. Gewoonte. Middelmatigheid."

Ze steekt een sigaret op en denkt even na over haar antwoord.

„Koude mensen", zegt ze, „kunnen ook boeiend zijn. Als de intensiteit van hun kilte maar groot genoeg is. Ik verafschuw wat halfslachtig is."

„Waar hou je van?"

„Uitersten. Verandering. Spanning. Beat. Kleuren. Alle kleuren.

„Wat vrees je het meest?"

„De dood. Eigenlijk meer de aftakeling dan de dood. Het leven dat stolt, iets vreselijks. Maar ik verwacht het niet, ik kan me niet realiseren dat het mij zal overkomen. Het is onwezenlijk. Ik doe wat ik wil, ik leef met wie ik wil. Leven is zo intens."

Nr. 3 - 48

1968 – 罗伊·侯斯顿·弗洛维克（Roy Halston Frowick）在纽约创立成衣线以及时装屋。

—— – 安德烈·库雷热创立豪华成衣线“Couture-Future”。

—— – 斯坦利·库布里克（Stanley Kubrick）：电影《2001: 太空漫游》（*2001: A Space Odyssey*）。

身着安·莎伦斯时装的模特们，1976—1980 年

—— －五月：巴黎以及欧洲其他城市的学生抗议游行。（见右图）

Verblindende show in de Antwerpse

MODE

Daniëlle Sanderichin (18) uit Berchem won de grote Swakarprijskamp met het ontwerp van deze bontjas met afneembare spencer.

(Van onze redaktrice)

Weelderig gekrullebaarde, humanitair ingestelde pol die gemoedelijk de orde handhaven tussen het publ modeshow, ja dat zie je toevallig ook nog eens een Blindenstraat te Antwerpen namelijk, waar de loka politie verscholen zitten tussen de diverse gebouw Akademie. En het vrolijke, hippe kunstenaarsvolk schi goede invloed uit te oefenen op zijn gestrenge ondervonden we tijdens de moeizame zoektocht geoorloofde parkeerplaats op de avo jaarlijks defilé.

Het is voor niemand een geheim dat er een krisis heerst in de textielsektor. De finalisten (dit jaar twee) die na 4 jaar studie in het mode - atelier van de Kon. Akademie voor Schone Kunsten met hun diploma op zak buitenkomen kunnen dan ook twee op het eerste gezicht zeer verschillende kanten op: kostuumontwerpen of commercieel, eigentijds mode - ontwerpen. Twee vakken waarin zowel kreativiteit als vakmanschap vereist zijn. Twee takken die we op deze modeshow overvloedig vertegenwoordigd zien. Zo kregen de leerlingen van het tweede leerjaar als opdracht: kostuums ontwerpen uit respektievelijk de Duitse Renaissance, de Barok, de Middeleeuwen, enz. De personnages, die statig over het enorme podium schreden waren zó weggelopen uit een schilderij van Holbein of van Breughel. Ook technisch betekent dat een hele prestatie want die rokken hangen zomaar niet bol, die gepijpte kragen en die pofmouwen zijn geknipt en ondersteund via een aantal geraffineerde knepen, de knepen van een vak dat al jarenlang in de vergeethoek is geraakt en dat nu opnieuw moet worden uitgekiend, uitgevoerd in moderne materialen. De ingewikkelde konstrukties van hout en riet, waarmee de originele personnages hun ken ondersteunde vervangen door het schuimplastiek, bijv

ADEMBENEM

Historische en he mode lijken elkaa vervoegen: bij een troebadoers met c verblindende konin nacht, in zilverlamé geheel gedrapeerd grote Balenciaga wa grijs model met éé schouder; een vla met flonkerende wa een diepblauwe geplooide papyrusk

Toen we tijdens even achter de sch pen, konden we d afwerking van dez bewonderen. (beroeps-) mannequ liter een behoorlijk (ze dragen immers dag - uit kleren van couturiers), waren Het winnend mod Swakara - prijskar nen door de 18 - jari Sainderichin uit Be uitgevoerd in roest afrikaans lam (Bre Dit ontwerp werd tussen 48 inzending ste drie werden ee laureaten zelf in ka voerd, waarna de de eerste laurea

1969 – 安·莎伦斯在安特卫普沃尔街开店。她极具奢华、色彩鲜艳的人造丝绸裙和假发，以及所推崇的放纵生活方式，还有总在令人意想不到的地方举行勇敢创新的时装秀和活动，为她赢得了“比利时时尚天堂鸟”的名号。

1970 – KENZO 在巴黎创立。

—— – 可可·香奈儿去世。

1971 – 拉夫·劳伦（Ralph Lauren）在比弗利山庄开店：Polo-RL。

—— – 比尔·鲍尔曼（Bill Bowerman）和菲尔·奈特（Phil Knight）建立耐克（Nike）。

ademie voor Schone Kunsten

S EEN KUNST

nten
een
in de
n de
n de
zeer
Dat
een
het

drok-
rden
ijdse
eld.

agse
s te
rijze
f de
n de
wart,
d, de
een
blote
zuil
top;
met

auze
kro-
fekte
aties
de
rma-
- ras
- in -
otste
siast.
n de
won-
iële
n, was
Zuid-
vanz).
oond
e eer-
or de
uitge-
van
r de

Unie van de Bontwerkers in Breitschwanz werd vertaald. Een rechte, mouwloze overslagjas, waarover een korte spencer. Verder is de hele kollektie doorspikkeld met kindermodelletjes, zowel historisch als eigentijds. Bij de aanvang van het tweede bedrijf na de pauze vielen vooral de kleurige appel- en perenponcho's op.

FINALISTEN

Bij de finalisten heeft Annemie Willekens haar kollektie afgeleid van de Noordamerikaanse Indianenfolklore. De squaws van Winnetou dragen kleurige tunieken met één mouw of wigwamcapes met cirkelmotieven of een prachtige sobere zwarte jas met asymmetrische sluiting op één knoop met bengelende groene kwast. De tweede finalist, Robert Verhelst, zocht zijn inspiratie in Egypte, waar de okertinten plus een zinderend turkooisgroen samen met zijn geliefkoosde dambordruit het leidmotief van een sobere, zeer eigentijdse kollektie vormen.

Het oorverdovend applaus van een zeer talrijk en entoesiast publiek gold ook de leiding van het atelier en de stille werkers van het eerste uur: Mw. Prijot, Mw. Van Leemput, Mw. Schneider en de heer Diels.

P. S. Schietgebedje: H. Lucas, patroon van de kunstenaars, u gaat toch zeker niet toelaten dat deze jongelui ooit moeten gaan stempelen?

A. A.

Een personage uit Tartuffe van Molière.

来源不明
1979

○

| 时尚也是艺术

来自安特卫普皇家艺术学院的
精彩时装秀

纺织行业的危机已经不再是秘密。艺术学院的毕业生们看上去只有两条路可走：戏服设计或是现代化、商业化的时装设计。

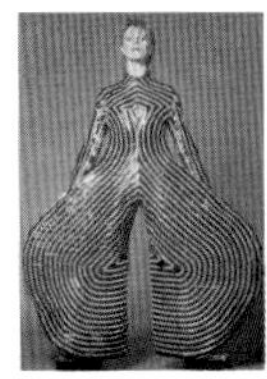

—— – 维维安·韦斯特伍德（Vivienne Westwood）在伦敦国王路（King's Road）建立 World's End 商店。
—— – 山本宽斋在伦敦展示第一个系列。

—— – 斯坦利·库布里克：电影《发条橙》（*A Clockwork Orange*）。
—— – 乔治·卢卡斯（George Lucas）：《500 年后》（*THX 1138*）。（见上右 2 图）

1972 – 大卫·鲍伊（David Bowie）创造了他的第一个“另我”：“Ziggy Stardust”。（见上右 1 图）

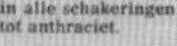

Weekeind ZATERDAG 12 EN ZONDAG 13 MEI 1979 5

Vlaams meisje ontwerpster voor Italiaanse jurkenkoning

(Van onze redaktrice)

Phara Van den Broeck (25) uit Opwijk is voor onze lezers geen onbekende. Eind juni van verleden jaar verliet ze de Koninklijke Akademie voor Schone Kunsten van Antwerpen met de grootste onderscheiding en gelukwensen van de jury. We hebben haar toen in deze krant voorgesteld naar aanleiding van een jas uit gelooide koeiedarmen, die ze voor het eindeksamen had gemaakt.

Zes maanden later ontmoeten we Phara opnieuw, ditmaal te Milaan. Ze ziet er stralend uit, want ze is er in geslaagd om een plaats te veroveren bij Gianni Versace. Als styliste nog wel.

Wie is Gianni Versace ? Een Italiaan wiens naam binnenkort even beroemd zal zijn als die van Dior in 1950. De modekoning van 1980.

— Hoe ben je daar geraakt, Phara ?

— Ik heb gewoon een nummer van Vogue gekocht en alle adressen van de couturiers genoteerd. Toen ben ik naar al die mensen gaan schrijven. En bij Versace antwoordden ze dadelijk : ik kon zó beginnen. Direkt aan de slag, stel u voor ! Het wou dan ook toevallig lukken, dat ik een hele kollektie getekend had in zwart en blauw. En laat dat nu ook Versaces idee zijn geweest voor de komende winterkollektie ! Het klikte meteen... (Acht dagen later kreeg ik bericht van Krizia, daar was intussen ook een plaats vrij. Maar ik zat hier goed.)

Ik begon dus als styliste, 't is fijn werken. De hele dag maar schetsen en ontwerpen. Je raakt er wel uitgeput van, soms, maar er is veel variatie. Als ik bijvoorbeeld uitgekeken ben op rokken, dan ga ik schoenen ontwerpen, of hoeden. Fantastische sfeer. Versace is een heel vriendelijk man, helemaal niet snob.

— Ik dacht dat het een echte playboy was, je ziet zijn foto vaak in mondaine bladen en Amerikaanse magazines !

– Ach ja, dat hoort er nu eenmaal bij, als je naam wilt maken. Public relations ! Er moet over ons gepraat worden, we moeten de juiste mensen kennen. Maar in de grond is hij helemaal niet zo, die man lééft voor zijn werk. Dag en nacht staat hij te tekenen of is hij bezig met zijn konfektieateliers.

Zelf heeft Phara maar weinig tijd voor de glittersociety van de couturewereld. Ze woont buiten de stad in Milano 2 en loopt alle dagen te voet naar de via Spiga, in het centrum. Een uur, door alle weer en wind. « Niet gezond, zo de hele dag binnenzitten. Ik stap 's morgens vroeg op en kom 's avonds vaak zeer laat terug. Er wordt hard gewerkt bij Versace ! Maar ik heb er mijn eigen bureau, ik hoef niet eens naar de keuken om koffie, die wordt me gebracht ». Dat laatste is in Italië een echt statussymbool, de espresso-machine staat er ook nooit stil. « En 's avonds, dan werk ik een beetje voor mezelf. Maak mijn eigen kleren ».

Het sukses is haar duidelijk niet naar het hoofd gestegen. Phara beseft terdege dat dit nog een leerschool is, in afwachting dat ze op eigen vleugels gaat vliegen. Maar ze heeft wel de allerbeste leerschool gevonden. Want Versace, ja, dat is een heel verhaal.

Gianni Versace

Schrijft Bernardine Morris in de New York Times : « Elke generatie kent één grote modekoning. We hebben Poiret gehad, toen kwam Chanel, toen Saint Laurent. Nu hebben we Gianni Versace ». En de 80-jarige Diane Vreeland (sommigen schatten haar véél ouder) ex-direktrice van Harper, Vogue en van het New Yorkse Museum of modern art, schrijft : « Liefste Gianni, in een jurk van jou voel ik me weer 20... ».

Die merkwaardige jongeman (32) van Reggio di Calabria leerde het vak in de modeboetiek van zijn moeder. In 68 krijgt hij de gelegenheid om de kollekties van Karl Kagerfeld van Parijs en van zijn landgenoot Taj Missoni te zien.

Vol entoesiasme stort hij zich op de tekentafel en ontwerpt een eigen kollektor. Dan ontmoet hij — nu bijna 10 jaar geleden — de Girombelli's, eigenaars van een konfektiebedrijf « Genny ». Hij schetst voor hen een nieuwe lijn. Het sukses is zo overtuigend, dat de Girombelli's een tweede merk lanceren : Complice.

Kort daarop doet ook een breigoederenfabriek beroep op Versace : hier kan hij zijn kreativiteit eens op een heel andere manier ontplooien, namelijk in breiwerk, onder de label « Callaghan ».

Ten slotte vindt hij 't welletjes om steeds maar voor anderen te werken en start hij met een eigen kollektie en een unieke Versace-boetiek.

In de elegantste driehoek van Italië, namelijk het kruispunt van de via Spiga, de via San'Andrea en de via Montenapoleone, drie smalle verkeersvrije straatjes in het hart van Milaan.

In de Versace-boetiek wiegen de ijle mousseline-rokken dromerig in de (ventilator) wind, als bloemblaadjes in een zachte zomerbries. Ach ja, in Italië hebben ze nog zomers, ieder jaar één.

Trouw aan de tradities van zijn geboorteland Calabrië heeft Gianni Versace ook zijn familie in het bedrijf betrokken. Broer Santo in Milaan, zusje Donatella (21) helpt een handje in de nog steeds bestaande winkel van Reggio.

Volgens haar is Gianni een zeer sociaalvoelend werkgever die alle verleidingen om « star » te gaan spelen weerstaat. Zopas verscheen in Italië een soort « Who's who » van de mode, een dik en duur werk waarin een hoofdstuk aan Versace is gewijd. Wat lezen we daar : « Gianni lééft voor zijn werk, gaat nooit met vakantie of 't moest zijn om te rusten in de bergen. Brengt de zondagen door bij het Comomeer, heeft een voorkeur voor het kontemplatieve leven, rookt niet, drinkt niet en gaat 's avonds vroeg naar bed. Tijdens het werk zet hij wél graag de radio keihard aan ».

Klopt dat, Phara ? Klopt.

Genny

De Genny-kollektie, waarvan 50 t.h. in Italië verkocht wordt en de andere helft naar het buitenland gaat, is bestemd voor de modebewuste, maar rustige damesfiguur. Weinig poespas, wel zeer mooie draperingen en originele ceintuurs. Van leer, natuurlijk, we zijn in Italië.

Voor het komende winterseizoen komt de inspiratie uit China, maar het is geen uitbundige volkse folklore. Wel is er veelal een gouden, geborduurde draak aanwezig, als een leidmotief op vele stukken. De korte, rechte jasjes verschijnen altijd op een pantalon. De kleuren zijn diep en rijk : robijnrood, topaasgeel, saffierblauw, smaragdgroen en veel zwart.

Complice

Complice werd een paar jaar geleden in het leven geroepen omdat Genny een begrip was geworden, bijna synoniem stond voor « dame ». Daarom werd, voor de meer progressieve en gewaagde modellen een nieuwe naam gekozen. Complice dus brengt dit jaar de schaatserslijn : warrelende klokrokken in vier verdiepingen, zeer jong en origineel vermits overal de rechte rok als het modebeeld van 1980 wordt geponeerd.

Veel jasjes van krullerige bouclettewol, die hier « poedelstof » wordt genoemd. Mantelpakjes met glanzende, felgekleurde voeringen van rood, geel, groen, blauw satijn. De kleuren zijn bijna dezelfde als die van de Genny-kollektie, maar hier is ook veel grijs te zien, in alle schakeringen van muis tot anthraciet.

Callaghan

Bij Callaghan viert de zigeunerstijl hoogtij. Overal geborduurde bloemetjes, erg lief, nostalgisch, met strakke keursjes, lange jurken van zijde jersey met bloemenlijfjes.

Het zijn geen felle, maar zoetgevooisde pastelzigeuners, in avondjurken zo teer als een maneschijnsonate.

Maar overdag is 't al bobbysoxer wat de klok slaat, retro-Amerika met twin-sets, plooirokken, brave knopenjurken. Regenjassen van glimmend ciré met bijpassende jurk, hoed, plu, kousen en schoenen. Soms wat van het rode te veel, maar als totaalbeeld op het podium zeer geslaagd.

Ten slotte de échte Versace-kollektie, te goed om onder een andere naam te verbergen. Helemaal in de stijl van Roman Holiday, als u zich die film nog herinnert ? Een van de mannequins lijkt trouwens als twee druppels water op Audrey Hepburn. Volop wijde klokrokken, lengte halfbeen, waaronder guitige stroken broderie opwippen; rokken met dubbele knopenrij en sweaters met bladmotief; strak ingesnoerde taille, platte ballerinaschoentjes en rood, geel, grijs, lila organdie rokken met een topje van leer; truien van donzigwitte angorawol; leren broeken, smal naar onderen toe, jassen van schapenwol met geborduurde rozen. Sobere, Chanel-achtige pakjes wijzen naar een trend die teruggrijpt naar de vakkundig getailleerde mode, net zoals te Parijs. En veel leer, maar echt vrouwelijk leer; suède met — weer eens ! — geborduurde bloemen. Helemaal de antitesis van de sportieve mannelijke brommer-met-een-helm leermode. Ten slotte filmsterrenjassen van sneeuwwit vossebont. Met vele staarten en een glazig starend lodderoog als sluiting.

Naast deze vier kollekties heeft de veelzijdige Versace weer een nieuwe naam op zijn lijstje staan : Istate. Maar die was nog in de maak. Het hoeft dan ook geen verwondering te baren indien de voorzitter van de Franse couturefederatie klaagt over de « Italiaanse agressiviteit » en het groeiend gevaar dat ze vormt voor de Franse mode.

A. ADRIAENSSEN

Jasje van poedelstof met felgekleurde satijnen voering en pantalon van glad fluweel. (Complice).

Links boven: Phara Van de Broeck... sukses te Milaan.

Links: Gianni Versace.

来源不明

1979.5.12—13

▢

| 弗拉芒女孩成为意大利裙装之王设计师

安特卫普艺术学院毕业生帕拉·凡·登·布洛克（Phara Van den Broeck）即将成为 Versace 的设计师。她是第一个获得来自国际时装品牌合约的毕业生。

1973 – 第一家 Biba 工厂店在伦敦肯辛顿高街开张。
—— – 安德烈·库雷热创立男装线。
—— – 毕加索（Picasso）去世。

1974 – 乔治·阿玛尼（Giorgio Armani）在米兰展示第一个男装系列。
1975 – 弗朗斯·安德里维（France Andrevie）迁址巴黎并开店。

—— – 阿尼亚斯贝（Agnès B.）第一次在巴黎作秀。
—— – 大卫·鲍伊的另一个“另我”：“瘦白公爵（Thin White Duke）”。

AKADEMIE

Mode als kunstonderricht

De kunstakademie van Antwerpen biedt in zijn pakket studierichtingen, als enige in België, ook ,,mode" als richting aan. Op dit moment studeren tweeënveertig jongemensen (waarvan ongeveer tweederden meisjes) in deze afdeling. Wat leren ze daar ?

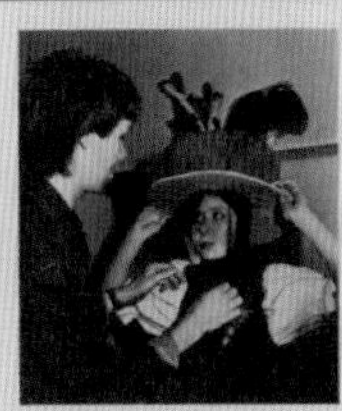

Ann uit het 3de jaar, heeft de Japanse kimono bestudeerd en getekend (foto helemaal links), waarna ze er zeven heeft ontworpen en zelf uitgevoerd (ze heeft de stoffen zelf beschilderd). Links ziet u haar met de zeven kimono's boven elkaar aan. De kleurfoto is van Patrick Robijn. Hierboven : Dirk (ook 3de jaars) heeft een Schwarzwaldkostuum ontworpen.

Wie middelbare studies heeft gedaan, en slaagt voor een toelatingseksamen, kan aan de Akademie van Antwerpen in vier jaar tijds een A 1-diploma krijgen, waarmee hij of zij zich ,,mode-ontwerper" mag noemen. En met recht, want ze zijn dan niet alleen teoretisch en artistiek geschoold ; ze hebben leren kleren ontwerpen en vervaardigen. Daarbij zijn ze verplicht geweest om letterlijk alles zelf te doen : ieder ontwerp dat ze op papier hebben gezet, hebben ze ook moeten realizeren, te beginnen met de keuze van de stof, tot het aanzetten van de allerlaatste knoop. En ze hebben daarnaast meer moeten blokken dan veel universiteitsstudenten, want ze hebben sociologie, filozofie, kunstgeschiedenis, wereldliteratuur, kunstfilozofie, estetica, muziekgeschiedenis, psychologie en architektuur gestudeerd.

Toneel

De praktische lessen steunen in het eerste jaar vooral op toneelkostuums. Elke student kiest er één uit, dat hij zo getrouw mogelijk probeert na te maken, waarbij vooral op de stijl en de vormgeving wordt gelet. Andere opdrachten bestaan uit ontwerpen en vervaardigen van een rok, een avondjapon met tema (vb Assepoester, 1.001 Nacht, enz...), een ensemble voor alledag en een ,,top" voor de rok, bijvoorbeeld een bloeze.

Om de kreativiteit van de studenten te stimuleren, moeten ze zelf altijd kiezen uit welke stof ze hun kledingsstukken willen vervaardigen. Ze moeten dat trouwens zelf betalen (de studies zelf zijn gratis, een 500 fr. inschrijvingsgeld niet te na gesproken), omdat de Akademie geen subsidies krijgt, noch van de staat, noch van de textielindustrie, al zou dat nog zo'n goeie investering zijn. Zo hebben wij in de akademie juweeltjes van mantelpakken, rokken en jassen gezien, die bij nader toekijken van dweil- en stofdoeken of zeemvellen bleken te zijn gemaakt. Een enkele keer is het gebeurd dat het Internationaal Wolsekretariaat stof ter beschikking had gesteld ; daar zijn de wonderlijkste dingen mee gemaakt voor de winter '79-'80, allemaal in Italiaanse Renaissance-stijl.

Geschiedenis

In het tweede jaar kiest elke student een historisch dokument (bvb een afbeelding van Keizer Karel) dat hij zo getrouw mogelijk kopieert. Hij bestudeert die periode uit de geschiedenis en schetst de kostuums van die tijd, zoals ze door de verschillende bevolkingslagen werden gedragen ;

dus niet alleen wat de rijken en de edelen droegen — meestal het enige wat ons bekend is — maar ook wat de burgerij en het proletariaat aan had. Als ze daar mee klaar zijn, moeten de studenten niet minder dan zes moderne afleidingen van deze historische kostuums maken, en wel zo dat de inspiratie duidelijk is, maar dat het resultaat best draagbare pakken, ensembles of jurken zijn die in een winkel niet zouden misstaan te midden van de kreaties van de modernste modehuizen.

Folklore

Het werk in het derde jaar is gebaseerd op de folklore of nationale klederdracht, bijvoorbeeld dirndl-kledij uit Duitsland en Oostenrijk, kimono's uit Japan. Ook daar worden dan weer zes moderne afleidingen van gemaakt bijvoorbeeld een gezellig-warme en toch modieuze winterjas, geïnspireerd op wat in het Tibet-gebergte gedragen wordt.

Inspiratie

In het vierde jaar maken de studenten tien stuks, waarvoor ze het tema totaal vrij mogen kiezen. Dat betekent niet dat ze iets helemaal uit de lucht kunnen plukken, wel dat ze hun inspiratiebron zelf mogen kiezen. (Dit jaar hebben we studenten aan het werk gezien die de insektenwereld, het konstruktivisme of de Berberkledij uit Noord-Afrika in hun schetsen hadden verwerkt). *Mevrouw Mary Prijot*, hoofd van de afdeling mode in de Akademie, zegt daarover : ,,Je ontwerpt nooit iets uit het luchtledi- ▶

10

11

《Knack》周刊

1980

○

| 时装

艺术教育

安特卫普艺术学院的毕业生们现在正作为设计师和造型师为《Vogue》杂志、皮尔·卡丹、克里斯蒂安·迪奥〔Christian Dior〕、雅克·拉露〔Jacques Lalou〕、詹尼·范思哲〔Gianni Versace〕、毛里齐奥·巴达萨里〔Maurizio Baldassari〕等工作。他们同时也活跃在慕尼黑、维也纳以及罗马的歌剧院中。虽然仍然十分谨慎，但比利时的本土工业终于开始表现出对他们的兴趣。是不是他们也意识到一个好的设计师有多重要了呢?

1976 – 在伦敦潮店 Biba 的启发下，古德丽芙·博尔斯（Godelieve Bols）的精品店 The Poor Millionaire 在安特卫普 Nieuwe Gaanderij 百货公司开业。她将意大利品牌 Fiorucci 第一次带入比利时。她组织的时装秀得到了艺术学院学生的狂热支持，如沃特·范·贝尔道克（Walter Van Beierdonck）、德雷斯·范·诺登（Dries Van Noten）以及德克·范·瑟恩（Dirk Van Saene）。

1977 – 蒂埃里·穆勒（Thierry Mugler）在巴黎首秀："Spectacle"。

—— – 山本耀司在东京首秀。

AKADEMIE

Bovenaan links : Norboe (2de jaars) heeft als „historisch dokument" een Mme de Pompadour-toilet ontworpen. Rechts : Walter (4de jaars) heeft in Tibet de inspiratie gehaald voor een warme winterjas. Hiernaast : Mark (2de jaars) zoekt het in de figuur van Desdemona uit Othello. Linksonder : een tekening van Dominique (1ste jaar) laat zien hoe van kledij uit de tijd van Karel de Grote een moderne afleiding wordt gemaakt. Daarnaast : Martin (4de jaars) heeft zich op de Italiaanse Renaissance gebaseerd.

ge. Een inspiratiebron is absoluut nodig om niet ins Blaue hinein te werken. Het kreatieve zit 'm er juist in om het basisgegeven in een moderne stijl te verwerken." Als eindeksamen moeten de studenten een „buitenopdracht" uitvoeren, bijvoorbeeld het aankleden van kinder-akteurs voor een kinderopera.

Over de hele wereld

Aangezien deze mode-afdeling van de Kunstakademie enig is in zijn soort, is het niet verwonderlijk dat de studenten van overal uit het land komen. Maar ook internationaal staat de akademie goed aangeschreven : er komen ook studenten uit Nederland en Duitsland, en zelfs een enkele uit Senegal, Tibet, Joegoslavië of de Filippijnen. En als de vier jaar om zijn en het diploma gehaald, zwermen ze weer uit. Oud-studenten van de Akademie werken nu als stylisten of ontwerpers bij Vogue (in Parijs en in New York), Pierre Cardin, Christian Dior, Jacques Lalou, Gianni Versace, Maurizio Baldassari, en andere. Er werken er ook in de opera's van München, Wenen en Rome. Van de

13

AKADEMIE

Boven : Yvonne (3de jaars) poseert in haar zelf gemaakte traditionele kostuum uit Thailand. Dirk (3de jaars) heeft het in Pommeren gezocht. Hiernaast : dit is Ann van blz. 11 weer, nu bezig met een modern ontwerp. Onderaan links : studenten leren op elkaar hun ontwerpen passen. Rechts : Dries (3de jaars) heeft een Tiroler-pak gemaakt.

kant van de Belgische industrie uit begint nu eindelijk, zij het nog zeer schoorvoetend, ook belangstelling te komen. Zou het toch waar zijn dat de bedrijven hier beginnen te beseffen hoe belangrijk een goeie ontwerper kan zijn (zie het ronde tafelgesprek, „Mode, of de kleren van de klant", elders in dit nummer). Becopa en Petra Shoes zijn mee van de eerste bedrijven geweest die een beroep hebben gedaan op afgestudeerden van de akademie.

Show

De studenten, van wie de meesten 's avonds en in het weekeind klusjes opknappen of dienst doen als kelners in cafés en restaurants, om het dure materiaal voor hun studies te kunnen betalen, mogen natuurlijk hun eigen kreaties verkopen. Op vrijdag 20 en maandag 23 juni, houden ze in de akademie zelf een modeshow (met professionele mannequins van de Fashion Service van Hecke uit Gent) die open staat voor het publiek. Wie talent en vakwerk wil bewonderen en een estetische verkwikkende ervaring opdoen, moet beslist een kijkje gaan nemen. En wellicht kunt u er tegen een zacht prijsje een uniek en origineel stuk op de kop tikken.

K.A. ■

14

1977 – 朋克运动在伦敦展开。
—— – 时尚名流玛蒂尔德·威灵科（Mathilde Willink）去世。
1978 – 帕拉·凡·登·布洛克从艺术学院毕业。
—— – 詹尼·范思哲在米兰首秀。
1979 – 帕拉·凡·登·布洛克成为詹尼·范思哲的助手。
—— – 海尔穆特·朗（Helmut Lang）在维也纳完成第一个系列。
—— – 克劳德·蒙塔纳（Claude Montana）创立女装成衣线。
—— – 鲍勃·沃海斯特（Bob Verhelst）从艺术学院毕业。

Niet alleen tekenen, maar ook patroontechniek, knippen en naaien zijn belangrijk voor een toekomstige mode-ontwerper. De leiding heeft hier Marthe Van Leemput (links rechtstaande). (va)

Direktrice Prijot bekijkt een ontwerp van een leerlinge van de afdeling toneelkostuums.

BELGISCHE KONFEKTIE BLIND VOOR BELGISCHE ONTWERPERS?

Antwerpse school vormt modelisten

(Van onze verslaggeefster)

België heeft omzeggens geen eigen mode-ontwerpers. Geen kreatieve geesten die hun stempel op de mode drukken. Onze konfektie-makers houden de blik met religieuze toewijding gericht op het licht dat hen van de grote modecentra komt toegestraald. Van Parijs dan in de eerste plaats. Wij, de modekonsumenten, zijn daar mede schuldig aan. Want ook wij hebben maar ogen voor internationaal bekende namen of voor het stempeltje – hoe vaag ook – van Parijs. Een klein land kan natuurlijk niet zomaar een eigen mode gaan creëren. Zeker niet in een tijdperk waarin mode een internationaal verschijnsel is geworden. Maar waarom zouden eigen ontwerpers hier niet doen wat elders wel lukt : een eigen gelaat geven aan de komende trend ?

Van tijd tot tijd is er wel eens een Belg die het probeert. Maar als hij talent heeft, moet hij al gauw zijn heil in het buitenland gaan zoeken. Want in het eigen land blijven de deuren gesloten. Er is geen belangstelling voor kreaties die niet van Parijs, Milaan, Londen komen.

Die onverschilligheid van de Belgische konfektionairs is ook voor de Antwerpse School voor Mode-ontwerpers een hinderlijke handicap. «Wij krijgen», zegt ons direktrice Mary Prijot, «nooit mensen van de konfektiebedrijven op onze modeshows. We versturen nochtans honderden uitnodigingen. Maar neen hoor, op enkele schaarse uitzonderingen na, die je op je ene hand kunt tellen, stuurt iedereen zijn kat».

Voorlopig vormt die karige belangstelling geen al te groot probleem voor de school. Ze bestaat pas enkele jaren, leverde nog maar een handjevol afgestudeerden af (meisjes en jongens) en vond voor hen steeds zonder moeite een job.

Maar het aantal leerlingen groeit aan. Het afzetgebied zou dus moeten vergroten. Normaal kan dat. Waarom zou een konfektiebedrijf geen eigen ontwerper in dienst nemen, in plaats van alsmaar buitenlandse modellen te kopen (of met wat detailveranderingen te kopiëren)?

Background

«Het is toch echt zinvol voor een textiel- en konfektieland als België om eigen ontwerpers te hebben», zegt Mary Prijot. «We voeren ieder jaar voor miljarden aan textiel uit. Bovendien zijn we toch een volk met een historische, artistieke background die men niet mag onderschatten. Waarom zouden we dat niet terug valorizeren ?»

Vertrekkend van die idee, heeft men het trouwens acht jaar geleden in de Akademie voor Schone Kunsten over een andere boeg gegooid. De bestaande afdeling modetekenen en sierkunsten werd hervormd in een school voor toneelkostuum- en mode-ontwerpen.

«Het is dus», zegt Mary Prijot, «veel meer dan mode-tekenen. Dat leert men ook wel in andere scholen. Maar hier gaat het om *ontwerpen* : dus zelf een model creëren en uitvoeren. Dat houdt méér in dan alleen maar een model tekenen. Het moet ook uitvoerbaar zijn, wat een elementaire kennis van knippen en naaien inhoudt, een goed inzicht ook in de te gebruiken materialen en hun mogelijkheden, en de uitvoering op industriële schaal. Wie hier buitenkomt, moet niet alleen in staat zijn modellen te creëren, maar moet eveneens met kennis van zaken het atelier kunnen duidelijk maken hoe ze uitgevoerd dienen te worden».

De opleiding duurt vier jaar en omvat behalve tekenen, patroontechniek, naaien, geschiedenis van het kostuum en kunstgeschiedenis ook vakken als psychologie, filozofie, estetika, foto-techniek en recht.

De leerlingen kunnen vanaf het tweede jaar de richting toneelkostuum of mode-ontwerpen uit. Wie de studie afmaakt behaalt een A1-diploma.

Basisvorming

De direktrice en haar medewerkster Marthe Van Leemput vertellen dat de leerlingen al van in het eerste jaar moeten ontwerpen. «Dat valt natuurlijk niet mee, omdat ze nog geen enkele basis hebben. Maar het is voor ons het enige middel om te zien wie talent heeft en wie niet. Het tweede jaar maken ze een kollektie van vijf stuks. Het materiaal is – ook in het eerste jaar – uitsluitend baalkatoen. Het derde jaar moeten ze een historisch kostuum ontwerpen en, afgeleid van dat model, een kollektie van moderne kleren. Het vierde jaar zijn ze vrij in de keuze en van materiaal en van tema. Ze stellen een kollektie van tien stuks samen, geïnspireerd door iets wat ze zelf uitgezocht hebben. Deze rok bijvoorbeeld is een eindejaarswerk : de tekeningen die er met de hand op geschilderd zijn, vinden hun oorsprong in Mexicaanse motieven.»

Wie de school voor mode-ontwerpers verlaat, is niet zomaar van de eerste dag af een perfekt couturier. «Wij geven de basisvorming, de grondstof. Maar om het vak door en door te kennen, is een aantal jaren werken in een konfektiebedrijf noodzakelijk. Dat is trouwens voor alle beroepen zo. Maar wij zouden het hier met de opleiding wel makkelijker hebben, indien we meer belangstelling en medewerking kregen van de bedrijven. Weet u dat bv. het Londense Royal College of Art, dat ook een afdeling mode-ontwerpen heeft, zeer veel stoffen krijgt van de fabrikanten? Het ontvangt zelfs gloednieuwe materialen, die nog niet op de markt zijn, om er mee te experimenteren. Zelfs bontvellen krijgt het toegestuurd.

Dat bewijst hoezeer de fabrikanten zich voor de school interesseren. Terwijl hier in België, niets daarvan!»

Mary Prijot gelooft echter rotsvast in haar afdeling. «Onze school is jong. We werken met een dynamisch team. Het is bovendien een fantastisch vak. Kan je je iets levendigers voorstellen dan mode, iets wat meer bij het dagelijks leven betrokken is? Dat brengt ook mee dat je zelf voortdurend bij moet zijn. Weet u dat de jaarlijkse modeshow die wij met het werk van de leerlingen inrichten voor mij ook telkens weer een eksamen is? In de jury die de modellen beoordeelt, zitten niet alleen mensen van de akademie maar ook van daarbuiten : mensen die met toneel of mode te maken hebben. Zij kunnen zeggen in hoever wij voor of achter lopen.»

De mode-afdeling is overigens goed geïntegreerd in de akademie. Wel droomt Mary Prijot nog van een intensievere samenwerking met de andere afdelingen. «In de Kölner Werkschule, wordt om de vier jaar een show ingericht. De hele school werkt daaraan mee. Het Londense College of Art heeft eens, enkele jaren geleden, een heel nummer van «Vogue» opgesteld : de fotografen zorgden voor de foto's, de reklametekenaars brachten publiciteit aan, de mode-ontwerpers maakten de modepagina's, enz. Dat schept een fantastische geest onder de leerlingen en de leerkrachten van de verschillende afdelingen.»

Mary Prijot, die aan de akademie een laureaatschap schilderen haalde en haar mode-vorming in Parijs en Keulen heeft opgestoken, is gefascineerd door het verschijnsel mode, maar ziet er ook de beperktheid van in. «De jongste jaren is de mode op hol geslagen. Het vraagt een hele inspanning om het hoofd koel te houden en om onder de snel wisselende trends toch een draagbare, elegante en praktische mode in stand te houden. Ook dat beginsel trachten wij onze leerlingen mee te geven. Anderdeels vind ik het wel positief dat mode nu echt iets voor iedereen geworden is. Vroeger behoorde zij tot de privilegies van de rijken, nu kan de massa ook mee. We moeten er alleen nog op werken dat ze de mode niet zo slaafs volgt, maar wel met kritische zin en vooral met zelfkennis. Wie zich goed kent, trekt niet zomaar iets aan, alleen omdat het mode is. Maar om dat te bereiken is nog heel wat opvoeding nodig.»

T. STUCKENS

来源不明
日期不明

○

| 比利时服装业无法欣赏比利时设计师?

比利时被认为没有自己的时装设计师，没有在时尚产业活跃的创意人才。世界各大时尚之都对于比利时设计表示热情，而本地工业却对此视而不见。

“对于比利时这个传统的纺织国家来说，没有自己的设计师这件事实在是太可笑了。”玛丽·普利约特说道：“在这里每年有大量的资金流入纺织行业。在这方面比利时拥有丰厚的历史背景，任何人都不应该小看它。可我们自己为什么不去把丢失的名誉捡回来？”

1980 – 沃特·范·贝尔道克和马丁·马吉拉（Martin Margiela）从艺术学院毕业。
—— – 精品店 L' Eclaireur 在巴黎开张。
—— – 乔治·阿玛尼为理查·基尔（Richard Gere）在保罗·施拉德（Paul Schrader）的电影《美国舞男》（*American Gigolo*）中设计造型。

—— – 《The Face》创刊。（见上右中图）
—— – 《i-D》创刊。（见上右下图）
1981 – 德雷斯·范·诺登、玛丽娜·易（Marina Yee）、德克·范·瑟恩、安·得穆鲁梅斯特（Ann Demeulemeester）从艺术学院毕业。

—— – 德克·范·瑟恩的第一家比利时设计师精品店 Beauties&Heroes 在安特卫普 Nieuwe Gaanderij 百货公司开张。

来源不明
1981
○
| 时尚：这就是比利时

海伦娜·拉维斯特（Helena Ravijst）（比利时纺织时装协会顾问、“时尚：这就是比利时”项目发起人）：“当我接受这个职位的时候，完全没有关于比利时时尚的任何宣传。在我和所有生产商的谈话中，我发现我们连一个根本的形象都没有。如果你想出口你的产品，一个形象是最基本的，所以我们必须要行动起来。我想让我们的创造力集中起来，为了一个当时人们根本不相信的未来。”

December 1981. Als een frisse wervelwind waaide ze binnen... En dat zou ze blijven doen tot aan haar laatste levensdagen... Helena Ravijst. Nooit eerder deed een vrouw zoveel 'stof opwaaien'. Met een onverwoestbaar dynamisme en doorzettingsvermogen stortte zij zich in het Belgisch mode-avontuur. Wat toen niet eens bestond, is nu een onmiskenbaar begrip geworden. Ja, we schreeuwen het van de daken.'MODE, DIT IS BELGISCH', het boek, de look, de hele campagne, de Gouden Spoel, de vele andere modeshows en vooral de ontdekking en waardering van eigen jong talent... Kortom, de algemene heropleving van een bezweken mode-industrie. Een historische duw vooruit in ons nationaal zelfbewustzijn.
Dit levenswerk, haar ideeën en projekten, oneindig kreatief, zullen blijven voortbestaan.

1981 – 第一本比利时时尚杂志《Flair》创刊，完全比利时本地制作，由赫尔迪·艾斯奇（Gerdi Esch）担任主编。（见上图）
—— – 比利时政府开启一个五年计划，旨在重新激活低迷的纺织工业。1981 年 1 月 1 日，ITCB（比利时纺织时装协会）成立，统筹经济、商业、创意等各方力量，以支持“纺织计划”。比利时的时装或者纺织企业可以申请政府补助，用于现代化改造或者引进新的技术。同时，为了给比利时时尚一个全新的、令人信服的形象，一个商业宣传项目“时尚：这就是比利时”也被投放。这让人们也意识到了给予富有创意才能的年轻人机会的重要性。为此，在 1982 年，“金纺锤大奖（Gouden Spoel）”成立。
—— – 珍妮·迈伦斯在布鲁塞尔的精品店 Crea 开张。
—— – 马丁·马吉拉就职于 Bartsons。在他之后，很多比利时设计师都在那里工作过，如尤·维克曼斯、琳达·洛帕、安·得穆鲁梅斯特、沃特·范·贝尔道克、德克·范·瑟恩和帕特里克·德·莫恩克（Patrick De Muynck）等等。

Mode

Hekel aan charmes

De problemen van een boetiek

Een tijd geleden hebben een aantal Belgische ontwerpers zich voorgesteld aan de verzamelde modepers. In een zaal aan de Brusselse Vismarkt kibbelden de Brusselse *Nina Meert*, de bontontwerper *Bernstein*, de breigoedontwerpster *Maggy Baum* — terug van weggeweest — en de jonge Antwerpenaren *Dries van Noten* en *Walter van Beirendonck* met de journalisten. Er ontstond al bij het begin verwarring ; toen Nina Meert van de journalisten bleek te verwachten, dat ze haar en haar kollega's bekendheid zouden geven in buitenlandse bladen als ,,Vogue", ,,Marie-Claire" en ,,L'Officiel". De verwarring steeg ten top, toen een vertegenwoordigster van de Belgische kledingfederatie er bij de ontwerpers op aandrong, dat zij zouden promotiesteun opeisen van de overheid via het plan *Claes*. ,,Ik ben tegen subsidie" hield Maggy Baum koppig vol. ,,Dan verliezen wij onze vrijheid". Terwijl de journalisten nog herstelden van hun verbazing over de verwachtingen van Nina Meert, bekvechtten Baum en de konfektievertegenwoordigster over het subsidieprobleem. Bernstein, Van Noten en Van Beirendonck zaten er voor spek en bonen bij. Toch werd na al die verwarring een positief besluit getroffen. ,,We gaan samen onze winterkollekties voorstellen rond de Paastijd", aldus Meert. Waarvan akte. Initiatiefneemster van de wat wonderlijke perskonferentie was Jenny Meirens, die om de hoek de mooie, kale boetiek Crea uitbaat.

— *Waarom organizeer jij als boetiekhoudster een perskonferentie over Belgische modeontwerpers ?*

— *Meirens* : Ik vond het tijd dat er voor de Belgische mode iets gedaan werd, omdat het peil hier enorm laag wordt gehouden. Er is enkel aandacht voor het commerciële, niet voor het artistieke. Ik geloof, dat in België net zo goed kreatief mode kan worden gemaakt als in Parijs, Milaan, Londen of om het even waar. *Als de Belgen het zelf willen.*

— *Je wil iets doen voor de Belgische mode, maar in je eigen boetiek, waar je onze namen zou kunnen verkopen, hangt alleen Nina Meert.*

— *Meirens* : Het aanbod aan Belgische luxekonfektie is in het algemeen niet kreatief genoeg, sorry. Als ik kleren koop voor mijn boetiek, moeten ze passen in de lijn waarvan ik hou.

— *Maar hoe stel je vast, of een kledingstuk kreatief is ?*

— *Meirens* : Dat is heel moeilijk om te omschrijven. Laat me het doen aan de hand van een voorbeeld. Voor mijn zaak kies ik onder meer France Andrévie. Haar gamma is heel evenwichtig. Je kunt ongeveer alle kleren die ze ontwerpt met elkaar kombineren, en stukken van drie seizoenen terug, met stukken van deze zomer.Ik ging onlangs naar een fuif in Gent, en droeg een broek en een blazer van haar van vier jaar geleden.Wel, ik heb er nog komplimenten voor gekregen. De vormen die ze gebruikt zijn vooruitstrevend, de kleuren zeer neutraal, zwart, wit, bruin, beige. Die gaan lang mee als de vorm goed is.

— *Maar hoe stel je zo'n kollektie samen ? Je gaat eind maart naar Parijs en Milaan, veronderstel ik, om de winterkollektie aan te kopen.*

— *Meirens* : Ja, ik ga zoveel mogelijk shows en kollekties bekijken. Natuurlijk sla ik shows over, maar dan ben ik selektief op basis van wat ik in modebladen en dergelijke te zien heb gekregen. Voor deze zomer koos ik France Andrévie. Waarom heb ik verteld. Verder Montana, Laura Biagiotti, Cadette en Nina Meert. Montana kies ik omdat hij spectaculair is. Ik zoek een evenwicht tussen de soberheid van Andrévie, het opzienbarende van Montana, het meer traditioneel vrouwelijke van Biagiotti, en zeker van Nina Meert, die ik wilde als Belgische omdat ze heel valabel is in accessoires en bloezes en tot slot Cadette, wat ook een basiskollektie is. Ik zoek ook een evenwicht in prijsklasse, van Andrévie, die streeft naar goede vormen tegen een nog redelijke prijs, tot Montana, waarvoor je al een heel ruim budget moet hebben.

— *Koop je fifty fifty in Parijs en Milaan ?*

— *Meirens* : Ongeveer. De Fransen zijn in mijn ogen kreatiever, ze wagen ▶

Jenny Meirens : ,,Ik geloof, dat hier net zo goed kreatief mode kan worden gemaakt als in Londen, Parijs, of waar ook. Als de Belgen dat zelf willen."

KNACK — 17 maart 1982

《Knack》周刊
1982.3.17

｜对魅力的厌恶

1982 年，珍妮·迈伦斯（Jenny Meirens），Maison Martin Margiela 的合伙人，在她布鲁塞尔的店内举行了一场记者招待会，介绍包括德雷斯·范·诺登和沃特·范·贝尔道克在内的年轻比利时设计师。

迈伦斯说道："我感到是时候为比利时时尚做点什么了。在这里很多标准都很低。所有的注意力都被投入到商业中去，而不是艺术创作。我相信在比利时能创造出非常有创造力的时尚，并且和巴黎、米兰、伦敦或者世界上任何一个地方实力相当。前提是，比利时人自己想要它。"

Mode

Kleren hoeven niet serieus te zijn

Het debuut van Dries van Noten

Dries van Noten (23), en voorzover mij bekend de jongste ontwerper van België, woont en werkt boven de luxueuze witte kledingzaak van zijn pa in Antwerpen. Een groot verzorgd herenhuis, met palmen, spiegelkasten van uiteenlopende vormen, Breuerzetels. De zithoek is een gewezen burgerlijke badkamer met witte tegelwand en de klassieke blauwe bies op driekwarthoogte. Tegen de muur een rij kledingstukken. Zogenaamd sportieve kleren als parka's en lange broeken uitgevoerd in een bij uitstek sjiek materiaal als zijde of suède. Twee vallen uit de toon: een hemelsblauw katoenen polohemd met witte kraag, en een T-shirtjurk. In de hoek een paspop met dikke, wit leren jekker, en gouden zeshoekversiering. Van Noten draagt zelf een wit hemd van *Thierry Mugler* en een spijkerbroek.

Dries van Noten in zijn Mugler-hemd: „Gewoonlijk kleed ik me voor mijn gemak, maar op een feest kom ik soms bizar voor de dag."

— Waarom is uw eerste eigen kollektie zo duur geworden, dat haast niemand van uw leeftijd die kleren kan betalen?

— *Dries van Noten*: Het lijkt me in België eerlijk gezegd makkelijker te starten in het duurdere, dan in het demokratische genre. In de luxestoffen kun je bijvoorbeeld veertig of vijftig meter bestellen, terwijl fabrikanten die goedkopere stoffen aanbieden, enkel geïnteresseerd zijn in kwantiteiten van vierhonderd of vijfhonderd meter. Mijn eerste eigen kollektie, die deze zomer uitkomt, wordt in België gemaakt, zij het met stoffen uit het buitenland. Ik had liever met stof van hier gewerkt, maar dat bleek onmogelijk. De fabrikanten bij wie ik ging aankloppen, verklaarden me voor gek. „U bent binnen het seizoen failliet! Wij gaan ons niet amuseren met hier en daar wat stoffen af te knippen van de rol!" Dat zijn de Belgische stoffenfabrikanten... Dan naar een breigoedfirma. „Wat zegt u? Monsters maken, uitsluitend voor u? Hoeveel stuks gaat u kunnen verkopen per serie? Twintig, dertig? Kom, kom meneer Van Noten. *Minimum vierhonderd stuks per serie en per kleur! Tot ziens!*"

„Je zou denken, dat het in de Belgische konfektie nog niet slecht genoeg gaat! Tot slot heb ik toch een klein atelier gevonden, dat de kleren hier gaat uitvoeren. Maar als ik dan vergelijk met buitenlandse firma's. Die leggen je in de watte. De stoffenfabrikant van *France Andrévie* bijvoorbeeld, of de firma die het borduurwerk uitvoert van *Montana*. Kom maar op onze kosten naar Zwitserland, meneer Van Noten, we zullen daar samen uittesten wat u wil doen!

— Maar waarom niet meteen op grote schaal beginnen?

— *Van Noten*: Ik denk dat je al een zekere naam moet hebben, om op grote schaal te kunnen werken, en als je niet op grote schaal werkt, kun je makkelijk betaalbare kleren brengen.

— Wat zijn eigenlijk de problemen van een beginnend ontwerper in België?

— *Van Noten*: Je moet investeren. De eerste investering is die van publiciteit. We hebben een fotobundeltje rondgestuurd van de kleren die ik gemaakt heb, toen ik nog studeerde aan de Akademie, drie keer aan zowat vijftig luxeboetieks. Die lagen qua aanbod in mijn lijn, dacht ik, maar toch reageerde maar één winkel op mijn publiciteitsakties! Ik zat er bijna bij te huilen, en dan nog met een telefoontje van „*als u in Brugge bent, spring dan maar eens binnen*". Ik heb dan als testkollektie een suèdekollektie gemaakt die ik bij wijze van experiment had geshowd op een aantal defilees in Antwerpen, Mechelen, Kortrijk en Gent. De reakties daarop waren vrij positief. Ik heb toen meteen beslist een kollektie voor de zomer '82 te laten produceren. Daarmee zijn we de boer op gegaan, en een tiental topboetieks hebben ze aangekocht. Het grootste probleem is dan het geld. Je moet eerst de stoffen kopen, en daarna de fabrikant betalen, terwijl de winkels die je kleren aankopen pas twee maand na de levering moeten afdokken. Dus moet je dat geld al die maanden zelf voorschieten. Als je bijvoorbeeld bestellingen zou hebben voor 5 miljoen frank, moet je ongeveer 2,5 miljoen vooruit betalen. Gelukkig heb ik er een financier bereid toe gevonden.

Duifgrijze zijden parka en rok en katoenen trui uit de kollektie van de komende zomer.

Suède parka, witte trui met gouden zeshoeken, en suède beenbeschermers.

— U komt van de Antwerpse akademie. Wat is er geworden van uw vrienden die met u afstudeerden?

— *Van Noten*: We zijn afgestudeerd met z'n achten in juni vorig jaar. We blijven nauw met elkaar in kontakt. *An* werkt net als *Walter* voor het vrouwenblad Flair als zelfstandige styliste. *Dirk* opent een eigen boetiek in Antwerpen. *Yvonne* werkt samen met *Phara Van den Broeck* in Milaan. *Danielle* tekent de kollektie van *Nicole Candle*, die haar naam is kwijtgeraakt. *Brigitte* ontwerpt *T-shirts, lingerie en tricots*. *Linda* geeft les aan de modeafdeling van een avondschool in Kortrijk en ontwerpt een breigoedkollektie. Iedereen is echt goed vertrokken.

— Doet de akademie veel om de studenten aan werk te helpen?

— *Van Noten*: Onvoldoende, vind ik. Ze organizeert elk jaar een show, waarop de fabrikanten worden uitgenodigd, maar daar blijft het ongeveer bij. Dat de Belgische fabrikanten vakbladen uitgeven, waarin we gratis kunnen jobzoekers plaatsen, hebben we maar toevallig ontdekt. Een vriendin plaatste een advertentie en kreeg meteen twee aanbiedingen, een vriend deed het zelfde en had een week nadien een opdracht. *Meer en meer Belgische firma's zien in, dat ze niet kunnen blijven leven van het maken van kopies.* Velen onder hen kochten — of kopen — gewoon een kledingstuk in Parijs, halen dat uit elkaar, zoeken een stof die er in de verte op lijkt, liefst goedkoper, en bootsen dat dan na. Ik heb ook gemerkt, dat fabrikanten ten onrechte denken dat een ontwerper ontzaglijk duur is. *Als ik mijn prijs zeg lijken ze altijd erg opgelucht.*

— U bent eigenlijk mode beginnen studeren op het moment dat ze erg werd aangevallen, zowel door feministen als door jongeren. Wat zag u erin?

— *Van Noten*: Ik ben erin opgegroeid. Mijn vader heeft een modezaak, en toen ik een jaar of dertien was mocht ik al aankopen doen voor de kinderafdeling. Toen ik zestien werd, ging ik mee naar Parijs, en kocht ik zelf aan voor de jongerenboetiek. Ik kleedde de etalages zelf aan. Overigens vind ik het argument, dat mode drijft tot konsumptie, niet helemaal terecht. Niemand wordt immers verplicht, wat dan ook te kopen. Daar beslis je toch zelf over! Ik wil trouwens geen kleren brengen, die volgend jaar uit zullen zijn, maar klassiekers, die je op allerlei manieren kunt dragen en kombineren. Sportief, elegant, in de winter net zo goed als in de zomer. In die zijden parka bijvoorbeeld kun je 's zomers de straat op, en 's winters naar een feest. Ik ben een groot voorstander van een beperkte kleerkast, gevuld met bestudeerde stukken, die lang mee kunnen, en die kunnen worden geaktualizeerd door de accessoires. Ik werk graag met verkeerde stoffen, ik maakte bijvoorbeeld Ierse truien van katoen in plaats van wol, en voor volgende winter plan ik trenchcoats van imitatiebont. Ik vind dat geestig. Voor mij mogen kleren niet serieus zijn.

— Dan houdt u beslist van Kenzo?

— *Van Noten*: Enorm, en van *Poppy Moreni, France Andrévie* en *Gaultier*. Die verkies ik boven Montana en *Mugler*, omdat ze jonger en zotter zijn. Ik vind Montana veel te ernstig. Voor deze winter bracht hij een hele kollektie van paars geverfde swakara. *Ik vind dat extreme verspilzucht. Gaultier* sorteert tien keer meer effekt, als hij werkt met goedkope stoffen uit de winkels van de Parijse rosse buurten. Natuurlijk doet Montana ook knappe dingen. Vooral zijn accessoires kunnen mij bekoren. Kakelbont maar buitengewoon mooi. Hoewel. Tijdens de show zit je daar tussen een half hysterische massa, en dat grijpt je wel aan. Maar het is me al vaak overkomen, dat ik nadien foto's zag van datzelfde defilee in één of ander modeblad, in postzegelformaat, en dat ik dan bij mezelf zeg: amaai, heb ik dat mooi gevonden, zo'n kakelbonte toestand? *Veel te gechargeerd.*

Gaultier daarentegen stelt me niet teleur. Vorig seizoen liet hij alle journalisten bij de ingang van zijn show een papieren T-shirt aantrekken. *Ik hou ervan, dat hij op die manier de draak steekt met de modeshow, die zich*

Zomerensemble in steengoede kleuren: Chineesblauwe poncho, wijnrode broek van katoenvoile, en vermiljoenkleurige trui.

KNACK — 20 januari 1982

MODERN LEVEN 131

132 MODERN LEVEN

《Knack》周刊
1982.1.20

| 衣服不一定要严肃

德雷斯·范·诺登出道

德雷斯·范·诺登："我会在这个夏天展示我的第一个系列。这个系列虽然全部都是在比利时完成，不过使用的是纯进口面料。我自己也非常希望能用上比利时的面料，只是最后证明这是一件不可能的事。我走遍了所有的工厂，他们都认为我是疯子。"

1981 – 川久保玲的 COMME des GARÇONS 和山本耀司的 Yohji Yamamoto 在巴黎首秀。
—— – 维维安·韦斯特伍德在伦敦首秀。
—— – 阿瑟丁·阿拉亚（Azzedine Alaïa）完成第一个系列。
—— – 乔治·阿玛尼开启副线 Emporio Armani。

—— – 克劳德·蒙塔纳开启男装成衣线。
—— – 格雷斯·琼斯（Grace Jones）发行专辑《Nightclubbing》。
—— – 埃托·索特萨斯（Ettore Sottsass）创立"孟菲斯（Memphis）"设计组织。
—— – 新浪漫主义运动。（见上左1左2图）
—— – MTV 建台。

1982 – 德克·毕盖帕克（Dirk Bikkembergs）从艺术学院毕业。
—— – "Vestirama 时装秀"在布鲁塞尔举办，范·贝尔道克、范·诺登、毕盖帕克展示了他们的设计。
—— – "时尚：这就是比利时"项目开启。

安特卫普艺术学院，时装科，三年级，1977 年〔佚名〕

—— - 安·得穆鲁梅斯特获得第一届“金纺锤大奖”。
—— - 凯文·克莱（Calvin Klein）内衣系列登场。
—— - 维维安·韦斯特伍德在巴黎作秀：“Nostalgia of Mud”。

—— - 克里斯蒂安·拉夸（Christian Lacroix）创立高级定制产品线。
—— - 表演艺术家雷夫·波维瑞（Leigh Bowery）。（见左页右下角右 1 图）
—— - 大卫·鲍伊发行专辑《可怕的怪物》（*Scary Monsters*）

—— - 第一辆法国 TGV 高速列车投入运营：巴黎 - 里昂。
—— - 作家翁贝托·埃可（Umberto Eco）：小说《玫瑰之名》（*Il nome della rosa*）。
—— - 摄影师奥利维耶罗·托斯卡尼（Oliviero Toscani）开始和“全彩贝纳通（United Colors of Benetton）”合作。

卡特琳娜·凡·登·布希（Katarina Van Den Bossche），《BAM》杂志，第 5 期，1992 年

卡特·德博（Kaat Debo）

安特卫普时装学院
从本土时尚与戏服设计到国际闻名的时装学院

安特卫普这样一个小城为什么拥有这么多才华横溢的设计师？我们可以归纳出一种“安特卫普风格”吗？在过去的二十五年里，国际上的媒体一直都在讨论这些问题。是什么创造了这种风格呢？而我们到底谈论的是安特卫普时尚、弗拉芒时尚，还是比利时时尚？尽管这个问题对于安特卫普设计师们来说非常重要，但它本身从一开始也有着自己的矛盾性与复杂性。我们无法通过模棱两可的解说给出一个不那么令人信服的答案，因为每个设计师都通过一条属于自己独一无二的道路建立了自己的事业。唯一将他们联系起来的，就是在安特卫普艺术学院接受的时尚教育。在这里，每个学生的创造力和独特个性都能得到开发，个人身份也能得到塑造。如果想要弄明白安特卫普设计师的工作，了解艺术学院的发展是非常重要的，特别是在不断变迁的安特卫普艺术背景下。

1663 年小大卫·特尼尔斯在安特卫普建立皇家艺术学院的时候，连同意大利一起，低地诸国[①]在欧洲的经济、文化领域享有盛名。三百年后，玛丽·普利约特在艺术学院建立了时装与戏剧服装科。尽管历史上这个地区一直自豪地拥有先进的纺织工业，弗拉芒人却没有对这个领域表现出任何的兴趣。20 世纪前半叶，来自法兰德斯，或者扩大来说，比利时的时尚，仅仅只是巴黎时尚的复制品。一直到 20 世纪 50 年代，比利时的服装行业一直严格地把自己的工作范围限制在“解读”之内，换句话说，就是复制著名法国时装屋的作品。而法国时装屋实际上也十分支持这样的复制。他们给法国周围的服装制造商提供了不同价码的“入场券”，有的让他们得以进入时装秀（严格禁止做笔记），而有的则可以让他们购买服装版型或者原厂面料。在有必要的情况下，买方可以使用另一个名字重新贩卖所购买的设计。

比利时的时尚视野一直被法式优雅所引导，玛丽·普利约特的教学计划也是根据传统的规则所制订，一切都是以良好品位作为目标。艺术价值与中产阶级的审美是主旋律，Chanel 则是至高无上的榜样。真正的时尚尊重线条的和谐。“像莫扎特一样，永远和谐”，普利约特曾这样教导她的学生。但她也说过：“我这个人非常传统，可是我很喜欢我的学生们天马行空的幻想。我虽然喜欢莫扎特，但是不代表我听不懂勋伯格。”[1]

在时装科建立之后的几年里，比起香奈儿（Chanel）、圣罗兰（Yves Saint Laurent）或华伦天奴（Valentino）这些传统时装设计师，它所吸引的学生对于安德烈·库雷热、帕高·拉巴纳、克劳德·蒙塔纳、蒂埃里·穆勒这样的“先锋派”设计师更感兴趣。20 世纪 70 年代末占领伦敦、纽约的流行、朋克与街头文化也明显地对学生们产生了巨大的影响，把他们推向个人表达与实验之中，与艺术学院所教授的规范审美大相径庭。在之后的几年里，艺术学院

1　玛丽·普利约特采访，“朝气蓬勃的比利时时尚”（Elle a fait s' épanouir en Belgique la création de mode），1984 年。

的老师和学生之间产生了一种几近竞争的关系，让学生们更加坚定自己的自我表达，在一定程度上也促成了他们之后在国际上的突破。对于这些实验，玛丽·普利约特一方面感到非常吃惊，认为不切实际甚至无理取闹；另一方面却鼓励学生们成为拥有自我意识的设计师，避免沦落为任何系统下毫无独创性的追随者。

在20世纪六七十年代的安特卫普，我们也亲历了令人兴奋的国际艺术与音乐的共同发展。"先锋派"画廊Wide White Space让人们认识了约瑟夫·博伊斯（Joseph Beuys）、马塞尔·布达埃尔（Marcel Broodthaers）和帕纳马朗科。在纽约"激浪派"运动（Fluxus）的影响下，表演也成了一种艺术形式。"一群年轻一代的艺术家，综合各方的理论，使用表演艺术为形式，消除了艺术家与观众之间的界限，又让不同艺术规则之间达成对话。冲破艺术与生活之间隔阂的欲望也激励着这些年轻的艺术家。他们被约瑟夫·博伊斯的'社会雕塑'影响，认为每一个个体之内都应该产生一场革命，而一旦成功，这个个体就有能力创造独一无二的东西，甚至在它所在的时代创造一场革命。1965年之后，这种趋势在雨果·黑曼（Hugo Heyrman）和帕纳马朗科早期的安特卫普'机遇剧'（The Happening）②中得以体现。"[2]

在这样的艺术氛围之下，安特卫普设计师安·莎伦斯第一个获得了国际上的关注。在巴黎、阿姆斯特丹、杜塞尔多夫都能购买到她的作品。她用人造丝绸创作的颜色丰富的作品为她赢得了"比利时时尚天堂鸟"的美誉。1976年，在伦敦潮店Biba的启发下，古德丽芙·博尔斯的精品店The Poor Millionaire在安特卫普Nieuwe Gaanderij百货公司开张。这家百货公司位于安特卫普市中心，包括德克·范·瑟恩和德雷斯·范·诺登在内的安特卫普设计师之后都选择在这里开设第一家店。博尔斯第一个将当年默默无闻的意大利品牌Fiorucci引进比利时，获得了巨大成功。在包括艺术家丹尼尔·温伯格（Daniel Weinberger）和摄影师拉乌尔·凡·登·布（Raoul Van den Boom）等朋友们的帮助下，博尔斯还创造了独一无二的橱窗陈列以及平面设计。而与莎雅·瑞恩福姆（Saya Renfrum）、莫尼克·范·格特姆（Monique Van Goethem）、赫尔迪·艾斯奇（之后成为比利时时尚杂志《Flair》的主编，法兰德斯时装协会的创始人之一）等朋友们合作的"The Poor Millionaire时装秀"也成为了传奇。包括沃特·范·贝尔道克、德克·范·瑟恩和德雷斯·范·诺登在内的很多艺术学院的学生都为之疯狂。

尽管当时在安特卫普已经形成了相对良好的艺术氛围，但属于安特卫普的时尚特征却并未成形，更不用说整个比利时的时尚特征。直到20世纪80年代，诸如Olivier Strelli、Bartsons和Cortina这样的比利时品牌都选择了更具异国情调的名字，试图掩盖它们的比利时根源。1984年玛丽·普利约特在一个采访中说道："我认为一个能被称为'比利时时尚'的风格并未成形，它那么年轻，还不到十岁，但这并不代表它没有未来。事实恰恰相反！"[3]尽管这样，仍然有一些人发声，要吸引年轻的创造才能，因为对于这新一代的年轻设计师们，他们充满信心。1982年，珍妮·迈伦斯，后来Maison Martin Margiela的合伙人，在

2 V. 德维莱（V.Devillez）"比利时画廊改革与表演艺术：一个环境"（De New Reform Gallery en de performance in België: een context，www.kunstencentrumnetwerk.be）。

3 玛丽·普利约特采访，"朝气蓬勃的比利时时尚"（Elle a fait s' épanouir en Belgique la création de mode），1984年。

安特卫普艺术学院，“长厅”〔De Lange Zaal〕时装秀，20 世纪 80 年代

左：1990 年安特卫普艺术学院时装秀海报，平面设计：安妮·古丽思
右：安特卫普艺术学院，1972 年〔佚名〕

布鲁塞尔组织了一场记者招待会，旨在把包括沃特·范·贝尔道克和德雷斯·范·诺登等在内的年轻比利时设计师们介绍给各大媒体。她说道："我感到是时候为比利时时尚做点什么了。在这里很多标准都很低。所有的注意力都被商业吸引了，而不是艺术创作。我相信在比利时能创造出非常有创造力的时尚，并且和巴黎、米兰、伦敦或者世界上任何一个地方实力相当。前提是，比利时人自己想要它。"当时为法国邮购公司乐都特（La Redoute）工作的克莉丝汀·玛太伊斯（Christine Mathijs）也意识到了这些年轻设计师们有待开发的巨大潜力，她成为了德雷斯·范·诺登巨大成功的幕后推手。直到她1999年去世，玛太伊斯一直都在为他指引方向。

1981年1月1日，由内阁大臣威利·克拉斯（Willy Claes）提案的"纺织计划"正式生效，旨在重新激活低迷的比利时纺织工业。这个"五年计划"对之后的比利时时尚发展产生了不容小觑的影响。整个计划由I.T.C.B.（比利时纺织时装协会）负责。协会由海伦娜·拉维斯特担任顾问，她深知只有在年轻自知的一代设计师的推动下，这个计划才有可能成功。她说道："当我接受这个职位的时候，完全没有关于比利时时尚的任何宣传。在我和所有生产商的谈话中，我发现我们连一个根本的形象都没有。如果你想出口你的产品，一个形象是最基本的，所以我们必须要行动起来。我想让我们的创造力集中起来，为了一个当时人们根本不相信的未来。如果一个比利时生产商想做一个系列，他们一般都会出国寻找创意，他们根本不和比利时设计师合作。"在"纺织计划"的框架下，协会投放了商业项目"时尚：这就是比利时"，并发行了周边杂志[4]。同时还组织了面向年轻设计师的年度竞赛"金纺锤大奖"[5]，邀请国际领先的生产商、时尚专家、设计师和记者担当评审。

竞赛参赛者每人需要严格参照专业工业标准，展示一个包括十五套服饰的系列。获奖者能得到比利时政府的经济资助，其设计的系列也将由比利时面料和服装制造商生产。这样一来，参赛者能够得到在专业领域内工作的机会。更重要的是，它让本土的生产商对比利时设计师的信心逐渐增加，也让设计师们第一次认识自己的受众群体。

值得一提的是，这些第一代的设计师们在自立门户之前都曾在大公司工作过。很多艺术学院的学生，如尤·维克曼斯、琳达·洛帕、弗雷德·德布弗利（Fred Debouvry）、马丁·马吉拉、沃特·范·贝尔道克、安·得穆鲁梅斯特等都曾在比利时风衣制造商Bartsons开始他们的事业。

在此之后，安特卫普艺术学院的学生越来越意识到不同的可能性，更加专业化与国际化的可能性。1979年，毕业生帕拉·凡·登·布洛克开始为Versace工作，成为第一个获得国际时装品牌合约的学生。随后的1981年6月成为一个重要的转折点：安·得穆鲁梅斯特、德雷斯·范·诺登、德克·范·瑟恩、玛丽娜·易的毕业时装秀。他们通过自己的努力聚集了妆发、造型、模特和音乐团队，使一场学院级别的时装秀上升到专业等级。秀场从原来的食堂移师到艺术学院庄重的"长厅"，让毕业时装秀从此成为艺术学院日程表上的一个重要项目，并一直激励着之后的时装秀保持专业的水准。2006年，艺术学院的时装秀发展成历时三天的活

---

4 1984年2月，仅在三天之内杂志销售量达到43 000本。

5 "金纺锤大奖"获奖者（按年代序）：安·得穆鲁梅斯特、德克·范·瑟恩、德克·毕盖帕克、皮特·库恩（Pieter Coene）、薇洛妮克·勒鲁瓦（Véronique Leroy）、克里斯托弗·卡戎（Christophe Charon）。

“贫穷百万富翁”精品店在安特卫普城市公园时装秀的邀请函，1976—1980 年

安特卫普艺术学院，汉斯·施赖伯（Hans Schreiber）毕业设计，1993 年

动，共有超过六千人参加，吸引了来自全世界媒体的注意。学生们向整个产业和媒体展示他们的毕业设计，获得了来自买手、生产商和媒体从未有过的紧密关注。

在这突如其来的关注之下，德克·毕盖帕克、安·得穆鲁梅斯特、德雷斯·范·诺登、德克·范·瑟恩、沃特·范·贝尔道克、玛丽娜·易决定将他们推向国际平台，虽然他们拗口的名字在巴黎或伦敦很少有人能发得出来，但是他们坚信这不会成为他们取得国际突破的阻碍。他们在 1988 年伦敦的“英国设计秀”，以及之后巴黎和全球获得的成功，今天已经被大家熟知。而从一开始，这群第一代设计师的成功就与摄影师、造型师、平面设计师、化妆师、发型师和模特的合作密不可分。他们的创作让这群安特卫普设计师的时尚画面更加清晰。在这里，不得不提到的是：摄影师罗兰·斯托普（Ronald Stoops）、帕特里克·罗宾（Patrick Robyn）、菲尔·英科博赫（Phil Inkelberghe），平面设计师安妮·古丽思（Anne Kuris）、保罗·包登斯（Paul Boudens），化妆师英格·格罗纳（Inge Grognard）。

1982 年，约塞特·詹森斯（Josette Janssens）接任了玛丽·普利约特的位置。几个月后詹森斯突然去世，琳达·洛帕临危赴任。从 1983 年开始，她带领艺术学院走向一个更加专业化和国际化的发展方向。整个教学计划基于每个学生的独立个性发展而制定，雕琢每个人的才能和愿景，根植设计的技巧与结构，让学生能够在时尚的视角上得到突破，把他们推向更广

安特卫普艺术学院，萨拉·蔻瑞尼（Sarah Corynen）毕业设计，1993 年

阔和国际化的舞台。琳达·洛帕也同时为艺术学院做出了完美的公关管理工作，在 2002 年她被《时代周刊》评选为 25 名“全世界最有影响力的时尚人物”之一。

1988 年，英国杂志《i-D》把五名艺术学院毕业生帕特里克·德·莫恩克、卡特琳娜·凡·登·布希（Katarina Van Den Bossche）、彼得·范·德·费尔德（Peter Van de Velde）、卡琳·杜鹏（Karin Dupon）、洛儿·欧格纳（Lore Ongenae）称作“时尚五愤青”（Furious Fashion Five）。一年后，洛儿·欧格纳又因在她的第三个系列中为意大利前色情女星、议会成员“琪秋黎娜（La Cicciolina）”设计造型而登上国际头条。

第二代安特卫普设计师在很长一段时间之内都无法摆脱“安特卫普六君子”（Antwerp Six）的阴影，更有意思的是，推动安特卫普设计第二波的并不是从安特卫普艺术学院毕业的学生，而是拉夫·西蒙（Raf Simons）。[6] 这一代设计师，包括朱利吉·帕森斯（Jurgi Persoons）、丽芙·范·高普（Lieve Van Gorp）、帕特里克·范·欧姆斯拉赫（Patrick Van Ommeslaeghe）、设计组合 A.F. Vandevorst、薇洛妮克·布兰奎诺（Veronique Branquinho）和本哈德·威荷姆（Bernhard Willhelm），他们的决策力和强力而概念性的系列，为他们赢得了迅速的突破，保持了安特卫普时尚的前卫个性。[7]

并不是所有艺术学院的毕业生都选择自立门户，很多人选择成为知名品牌幕后的设计师、摄影师、造型师、艺术指导，等等，他们都为全球时尚做出了杰出贡献。鲍勃·沃海斯特（1979 级）曾和马丁·马吉拉一同工作八年，也担当过包括 Hermès、Cartier 等时装屋的舞美设计，之后更为 MoMu，安特卫普时装博物馆挣得了国际美誉。奥利维尔·里佐（Olivier

6 拉夫·西蒙并没有在安特卫普艺术学院学习，但是他在琳达·洛帕的影响下进入时尚界，并建立自己的工作室。

7 第三代设计师：安吉洛·菲古斯（Angelo Figus）、布鲁诺·皮特斯（Bruno Pieters）、克里斯蒂安·崴楠茨（Christian Wijnants）。

安特卫普艺术学院，安·凡德沃斯特（An Vandevorst）毕业设计，1991 年

Rizzo）（1993 级），成为了现在顶尖的造型师，并为 Louis Vuitton、Prada、《Vogue Homme》杂志、《V-Magazine》杂志、《i-D》杂志担任顾问。维利·温德佩尔（Willy Vanderperre）成为了炙手可热的时尚摄影师。彼得·菲利普（Peter Philips）（1993 级）为拉夫·西蒙、德雷斯·范·诺登、薇洛妮克·布兰奎诺、奥利维尔·泰斯金斯（Olivier Thyskens）创作了无数经典妆容。帕特里克·范·欧姆斯拉赫（1990 级）为 Jil Sander 在拉夫·西蒙担任艺术指导时期担任设计师。吉塞弗斯·提米斯特（Josephus Thimister）曾任 Balenciaga 和 Charles Jourdan 艺术指导。大卫·凡迪沃（David Vandewal）（1992 级）曾任 Ralph Lauren 集团和 Lagerfeld 的艺术指导。

也有很多毕业生选择在学校任教。薇洛妮克·布兰奎诺接替拉夫·西蒙在维也纳应用艺术大学担任教授。萨拉·蔻瑞尼和皮特·库恩在根特时装学院教书，安珂·罗（Anke Loh）在芝加哥艺术学院担任访问讲师，史蒂芬·施耐德（Stephan Schneider）则在柏林艺术大学担任访问讲师。艾瑞克·费尔东克（Erik Verdonck）与赫尔迪·艾斯奇是荷兰海牙皇家艺术学院时装与面料学科领头人。安特卫普艺术学院的现任教员们本身就由毕业生组成，如：沃特·范·贝尔道克、帕特里克·德·莫恩克、奈丽·诺林（Nellie Nooren）、卡特琳娜·凡·登·布希、伊冯娜·德·考克（Yvonne De Cock）。

安特卫普艺术学院四年的学习强度非常大，需要消耗很多精力。许多往届学生都多次表示这是一个发现自我的过程，对于很多人来说非常具有挑战性。在这里，每个人都在发展自己的个性，在导师的指导下找到自己的声音。吉塞弗斯·提米斯特说："在这个学校里你时刻都被放在镜子前面经受训练。"[8] 纽约时装学院院长（FIT）瓦莱丽·斯蒂尔（Valerie Steele）认为安特卫普艺术学院的关键词是"分析"和"反省"："在这里，学生被要求往里看，而以往

8　吉塞弗斯·提米斯特，《ELLE》杂志美国版，1999 年 8 月。

安特卫普艺术学院，芙烈达·狄盖特〔Frieda Degeyter〕毕业设计，1993 年

安特卫普艺术学院，拉夫·史戴斯曼〔Raf Stesmans〕毕业设计，1991 年

的时装教育都会让学生往外看。所以在这样的框架下，你会在你的主观意识里越看越深。在安特卫普，时尚是非常私人的东西，就像写作一样。外在的影响被内在化，最终在非常个性化的声音中清晰地被表达出来。”[9]

每个在艺术学院学习的学生都是经过严格的挑选选拔出来的。在第一年，通过考核和面试，在 150 名学生中只有 50~60 名学生能够继续学习。第二年，有 20~25 人会留下，到毕业的时候，只剩 10~15 人。在过去的二十五年里，这里也变得越来越国际化。2006 年，我们有来自 26 个国家和地区的学生，这意味着只有很小一部分的毕业生会来自比利时。在今天，我们是否还能说比利时、弗拉芒或者安特卫普时尚？我想并不一定。这些学生也许不再是弗拉芒人，但是他们从安特卫普艺术学院得到的精神将永远闪烁着安特卫普、弗拉芒或是比利时的光芒。今天，互联网、旗舰店或是猛力的商业宣传虽然让人们终于懂得欣赏创意本身，可时尚的发展却越来越奢侈化、地位化。正因如此，独特的声音才更强壮、更真实、更独特。我希望它将会被看作是真正的奢侈品，成为新的先锋。[10]

[译者注]

① 低地诸国：是欧洲对西北沿海地区的称呼，广义上指荷兰、比利时、卢森堡，以及法国北部和德国西部，狭义上仅指荷兰、比利时、卢森堡三国，合称“荷比卢”（Benelux）。

② 机遇剧：The Happening，通常被归在表演艺术中。它采用非线性叙事，它可以在任何场所表演，并要求观众主动参与。机遇剧消除了作品本身和受众的边界，让受众在某种程度上成为了艺术的组成部分之一。

---

9 瓦莱丽·斯蒂尔，“老城新光”（The Light of an Old City Shines on New Ideas），《华盛顿邮报》，2001 年 8 月 12 日。

10 本文与基尔特·布鲁路特（Geert Bruloot）共同完成，特别鸣谢吕·柯林克（Lut Clincke）。

安特卫普艺术学院，时装科，三年级，1974 年［佚名］

玛丽娜·易，手稿，1986 年

1983—1994

《Knack》周刊
1983.3.2

▢

丨时尚不是艺术

年轻设计师马吉拉和他的疑惑

马吉拉："个人的名利很容易就会被偷走。我并不反对在别人的名下做事，只要我能够被授予完整的权利。我非常憎恨人们常把时尚和艺术作比较，这是一个设计师绝对不能有的态度。时尚和整个当下社会紧紧相连，并且会随着各种影响而飞速改变。我为人们设计可以穿的衣服。我的灵感来自大街上，通过服装和饰品创造各种形象。你需要非常脚踏实地地做时尚，并且要保持对当下的敏感度。"

Mode is geen kunst

Marguila en de twijfel van de jonge ontwerper

Martin Marguila : een bescheiden uiterlijk, maar een strijdlustige mode-fanaat.

Martin Marguila (26) is één van die Antwerpse groep jonge mode-ontwerpers. Tijdens de Gouden Spoel-wedstrijd ontpopte hij zich als een veelbelovend tekentalent. Lang, slank en blond mode-maker onder dak kunnen geraken. over mode gaat, toont hij zich al vlug boordevol ambitie.

In het hartje van Antwerpen woont hij op de derde verdieping van zo'n typisch, ruim burgershuis. Afgezien van een volle boekenkast en een grote, witte schragentafel waarop tekeningen, foto's en magazines verspreid liggen, is het appartement onaangeroerd leeg. Naast zijn deeltijdse baan bij *Bartsons* als stylist heeft Marguila het te druk met mode-produkties voor een nieuw tijdschrift, eigen kreatief werk, het bezoeken van vakbeurzen, het ontwerpen van accessoires en zelfs een eigen schoenkollektie.

— *Hoe lang ben jij al met mode bezig ?*

— *Martin Marguila :* Zolang ik mij kan herinneren, sinds mijn prille jeugd vermoed ik. Als kind keek ik naar mijn moeder op, die een zeer modieuze vrouw was, en in het kapsalon van mijn vader trokken de foto's en accessoires mijn aandacht. Ik tekende al vroeg vrouwen in allerlei kledij en houdingen. Ik heb altijd mode willen ontwerpen. Terwijl ik handelsschool liep, ging ik naar de akademie en vanaf mijn zestiende volgde ik een klassieke opleiding Grafische Kunst aan de Akademie voor Schone Kunsten in Hasselt. Ik herinner me nog hoe ik bij het ingangseksamen met mijn werk werd weggelachen : „Mode ontwerpen ? Dan moet je maar een winkel beginnen !" Ik ben tenslotte op de akademie in Antwerpen terechtgekomen, een hele opluchting, want daar werd ik eindelijk gestimuleerd om te doen wat me interesseerde.

— *Wat wou je doen na de akademie ?*

— *Marguila :* Ik wou kost wat kost naar het buitenland. Bij een grote naam werken, mijn persoonlijke kreativiteit ontwikkelen. Het liefst van al wou ik naar Parijs, maar omdat het zo goed als onmogelijk is om daar ergens binnen te komen, ben ik maar naar Milaan getrokken. Daar kende ik *Fhara Van den Broeck*, en ik hoopte dat ze me zou helpen.

— *Sukses gehad ?*

— *Marguila :* Niet zoveel, vrees ik. Ik heb anderhalf jaar mijn uiterste best gedaan om bij *Armani, Ferré* of *Cadette* als stylist te worden aangeworven. Ondertussen maakte ik tendensboeken voor de kleding-multinational *Mondial Italia*. Een kolossaal werk waarvoor ik massa's informatie moest verzamelen op beurzen, en zo. Maar daarvoor was ik niet naar Italië gegaan, ik wou toch zelf ontwerpen, een stijl ontwikkelen, een trendkollektie maken en daarvoor moest ik bij een bekend mode-maker onder dak kunnen geraken. Dat is tenslotte een frustrerende ervaring geworden. Eerst en vooral moet je al door iemand geïntroduceerd of aanbevolen worden, anders geraak je niet verder dan de telefoniste. En als je dan zover bent, word je tot op het bot uitgekleed. In feite word je voor de gek gehouden, naar je tekeningen wordt er nauwelijks gekeken.

— *Je bent dan maar teruggekomen naar België. Waarom ?*

— *Marguila :* Ik was de tegenslagen meer dan zat, en tenslotte moest ik ook wat gaan verdienen. Het aanbod van Bartsons kwam op tijd, en was voor mij ook een hele uitdaging.

— *Maar het was niet helemaal de bedoeling om commercieel te gaan werken ?*

— *Marguila :* Ja, dat klopt. Ik had vroeger al geleerd hoe sterk de opbouw van een commerciële kollektie van een kreatieve trendkollektie verschilt. Maar het toeval wilde dat het om een kollektie van regenmantels ging, en dat is net het kledingstuk van mijn voorkeur. Ik hou van die gestruktureerde opbouw, het rijke gebruik van gespen, riemen, sluitingen, zakken, badges, en zo meer. Bovendien werkte een medestudente van mij al voor die firma, en met twee sta je altijd sterker.

— *Wat houdt het werk van een stylist zoal in, en is het echt zo duur voor een bedrijf ?*

— *Marguila :* Vergeet niet dat een stylist niet alleen ideeën op papier zet. Een kollektie opbouwen, veronderstelt een grondige kennis van de heersende tendensen, zowel voor wat de vormen, als de kleuren en de stoffen betreft. Ook een inzicht in markt en kliënteel is belangrijk.

Bovendien volstaat het niet om modellen te tekenen. De patronen worden voortdurend bijgewerkt in overleg met medewerkers en verdelers. Tenslotte moet je ook het produktieproces grondig kennen om realizeerbare modellen te maken.

Of een stylist duur is ? Dat sommige bedrijven het tekenwerk nog altijd aan vrouw of schoondochter overlaten, heeft natuurlijk wel met centen te maken. Maar ook met een gebrek aan vertrouwen in de stylist. Bovendien wordt een stylist per kollektie betaald. Dat lijkt dan wel veel, maar als je die som omzet in een maandloon, is het niet zo'n vetpot.

— *Wie zijn je favoriete ontwerpers ?*

— *Marguila :* Afgezien van mijn voorliefde voor de typisch Franse stijl, wisselt mijn voorkeur van seizoen tot seizoen. ▶

KNACK — 2 maart 1983

MODE SPECIAL 125

1983 – 第一期"时尚：这就是比利时"杂志。（见上图）

—— – 德克·范·瑟恩获得第二届"金纺锤大奖"。

—— – 皮特·库恩、卡特琳·米索顿（Kathleen Missotten）、卡特·迪磊（Kaat Tilley）从安特卫普艺术学院毕业。

Enkele jaren geleden was ik dol op het werk van *Thierry Mugler*. *Karl Lagerfeld* heeft mij ook altijd gefascineerd, zowel zijn excentrieke persoonlijkheid als zijn kreaties. Ze getuigen van een klassieke basis, waarop hij dan vrij fantazeert. Ik geloof dat ik van ontwerpers hou waarmee ik mezelf kan identificeren.

— *Hoe kan je je eigen stijl en voorkeur het best omschrijven ?*

— *Marguila :* Ik hou van een klassieke, zuivere vormgeving — een mantelpakje, een eenvoudig kleedje — waarop ik dan kontrasten en modische varianten aanbreng die het kledingstuk uit zijn kontekst halen. Daarom ben ik zo'n liefhebber van accessoires : de expressiemogelijkheden zijn zo groot en geven een eigen interpretatie aan het geheel. De keuze van halssnoeren, hoed, handschoenen, riemen en schoenen aksentueert een tema en laat oneindige variatie toe. Ik hou niet zozeer van harmonie, veeleer van kontrasten, niet romantisch, maar een sterke, zuivere lijn. Zo kan je het wel samenvatten, denk ik.

— *Heb je er bezwaar tegen om anoniem te werken ?*

Bij deze kreatie voor de Gouden Spoel is de drang naar kontrast overduidelijk aanwezig.

Een geslaagde commerciële versie van de klassieke regenmantel : het lievelingskledingstuk van Marguila.

— *Marguila :* Nee, persoonlijke roem kan mij gestolen worden. Ik heb er geen bezwaar tegen om voor de naam van iemand anders te werken, als ik maar *carte blanche* krijg. Het belangrijkste is om de kans te krijgen om een eigen trendkollektie te creëren, waarin je volledig jezelf kan zijn.

— *Wat betekent mode voor jou ?*

— *Marguila :* Och, ik heb er een hekel aan dat mode wel eens met kunst wordt vergeleken. Die pretentie mag een ontwerper niet hebben. Mode is iets dat nauw bij onze tijd en maatschappij aansluit, dat onder allerlei invloeden en in een snel tempo verandert. Ik ontwerp kleren om gedragen te worden. Het is dan ook meestal op straat of op de tram dat ik de inspiratie haal om altijd weer andere beelden te scheppen door middel van kleding en accessoires. Mode maak je met de twee voeten op de grond en ogen en oren wijd open voor wat er rondom gebeurt.

LUT BUYCK ■

—— - 琳达·洛帕被任命为安特卫普艺术学院时装学院院长。

—— - Coccodrillo 设计师鞋店在安特卫普 Nieuwe Gaanderij 开张。

—— - 维维安·韦斯特伍德展示“Buffalo”系列。

INTERVIEW

MARY PRIJOT: elle a fait s'épanouir en Belgique la création de mode

Interview de France Baudoux-Gerard

Grâce à Mary Prijot, Prix de Rome 1984, la création de mode et celle du costume de théâtre ont reçu en Belgique leurs titres de noblesse. Pour la première fois dans l'histoire du Prix de Rome, cet art a retenu l'attention, et a été inclus dans le groupe "Arts Graphiques".
Il y a vingt-et-un ans, Mary Prijot fonda à l'Académie Royale des Beaux-Arts d'Anvers, la section création de mode et costume de théâtre, et la dirigea sans relâche jusqu'en 1982. L'Académie d'Anvers est la seule où le cours de création de mode est reconnu par l'Etat, tandis que sa réputation a largement dépassé nos frontières!
En quoi consistent ces études? Que pense Mary Prijot de la mode? Comment nous verrait-elle habillée? C'est à ces questions, et à bien d'autres, qu'elle répond ici.

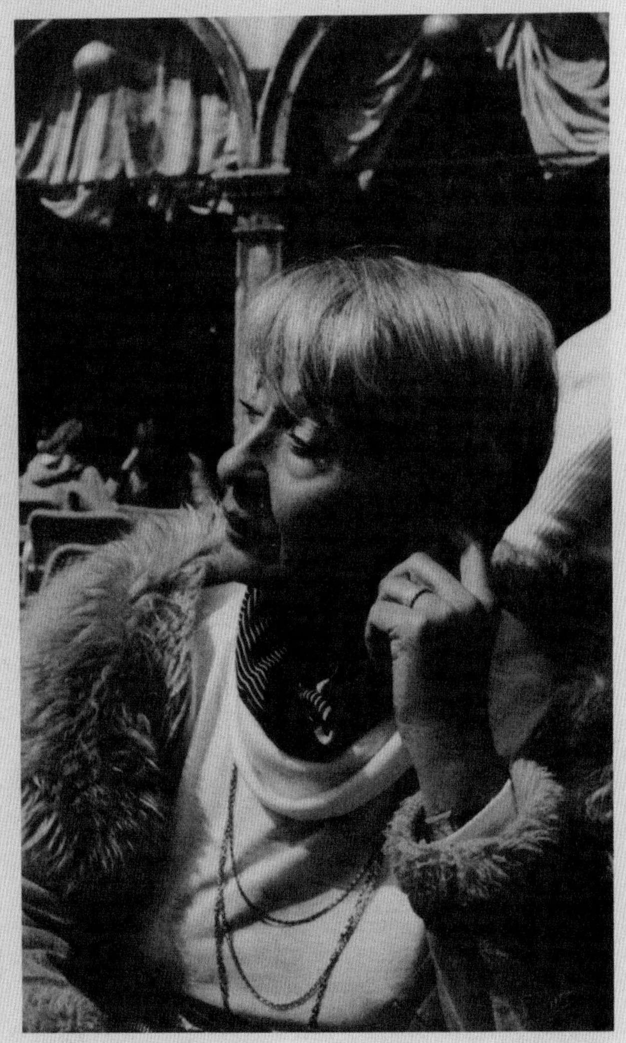

F.B.G.: - Mary, quelle a été votre réaction lorsque vous avez appris que vous était décerné le prix de Rome?
M.P.: - J'en ai été surprise et heureuse! C'était donner à la création de mode et à celle du costume de théâtre, la place qui leur revient. Je vous signale cependant que depuis le régionalisme, le prix de Rome s'appelle en région flamande, le prix de la communauté flamande, et qu'il est attribué par le ministère de la culture néerlandaise. Pourquoi jadis le nom de "Prix de Rome"? Octroyé par l'Etat belge, il permettait aux artistes lauréats, peintres, sculpteurs, illustrateurs, graphistes qui devaient aller à Rome, de s'y rendre grâce à la somme d'argent que constituait ce prix.
F.B.G.: - Parlez-moi de votre carrière.
M.P.: - Mon père était liégeois, ma mère anglaise. J'avais six ans lorsque mes parents sont venus s'établir à Anvers, où habitaient déjà mes grands-parents paternels. Très attirée par la musique, à huit ans je donnais mon premier récital de piano. Ma carrière de pianiste interprète était tracée, mais à l'âge de vingt-deux ans, j'ai dû l'abandonner. Brusquement atteinte de polynévrite, il m'en resta des séquelles: mon bras gauche ne me permettait plus de jouer du piano avec virtuosité. Il fallait que je m'exprime autrement que par la musique! J'avais le don du dessin, et je me suis orientée vers le dessin et la peinture. Pendant cinq ans, ce qui équivaut à une licence, j'ai suivi les cours de l'Institut Supérieur des Beaux-Arts, et j'ai aussi fréquenté la Grande Chaumière, à Paris, où se perfectionnaient des peintres venus des quatre coins du monde. A Anvers, un professeur me signala qu'un cours de dessin de mode allait se créer à l'Aca-

B66

suite page B68

1983 – 弗兰科·莫斯基诺（Franco Moschino）创立个人品牌。

—— – 卡尔·拉格斐（Karl Lagerfeld）担任 Chanel 艺术指导。

—— – 黛安娜·弗里兰（Diana Vreeland）在纽约大都会博物馆举办 "Yves Saint

suite de la page B66

démie, et me conseilla de postuler. N'avais-je d'ailleurs pas dessiné moi-même mes robes de pianiste interprète? Je suis allée trouver le directeur qui m'a demandé: "Tu te sens capable?" En même temps, j'apprends avec stupéfaction que la Belgique exportait chaque année pour 64 milliards de textile et de bonneterie! Pourquoi ne pas avoir de création de mode, et que l'on parle d'une mode belge? C'était en 1962.

F.B.G.: - Par où avez-vous commencé?

M.P.: - Je suis allée chez une amie, à Paris, qui m'a présentée à l'Inspecteur Général des arts appliqués. Il m'a expliqué bien des choses... Pendant trois mois, j'ai été suivre des cours à l'Ecole Technique des arts appliqués. C'était assez dur. Les amis chez lesquels je logeais habitaient les Yvelines, et je devais chaque jour emprunter train et métro... J'apprenais le métier de créateur de mode, avec tout ce que cela impliquait. Le cours de création se base sur l'Histoire du costume, et qui dit Histoire du costume, dit Histoire de l'Art. A cette école, on recevait aussi une culture générale d'un niveau très élevé.

Il était évidemment indispensable d'avoir la connaissance du dessin. Le nu, le corps, puisque c'est le corps qu'on doit revêtir. Il fallait dessiner des figurines de mode. Leurs proportions sont très différentes de celles de l'anatomie vraie. Les jambes sont plus longues. Tout est dans les jambes! Nous recevions aussi des notions de publicité. Nous devions également dessiner les caractères typographiques. Certains parmi nous s'orienteraient vers le journalisme de mode, tandis que dessiner les caractères typographiques demande beaucoup de discipline et d'exactitude, discipline et précision indispensables à la réalisation des patrons. Si le patron bouge d'un millimètre, le vêtement ne tombe pas bien. Nous apprenions aussi le drapage, que nous effectuions sur une poupée-mannequin: les mensurations humaines réduites de moitié. C'est d'ailleurs ainsi qu'ont procédé et procèdent encore plusieurs grands couturiers.

Après Paris, je suis allée suivre des cours de création de mode et de costume de théâtre, à l'Académie de Cologne. En plus du patronage, j'y ai appris la réalisation des costumes historiques. Parallèlement, je suivais des cours particuliers de coupe et de couture.

En 1963, j'inaugurais la section création de mode, et création de costumes de théâtre, à l'Académie Royale des Beaux-Arts d'Anvers.

F.B.G.: - Que demandez-vous à vos élèves?

M.P.: - D'être motivés! Ils doivent avoir fait leurs humanités, et il est important qu'ils sachent dessiner. J'insiste sur la nécessité absolue du dessin dans la création de mode. C'est notre langage, le langage du créateur. Avec un dessin, vous pouvez aller au Japon sans parler la langue. Savoir dessiner permet aussi de chercher les proportions, le mouvement, la balance d'un vêtement. Et dessiner, c'est apprendre à regarder! Notre métier consiste à regarder! Une mise en page bien faite. Un paysage. Le ciel. Tout ce qui vous entoure! L'on s'en inspire, pour la création de modèles. Pour leur réalisation, c'est le dessin technique.

F.B.G.: - Sur combien d'années s'étalent les études, et quel diplôme obtient-on?

M.P. - Quatre années d'études, après les humanités. L'Académie d'Anvers est la seule académie belge où le cours de création de mode est reconnu par l'Etat. Le diplôme octroyé? A1, Etudes artistiques supérieures.

F.B.G.: - Vos élèves viennent-ils de toute la Belgique?

M.P.: - Et du monde entier! Nous avons des étudiants philippins, hollandais, portugais, thibétains, norvégiens, américains, et nous avons même un russe.

On parle aussi bien français qu'anglais!

F.B.G.: - Vos élèves parviennent-ils tous à obtenir leur diplôme...?

M.P.: - Il y a beaucoup d'appelés et peu d'élus. Il en est qui commencent, et abandonnent en cours de route. Sur trente élèves présentés en première année, il peut arriver que six seulement réussissent. J'ajoute qu'il s'agit d'apprendre le métier à fond, de A à Z, y compris la coupe et la couture. Les modèles ne peuvent être irréalisables! Et un créateur doit tout savoir exécuter, ce qui lui permet notamment de pouvoir corriger la toile!

INTERVIEW

F.B.G.: - Tous les ans, l'Académie organise un défilé des quatre années. Quels en sont les impératifs?

M.P.: - *La première année:* une jupe de création personnelle, en calicot, et son dessus assorti. Un ensemble de plage en matériau de cuisine: torchon, lavette, etc... Une robe de soir selon le thème donné par le professeur.*La deuxième année:* un costume historique de son choix, réalisé avec les moyens du bord. Tissu imprimé par l'élève, broderies faites par lui, etc... Tout doit être créatif. Et chaque élève doit s'inspirer de ce costume historique pour créer cinq modèles, cinq vêtements.*La troisième année:* il s'agit de choisir dans le folklore international. Chaque élève réalise son costume folklorique, et s'en inspire pour créer trois vêtements d'enfants, et sept vêtements pour adultes.*La quatrième année:* les élèves sont libres de choisir leur thème, par exemple un tableau, une toile, un livre. Ils doivent créer douze modèles, directement sur papier, et les réaliser eux-mêmes. Nous avons eu des élèves qui ont choisi comme thème les peintures de Fernand Khnopff, et d'autres... la bande dessinée.

F.B.G.: - Et le costume de théâtre?

M.P.: - La création de costumes de théâtre demande le même nombre d'années d'études. Une séparation se fait à la deuxième année. Les étudiants commencent par étudier une pièce de théâtre classique.

L'année dernière, par exemple, "Les précieuses ridicules" de Molière. Ils doivent étudier la coupe historique! Cela vous donne un oeil particulièrement critique.

Personnellement, je ne peux jouir de la pièce quand les costumes ne sont pas parfaits.

F.B.G.: - Beaucoup de vos élèves se sont-ils déjà fait un nom?

M.P.: - Il faut des années pour réussir, s'imposer! Jo Wijckman, après avoir été chez Bartsons, a créé il y a deux ans "A Different Dialogue", et c'est très beau. Farah Vandenbroeck, après avoir travaillé pour Versace, a créé en Italie la collection "Vanden". Ils ont été diplômés il y a quinze ans. D'autres travaillent chez Dior, chez Cardin.

La firme japonaise Toyobo a organisé à Paris un concours de stylistes. 146 élèves de 12 différentes écoles européennes. 4 prix importants ont été décernés à des étudiants de l'Académie d'Anvers. Le deuxième prix à Koen Bolsens, le troisième prix à Marijke Holla et Etienne Liets, le quatrième prix à Erik Janssens. Par ailleurs, Paul Engels a obtenu le prix de la Bonneterie belge, Erik Janssens également le prix Scohy, et Hilde Maton, le prix Bartsons.

F.B.G.: - Plus les lauréates et lauréats de la Canette d'Or, prix annuel créé il y a trois ans par l'Institut du Textile et de la Confection de Belgique. Tous sortaient de votre école!

M.P.: - Mais je ne suis pas d'accord avec les extravagances de certains de leurs modèles. Vous avez vu les premiers prix? C'était dingue! Choquer n'est pas difficile. C'est trop gratuit! Vous formez des créateurs, vous vous dites ensuite qu'ils osent tout faire porter! Sous influence, ils ne se libèrent pas encore. Nous faisons qu'ils aient leur diplôme. Après, ils se libèrent et laissent courir toute leur fantaisie. La Canette d'Or les libère aussi! Moi, je leur dis: "Soyez Mozart, en harmonie". C'est apparemment facile, mais si difficile! Vous devez toutefois le leur dire. Il y a un équilibre à respecter. J'ajoute que, heureusement, il est aussi des étudiants qui n'aiment pas percer par les extravagances.

F.B.G.: - Ce prix ne vous semble donc pas être... ce qu'il devrait être?

M.P.: - C'est une très bonne initiative, qui stimule la production et les modélistes belges. Cela peut être favorable pour nos créateurs, qui peuvent alors être sélectionnés par les fabricants. Mais nous avons vu ce que les finalistes présentaient à la Canette d'Or. Il est dommage que l'I.T.C.B. n'ait pas contacté l'Académie plus tôt.

suite page B70

Laurent - 25 years of creation”展览。
—— －布鲁斯·韦伯（Bruce Weber）的

摄影系列 “Athletes of 1984 Olympics” 在《Interview》杂志刊登。

来源不明
1984

○

| 玛丽·普利约特

她繁荣了比利时时尚

玛丽·普利约特发表对“金纺锤大奖”获奖者的看法：“我对有些夸张的廓形并不赞同，简直是疯了！想要给人惊喜并不难，可是也不要无理取闹。我总是跟我的学生说，要像莫扎特一样，永远保持和谐。听起来很简单，但是做起来太难了！这种平衡在任何时候都需要被尊重。很令人高兴的是，也有一些学生并没有试图用夸张的手段来取得突破。”

“我认为一种能被称为比利时时尚的风格并未成形，它那么年轻，还不到十岁。但是并不代表它没有未来。事实恰恰相反！”

INTERVIEW

suite de la page B69

Il y aurait eu une collaboration plus étroite, une connaissance mutuelle de ce qu'était la Canette d'Or, et de ce qu'était l'Académie. Et une Canette d'Or par an, c'est trop, on n'a pas le temps de respirer. Un prix comme ça se prépare dans le calme. C'est trop fréquent et ça va trop vite! Quand à Paris on a créé le Dé d'Or, il y a eu concertation, cela a été étudié! Mais je répète que l'initiative est excellente. La Canette d'Or a déjà fait connaître des créateurs à l'étranger, et dans le public.

F.B.G.: - Ne croyez-vous pas que toute la fantaisie adoptée par tant de femmes et d'hommes correspond aussi à un besoin, une recherche, par exemple, de plus de gaieté dans un monde... morose?

M.P.: - Vous trouvez ça gai? Moi, je trouve ça sinistre! Elles et ils ne sont pas joyeux, dans leurs vêtements. Louis Féraud, Ungaro, Chloé, Valentino, Versace, font de très belles choses. Mais quand la mode descend dans la rue, les jeunes massacrent tout. Parce qu'ils n'ont aucune mesure, les filles comme les garçons!

F.B.G.: - Ne seriez-vous pas trop classique?

M.P.: - Je suis classique, mais j'aime la fantaisie chez les étudiants. Ce n'est pas parce que j'aime Mozart que je n'aime pas Schönberg. Le terme" classique", maintenant on dit B.C.B.G., est souvent employé d'une matière péjorative, en oubliant que tout ce qui est beau devient classique. Karl Lagerfeld deviendra un jour un grand classique, tout comme Chanel l'est devenue.

F.B.G.: - Comment aimeriez-vous que les femmes s'habillent?

M.P.: - En femme-femme. Belles, attirantes, pas agressives, ni par leur coiffure, ni pas leur maquillage. Qu'elles se respectent et respectent leur corps. Et ne se présentent pas elles-mêmes comme des objets, esclaves de tous les courants.

F.B.G.: - Donc, pas esclaves non plus de la mode...?

M.P.: - "La mode" évoque la femme dans la rue.
On fait sa propre mode! Il est ridicule de ne pas acheter dans les magasins tel ou tel vêtement qui pourtant vous convient, sous prétexte qu'il n'est pas à la mode. De ne plus oser porter un vêtement de l'année dernière, parce qu'il serait "démodé". Ce qu'on porte est une seconde peau. L'important est que vous vous sentiez bien, que cela vous aille. Au seizième siècle, personne ne portait le même habit, mais c'était la même ligne! Ce serait triste de n'être qu'un vêtement! Mais pour certains, il est difficile d'être ce qu'ils sont...

F.B.G.: - Pendant vingt ans, vous avez formé des créateurs, et vous les avez stimulés. Grâce à vous, la section de création de mode et du costume de théâtre de l'Académie d'Anvers a acquis une réputation internationale. Estimez-vous qu'il existe maintenant une mode belge?

M.P.: - Pour moi, il n'y a pas encore de mode belge. Elle est trop jeune, il n'y a pas dix ans qu'elle est en gestation. Ce qui ne veut pas dire qu'elle n'a pas d'avenir. Bien au contraire!

F.B.G.: - Etiez-vous entièrement satisfaite de la section que vous dirigiez à l'Académie?

M.P.: - Il y a encore des tas de choses à faire. Je n'ai pas l'impression que c'était à son niveau le plus haut. Il faudrait créer des souliers, des chapeaux, des accessoires, et surtout de la lingerie. Et puis je tiens à dire aussi qu'en Angleterre, le " Fashion Department" du College of Art, reçoit les tout derniers tissus, des fourrures, des peaux, tout ce dont les étudiants ont besoin. L'Académie d'Anvers ne peut pas donner coton, lin, tissu pour stimuler les étudiants, et les aider à créer dans les belles matières, dont des nouvelles matières.

F.B.G.: - Qui vous a remplacée?

M.P.: - Josette Janssens, qui a un très grand talent. Après trois ans de stage chez moi, c'est elle qui me succède. Je la considère comme ma fille spirituelle, et même comme ma fille tout court. Elle est entourée d'une excellente équipe.

F.B.G.: - La retraite n'est-elle pas trop dure à accepter?

M.P.: - Non, à partir du moment où on a une vie bien remplie, et mille centres d'intérêt!

Interview de France Baudoux-Gérard

Is het een goed idee om oude soaps weer uit de kast te halen? TV1 wacht voor één keer geen marktonderzoek af en programmeert opnieuw 'Falcon Crest', zij het veilig op zondagmiddag. De vergezochte plots zijn gewaagd aan die van de soaps van vandaag, maar kijken doen we vooral uit nostalgie.

Door Peter De Potter

Het Kan Niet Op

1983 – 电视剧《锦绣豪门》(*Dynasty*) 首播。(见上右图)

—— – 电影《甘地传》(*Ghandi*) 获得 8 项奥斯卡大奖。

—— – 迈克尔·杰克逊 (Michael Jackson)：专辑《颤栗者》(*Thriller*)。

—— – 弗朗西斯·福特·科波拉 (Francis Ford Coppola)：电影《斗鱼》(*Rumble Fish*)。

—— – 第一只 Swatch 手表诞生。

—— – 反核游行。

—— – 因特网开始普及。

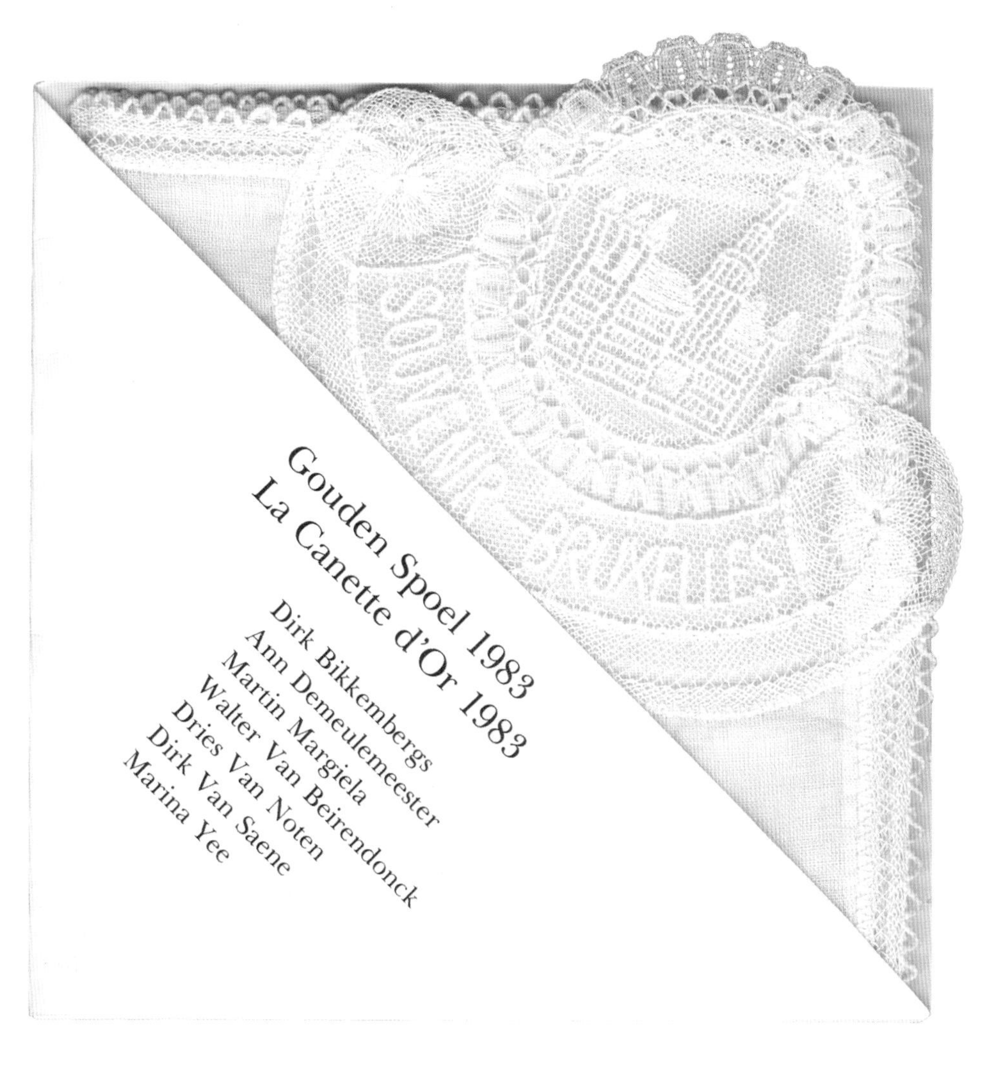

"金纺锤大奖" 邀请函，1983 年

1984 – 马丁·马吉拉成为让·保罗·高缇耶（Jean Paul Gaultier）的助手（到 1987 年）。
—— – 珍妮·迈伦斯在布鲁塞尔凯瑟琳广场开设 COMME des GARÇONS 专卖店。
—— – COMME des GARÇONS 和 YOHJI YAMAMOTO 在布鲁塞尔 Ancienne Belgique 音乐厅办秀。（见右图）
—— – 弗朗斯·安德里维去世。

FASHION'S FRESH FACES

The label 'Made in Belgium' is making new waves in the fashion world. Sue Teddern reports that the country's young designers are emerging in style. Photos by Patrick Robyn

Van Saene's award-winning Belgian chic

It seems something of a paradox that Antwerp, the city that produced the painter Rubens and his soft, seductive, ample-fleshed females, has now produced a fashion designer whose ideal woman is tall, rangy and assertive.

'She must look confident,' says Dirk Van Saene, described by *De Standaard* newspaper as 'the national textile industry's great hope in hard times'. He continues: 'She must have character in her face and she must be able to take risks. A woman who can wear what she likes and look good – someone like Fanny Ardant or Charlotte Rampling.' He sighs. 'If only Charlotte Rampling would wear *my* designs…'

We are sitting in the cluttered atelier above his small but well-situated shop within an Antwerp shopping plaza. His colleague, Sabine, irons an endless length of grey poplin, and Sada, an over-friendly English bull terrier, hurls itself affectionately at our ankles.

The two-year-old shop was the first of his big ambitions to be fulfilled. The second was winning last year's *Canette d'Or* (Golden Spindle) contest in which seven of the country's top young designers had been invited by the Belgian textile industry to present their summer '84 collections. In his mid-20s, he is one of a number of new names who are stimulating fresh international interest in the Belgian clothing world. With people like Martin Margiela, Marina Yee, Ann Demeulemeester, Dries Van Noten and Brussels' Sylvie Van Reeth, he is beginning to raise eyebrows in the fashion capitals and the 'Made in Belgium' label is being pushed with no false modesty.

Undoubtedly *La Canette d'Or* did much to strengthen the cause. A show of the seven designers has since been seen as far afield as Japan, and it contains some noteworthy notions. The sources of inspiration for Walter Van Beirendonck, for instance, were the works of Miró and Calder. He tried to convert their approach to painting and sculpture into an approach to clothing. And Dirk Bikkembergs presented a 'boyish' look based on American-Italian sportswear in which garments could find a reverse purpose. An undershirt could be worn as a coat, a coat as an undershirt.

'Internationally this country does not enjoy the reputation it deserves,' says Van Saene. 'For some reason people don't expect anything to come from Belgium. But when our show was presented in Paris, I think the French were pleasantly surprised. Until recently, fashion came only from Paris. There was a kind of snobbishness but now that's beginning to change. My next ambition is to have a shop in Paris.'

He describes his own clothes as unromantic and a little masculine, with a strong silhouette. 'I don't use silk or frills. No Princess of Wales touches. Fabrics are mostly heavy cottons and poplins.

1984 – ITCB（比利时纺织时装协会）首次来到日本，在大阪办秀。

—— – The Stijl 商店在布鲁塞尔开店。

—— – 约翰·加利亚诺（John Galliano）带着他的毕业系列“Les Incroyables”从伦敦中央圣马丁艺术与设计学院毕业。

《Sphere》杂志
日期不明

〇

| 时尚新面孔

"在国际上，这个国家并不享有它应得的荣誉"，德克·范·瑟恩说，"不知道为什么，人们并不对比利时有什么期待。在我们的巴黎时装秀之后，法国人非常吃惊，因为直到最近，时尚仅仅来自于巴黎。一直以来，时尚让人感觉非常势利，但是从现在开始这个情况会发生改变。我的下一个目标是在巴黎开店。"

Structured collarless blazer by Demeulemeester

Bikkembergs' reversible logic

Utilitarian details reinforce Yee's assertive image

Van Beirendonck's emphasis on experimental elements

SPHERE 43

—— - 斯蒂芬·斯普劳斯（Stepen Sprouse）在纽约首秀。

—— - 由大卫·霍拉（David Holah）和史蒂维·斯图尔特（Stevie Stewart）组成的伦敦设计师组合 Bodymap 展示"Cat in a Hat Takes a Rumble with a Techno Fish"系列。他们使用弹力面料设计的系列获得了国际成功。

'The inspiration for my summer collection came from First World War uniforms and working clothes. And from the Brownies. I'm always looking for new ideas and I have to keep my eyes open all the time. Woody Allen's film *Zelig*, for instance, gave me a lot of inspiration.

'I have learnt, however, that reality is very different to school. The Antwerp Academy of Fine Arts which I attended is one of the best in Europe. But as a fashion student you can do what you like. I couldn't possibly compare my current work with what I made at the academy. That was far more experimental. In the outside world you learn by your mistakes.'

As the textile industry's 'big hope' he doesn't appear to be making too many of those. Is there a lot of pressure on him? 'I like the sobriquet,' he replies. 'It's good for business. But Belgium is producing new talent every year. Sometimes I feel old. Then I remember that Jean-Paul Gaultier, one of my big heroes, is at the peak of his career and he's 31.'

Martin Margiela can recall the very moment he realised the impact fashion would have on his life. 'I was watching the TV news and there was an item about Rabanne and Courreges. As soon as I saw their designs, I thought: How wonderful, people are doing the sort of things I want to do. Those Courreges boots with the cut-out toes confirmed it. I still feel that same emotion when I see something that is completely new.'

He was only a child then. Now, at 27, he is one of Belgium's foremost young talents, another graduate of the Antwerp academy and another participant in *La Canette d'Or*.

The inspiration for that collection came from a pair of turn-of-the-century surgical spectacles he found in Italy. His designs featured long skirts, draped *gilets* and wide T-shirts in white, shades of spice, marine blue, grey and black.

He shows one of them, an open-backed overall, like a surgeon's gown, which is currently being modelled by a tailor's dummy. His studio is filled with books, sketches, piles of photos and magazines, a shoe here, a roll of cloth there, but the debris hints of great industry and his busy schedule confirms it.

He too has a certain type of woman in mind when he designs: 'Jane Birkin, Geraldine Chaplin, Diana Vreeland, Loulou de la Falaise… but not them especially. The kind of woman I mean has a certain ease of movement, certain hand gestures, a certain voice … you see *her* immediately and what she's wearing afterwards. Also,' he says smiling, 'I have a thing about women with big noses.'

He stresses the importance of the total look. Not just the clothes but the accessories too. So he has designed elegant shoes with a chunky, yet slender profiled heel, and a superb leather bag that almost flows from the hips when attached to a matching belt. 'At the academy they placed great emphasis on the total look,' he explains.

While the school has a good reputation, Margiela feels Antwerp is a good working environment. 'I can't explain why. Why is Paris better that Milan? You only have to walk along the streets here to see well-dressed, fashion-minded people. I hope I'm aiming at them, the people without too much money. It's not easy to be successful at the moment because of the economic climate but then fashion is at its most creative during times of crisis.'

Selling himself internationally as a Belgian designer isn't always easy either, but like the others Margiela feels a change coming.

'The *Canette d'Or* show in France made a lot of difference. The director of the Cotton Institute of Paris was there and liked my designs, and I was chosen to make the collection for their winter '86 promotion. That's what I'm working on now.'

Establishing a base in Paris is one of his future plans and he has already lived and worked in that other European fashion capital, Milan. 'After a well-received collection, you make a bigger impact,' he says. But the stomach-churning tension which invariably accompanies the conception of new ideas hasn't left him. In fact he rather enjoys it.

'I think it's vital. When you are under that stress and it's positive, everything you see inspires you. And those moments of inspiration are some of the happiest of my life.'

Margiela's totality of design

1984－卡特琳娜·哈姆内特（Katharine Hamnett）在唐宁街10号会见英国首相玛格丽特·撒切尔（Margaret Thatcher）。（见右页下右图）

——－唐娜·凯伦（Donna Karan）的首个系列。

——－瑞·佩特里（Ray Petri）将《The Face》杂志打造成终极时尚指标。（见右页下左图）

——－马文·盖伊（Marvin Gaye）被父亲开枪射死。

——－维姆·文德斯（Wim Wenders）：电影《德州巴黎》（*Paris-Texas*）。

Mannequins 'ingepakt' als eindejaarswerk

Foto Arlette STUBBE

ANTWERPEN — Gisternamiddag werden in de grote zaal van de Koninklijke Akademie voor Schone Kunsten te Antwerpen de eindejaarswerken voorgesteld van de afdeling mode-ontwerp. In het laatste jaar waren er drie finalisten, die voor hun ontwerpen zelf een tema mochten uitkiezen.

Onze fotografe drukte af bij het werk van Pieter Coene die zich inspirerend op inpak-kunstenaar Christo, zijn mannequins «inpakte» in één lang kleed. Oogstrelend dat wel, maar of het praktisch is zal - bij wijze van spreken - wel een ander paar mouwen zijn.

来源不明

1983

| 毕业设计

被包起来的模特们

皮特·库恩的毕业设计

—— －詹姆斯·卡梅隆（James Cameron）：电影《终结者》（*Terminator*）。

—— －布鲁斯·斯普林斯汀（Bruce Springsteen）：专辑《生于美国》（*Born in the USA*）。

—— －马丁·艾米斯（Martin Amis）：小说《钱》（*Money*）。

APPLAUS

VOOR DE WINNAARS VAN DE GOUDEN SPOEL '85

DE GOUDEN SPOEL. EEN INITIATIEF DAT NIET MEER WEG TE DENKEN IS UIT DE BELGISCHE MODE. NU AAN Z'N DERDE JAARGANG TOE. EN VEEL MEER DAN EEN WEDSTRIJD. DE GEDROOMDE GELEGENHEID VOOR BELGISCHE STILISTEN INTERNATIONAAL OPGEMERKT TE WORDEN. NIET VOOR NIKS WERDEN DE FINALISTEN VAN DE VORIGE GOUDEN SPOEL UITGENODIGD HUN CREATIES VOOR TE STELLEN OP HET "SALON DES ARTISTES DECORATEURS" TE PARIJS. EN SPRAK JAPAN LOVEND OVER "BELGISCHE CREATEURS BOORDEVOL TALENT". IN JUNI '84 VOND DE VOORSELECTIE PLAATS VOOR DE GOUDEN SPOEL 1985; 27 KANDIDATEN VOLDEDEN AAN DE DEELNEMINGSVOORWAARDEN: BELG ZIJN, TUSSEN DE 22 EN 30 JAAR, MAX. DRIE DEELNAMES AAN DE GOUDEN SPOEL, HET VEREISTE STUDIENIVEAU OF PRAKTISCHE ERVARING BEZITTEN. UITEINDELIJK WERDEN 10 FINALISTEN GESELECTEERD. ZIJ KREGEN DIT JAAR EEN DUBBELE OPDRACHT: EEN SILHOUET "ZOMER '85" UITWERKEN, DAT WERD VOORGESTELD OP VESTIRAMA IN SEPTEMBER '84, EN EEN TENDENS-COLLECTIE MET 15 SILHOUETTEN "WINTER '85 '86", DIE AAN EEN INTERNATIONALE JURY O.L.V. DANIEL HECHTER WERD VOORGESTELD OP 13 MAART IN HET BRUSSELSE STADHUIS, IN AANWEZIGHEID VAN H.K.H. PRINSES PAOLA. WINNAAR VAN DE GOUDEN SPOEL '85 WERD DIRK BIKKEMBERGS. DAARNAAST KENDEN DE VERSCHILLENDE JURYGROEPEN NOG VIER EER-VOLLE VERMELDINGEN EN GEN TOE: DE PRIJS VOOR DE INTERNATIONALE STIJL (1. SAENE), DE PERSPRIJS (1. - 2. DIRK BIKKEMBERGS), DE MODESPECIALISTEN (1. DIRK COENE), EN DE PRIJS VOOR VERTAALBAAR IS NAAR DE MEULEMEESTER-VERHELST EN DIRK BIKKEMBERGS 2. DRIES VAN NOTEN). MET WE AANTONEN DAT IN BEL-GEBIED BESTAAT; HET ITCB LANGRIJKE TAAK IN HET PROMOTIE. MAAR OORDEEL

VIER TWEEDE VERMELDIN-ONTWERPER MET DE MEEST MARINA YEE - 2. DIRK VAN WALTER VAN BEIRENDONCK PRIJS VAN DE BELGISCHE BIKKEMBERGS - 2. PIETER DE COLLECTIE DIE HET BEST INDUSTRIE TOE (1. ANN DE-VOOR DE DAMESCOLLECTIE VOOR DE HERENCOLLECTIE - DE GOUDEN SPOEL WILLEN GIE ECHT TALENT OP MODE-VERVULT DAARBIJ EEN BE-VLAK VAN CREATIVITEIT EN ZELF.

GOUDEN SPOEL: WERELDTENTOONSTELLING TSUKUBA '85 IN JAPAN.

IRK BIKKEMBERGS
IRK VAN SAENE
MARINA YEE
ALTER VAN BEIRENDONCK
PIETER COENE
NN DEMEULEMEESTER VERHELST
DRIES VAN NOTEN
47

JONG TALENT

Gouden Spoel '85 verheerlijkt de man

De derde Gouden Spoel-wedstrijd voor jonge Belgische mode-ontwerpers zit er weer op. Deze keer ging alle eer en glorie naar Dirk Bikkembergs voor zijn sterk vernieuwende herenkollektie winter '85-'86. De overige vermeldingen gingen eveneens bijna allemaal naar mannenkollekties. Een verslag.

Sinds het ontstaan van het ITCB, u weet wel het Instituut voor Textiel en Konfektie van België dat in het kader van het plan Claes werd opgericht om onze schrijnende textielindustrie van de ondergang te redden, is het onder meer een traditie geworden ieder jaar een wedstrijd uit te schrijven om jong kreatief talent in ons land aan te moedigen.

Eén van de zwakste punten van onze konfektie was destijds immers het grote tekort aan, en vaak de totale afwezigheid van enig mode-inzicht. Daarin zijn we inmiddels sterk op vooruitgegaan en de belangstelling voor ontwerpers en stilisten neemt in evenredigheid toe.

Het is in dat kader dat we de zin van dergelijke prestigieuze ondernemingen moeten zoeken. Het is immers pas door jonge talenten de kans te geven zich ten volle te geven in een volledig zelfstandig opgebouwde trendkollektie dat men kan geloven in hun kreatieve kracht. Het vertrouwen van de Belgische textielindustrie en fabrikanten is in enkele jaren dan ook steviger en uitgebreider geworden.

Konkurrentie

De lijst Belgische wevers, konfektionneurs en breiers die hun medewerking aan de kandidaten van deze wedstrijd hebben toegezegd, is opzienbarend toegenomen... In plaats van skepticisme en onbegrip delen zij nu van harte in het entoesiasme en de spanning van de deelnemende stilisten.

En last but not least krijgt de Gouden Spoel-wedstrijd stilaan een internationale weerklank, wat het imago van de Belgische mode in het algemeen alleen maar kan optrekken en de mogelijkheden van het jong Belgisch talent in het biezonder zal verruimen...

Tien kandidaten toonden op 13 maart jongstleden in het Brusselse stadhuis en in aanwezigheid van prinses *Paola* en mevrouw Wilfried *Martens*, een trendkollektie bestaande uit vijftien totaal-silhouetten.

Dergelijke kollekties zijn niet als „klaar-om-dragen" bedoeld, maar weerspiegelen wel de tendenzen van wat morgen misschien het straatbeeld zal bepalen. De persoonlijke inbreng, de vernieuwende ideeën en de homogeniteit van het geheel zijn dan ook de basiscriteria, en niet direkt de draagbaarheid of de verkoopbaarheid van de modellen.

Een internationale jury, samengesteld uit industriëlen, mode-specialisten, mode-ontwerpers en journalisten onder leiding van *Daniël Hechter*, werd gevraagd het verdict te vellen.

Altijd een benarde opgave, te meer daar de groep zowat werd opgesplitst in enerzijds ervaren deelnemers zoals *Ann Demeulemeester, Walter Van Beirendonck, Dries Van Noten, Dirk Van Saene* en *Marina Yee* (waaronder nota bene al twee vorige winnaars) en anderzijds het prille debuterende talent van *Mieke Vanneste, Brigitta Tulkens, Bob Verhelst* en *Pieter Coene*. Slechts de winnaar *Bikkembergs* zit daar (toevallig ?) tussenin.

Een nieuwe reglementering van de toelatingsvoorwaarden dringt zich dan ook voor de toekomst op.

Hoe dan ook zorgden ze voor een bonte show die in het algemeen een sterke indruk naliet.

Laureaat anno '84, *Dirk Van Saene* pakte als eerste uit met zijn (overigens

GUYAUX

Dirk Bikkembergs, laureaat van de Gouden Spoel '85 : de ontroering maakte zich van hem meester.

72

JONG TALENT

PETER LORRE

Van Beirendonck brengt het strenge keurslijf van de pioniersvrouw in rechtstreeks kontrast met de wijde dekenvolumes en wikkelvormen van de Indianen. Kenmerken van totaal verschillende kulturen worden verwerkt tot één silhouet.

De kollektie van Dries Van Noten is geïnspireerd op de Amerikaanse muziek van de jaren vijftig. De basis is de klassieke herenkledij, maar de proporties, stof en kleuren zijn veranderd : een herkenbaar silhouet maar toch nieuw van beeld.

Brigitta Tulkens vernieuwt al evenmin, met inspiraties die tussen Martin Margiela en Ann Demeulemeester in zitten.

De mannenkollektie van *Dirk Bikkembergs* zorgde daaropvolgend voor vrolijke opschudding in de zaal met doorstikte nylonjassen, broeken en zelfs een rok over dikke scheerwol. Vloeiende lijnen in viskose en kasjmier, gedrapeerde capes over korte leren vesten waaronder een satijnen heupband piept. Drie verschillende, totaal vernieuwende lijnen die overeenstemmen met drie mannen of situaties in onze samenleving : de sportieve, de business- en de mondaine man. Naast de Gouden Spoel bracht het hem nog drie eervolle vermeldingen op !

Walter Van Beirendonck, hét kreatieve genie, moest echter niet onderdoen voor Dirk met zijn uniseckskollektie.

Prachtige dekenmantels met twee paar mouwen, één met wanten en één zonder voor mannen, en luiers met gewikkelde vesten voor haar.

Het wijde silhouet voor mannen breekt met de konventionele tradities en verenigt sjieke vloeiende lijnen met stugge sportieve details. Ook hier rokken en zelfs jurken voor hem, terwijl de vrouw vaker in een keurslijf wordt gedrukt of mannelijke Mayatruien aan krijgt.

Was deze niet zo gunstige vrouwelijke wederhelft van de prachtige mannenlijn er de reden van dat Walter slechts één vermelding in de wacht sleepte of ligt het aan het Belgische publiek dat zijn uitspattingen niet altijd in dank afneemt ? Zijn ideeënrijkdom kent in ieder geval geen grenzen en verdient beter.

Tot slot wou *Ann Demeulemeester* deze keer alleen impulsief te werk gaan voor een romantische, poëtische kollektie aan de hand van persoonlijke impressies en niet van een of andere inspiratiebron.

Zwarte jassen met wijde ronde sluiting vooraan en ingenomen bolle rug met ruime, lange broekrokken en hoge taille of plissé-omslagrok met ribbeltruien zijn gewoon perfekt. Een roodzwart passage in tricot op minilengte en grote blazers of korte buisrokken en strikte tailleurs in auberginekleur zorgen voor een professioneel beeld dat gewoon „af" was. De Belgische modespecialisten gaven haar dan ook wat haar toekwam.

LUT BUYCK ■

76

《Knack》周刊
1985

○

| 金纺锤大奖 1985

1985 – 德克·毕盖帕克获得第三届“金纺锤大奖”。
—— – 德雷斯·范·诺登在安特卫普 Nieuwe Gaanderij 开店，发售首个系列。

—— – “Antwerp Six”时装秀在安特卫普码头 Scheldekaaien 举行。
—— – ITCB（比利时纺织时装协会）在世博会期间第二次来到日本，到访筑波和东京。

—— – 时尚节目“Blikvanger”在比利时国家电视网（BRT）首播。
—— – 沃特·范·贝尔道克成为安特卫普艺术学院的时装科教师。

ʟes rendez-vous de Marie Claire Belgique

N EVENEMENT EXCEPTIONNEL A ANVERS
A MODE AUTOMNE-HIVER 85/86
IAIS AUSSI LA MODE PRINTEMPS-ETE86!

ı grand événement annonçant ıe belle saison mode, plus un cond, dévoilant la saison suinte, en un seul spectacle uniue, représente une fête ceptionnelle et une manifestaon hors du commun.

arie Claire Belgique vous invite cette soirée inoubliable dans le adre inédit des bords de scaut, à Anvers, le 11 septeme 85, à 20 heures 30, en préınce de toutes les personnalités e la mode, de la presse venant u pays et de l'étranger.

ous assisterez à la présentation es collections de la "Canette Or 85" modifiées, et mises au oût du public.
: en avant première (du jamais ı), les collections très "commerales" du printemps-été 86.

ous découvrirez la mode vue et vue par le "concept" japonais, ı must pour les spécialistes, ais aussi pour le grand public.

lus de 3.000 personnes, sélecınnées, auront le privilège 'assister au plus grand show node" jamais réalisé, à ce jour, ı Belgique. La presse télévisée : la presse écrite entoureront les vités d'honneur Jean-Paul Gaulier et Anna Piaggi, actuellelent en tête du hit-parade des ylistes européens.

n rendez-vous à ne pas ıanquer.

noter que les collections de la Canette d'Or 85" seront en vente ans plusieurs boutiques à nvers. Ces magasins proposeınt d'ailleurs une vitrine spéciale ue vous pourrez examiner au ours du défilé-spectacle.

ES LECTRICES DE MARIE CLAIRE EUVENT RESERVER LEUR PLACE UI LEUR SERA ENVOYEE PAR OSTE, ACCOMPAGNEE D'UN PLAN, N TELEPHONANT AU JOURNAL: 2/345.39.75 ou 74. AU PRIX DE 350 FB LA PLACE).

B135

“安特卫普六君子” 时装秀邀请函，1985

1985 – 第一届安特卫普学院时装秀在 Handelsbeurs 音乐厅举行。

—— – 让·保罗·高缇耶和舞蹈艺术家瑞琴·肖皮诺（Régine Chopinot）带着《Le Defilé》巡回来到布鲁塞尔，海报设计：安妮·古丽思。（见左图）

《标准报》(*De Standaard*)

1985.9.14

| “六君子”在安特卫普的 Scheldekaaien 组织了他们自己的时装秀

Gegroepeerd talent in grootse show

Antwerpse mode toont zich zonder complexen

Van onze verslaggeefster

ANTWERPEN — In modemilieus heten ze „de zes van de akademie" of „die van de Gouden Spoel", gemakkelijkheidshalve de verzamelnaam van Marina Yee, Dirk Bikkembergs, Dirk Van Saene, Walter Van Beirendonck, Ann Demeulemeester-Verhelst en Dries Van Noten, zes jonge ontwerpers die hier al een paar jaar het mooie modeweer maken. Meestal zie je hun geesteskinderen op zwaar gesponsorde evenementen zoals de Gouden Spoel-wedstrijd of een talentenshow van Vestirama. In Antwerpen hield men dan ook even de adem in toen „de zes" besloten een eigen modeshow te organizeren. Maar geen probleem, er kwam veel volk naar kijken.

Je moet het lef van de onnozele, gekombineerd met het geluk van de beginner hebben, om voor drieduizend mode-amateurs een internationaal spektakel in elkaar te steken op een Scheldekaai. Het werd een grandioos feest en mogelijk de start van een heuse „Antwerpse Modeweek". Dat werd deze week tenminste na afloop, in de euforie van het sukses, verkondigd.

Ruim twee uur defilé waarin zowel de trendkollektie voor volgende winter van Bikkembergs, Marina Yee, Ann Demeulemeester-Verhelst, Van Beirendonck, Van Noten en Van Saene te zien was als gecommercializeerde zomerkollekties voor 1986.

En dan bleek dat onze jonge ontwerpers alvast iets leerden van de enscenering van hun Parijse meester Jean-Paul Gaultier. Niet alleen lieten ze een aantal Parijse mannequins met extra lelijke tronies overkomen (dat heet dan een kop-met-karakter), er werd ook duchtig gegoocheld met het element „show". We lachen uitbundig als tussen de mannequins voor Dirk Van Saenes winterkollektie en fikse oma opstapt, kompleet met zijn malle lampekaphoed. Tot een autentieke Antwerpenaar mij influistert dat er ook écht reden is om te lachen: het mens is in Antwerpen wereldbekend, uitbaatster van een bekende „bollenwinkel".

Attrakties

De andere grapjes die de show opfleurden — en de mannequins de nodige tijd gaven om zich in de vaak omslachtige kreaties te stoppen ;— bleken prima circusattrakties: de goochelaar, de messenwerper, de akrobaat en de saxofoon spelende klowns tot de vuurspuwer en de dame met de dansende poedels. Al moest dat mens wel even de aandacht delen met een bekend politicus, die twintig minuten vóór het einde in de zaal verscheen en zich waarschijnlijk afvroeg of hij zich niet van adres had vergist.

Over de winterkollekties van „de zes" is alles verteld: we konden alleen vaststellen dat Bikkembergs met die mannenkollektie zijn Gouden Spoel echt had verdiend. En zijn zomerkollektie blijft voorlopig beperkt tot herenschoenen, omdat de fabrikant van zijn Gaffa-kollektie net op de fles ging. Gaffa, dat was de revelatie van zes maanden geleden op het Top Fashion Forum, waar Bikkembergs blijkbaar een op sterven na uitgebluste Waalse firma nog heel even nieuw leven inblies. Bikkembergs neemt het overigens gelaten op: volgend jaar heeft hij beslist een nieuwe kollektie.

Schoenen

Van die herenschoenen hebben we wel niet veel gezien: de mannequins in zwarte onderbroek — en Bikkembergs' schoenen — liepen in een verduisterde zaal, zaklantaarn in de hand, maar daar beschenen ze hoofdzakelijk de eerste rijen mee. En voorts zijn wij ook maar mensen: de aandacht is snel afgeleid als je zoveel duister bloot ziet rondhuppelen.

Dries Van Noten zal in de nieuwe kollektie „Options by Jacques Laloux" volgende zomer een heel aparte visie brengen op mannenmode. Met jasjes in gabardine, seersucker, madrasruiten, streepmotieven, sweaters met embleem, blazers met klubschildje. En Bon Chic Bon Genre met een nonchalant aksent.

Een andere mannenkollektie, adembenemend mooi, is „Jerome" van fabrikant Bartson's. Perfektioniste Ann Demeulemeester en kreatieve hoogvlieger Walter Van Beirendonck zorgden voor een kollektie die qua inspiratie en verfijning naast de grootste internationale namen mag liggen. Alleen vrezen wij dat de modale Belg er nog niet rijp voor is. Een schort over een pantalon, dat heet hier al gauw „paterkesstijl". Ondanks de viriele rugzakken en de meer dan prachtige trench coats.

Fabrikant Bassetti mag zich ook volgende zomer verheugen in het kreatief talent van Marina Yee, en haar kreaties zal je herkennen aan de lange rechte rokken met zeer hoge splitten (alsof de rok aan flarden hangt), de zijige lange gestreepte hemden en de herkenbare nonchalante sjiek.

En ten slotte was daar nog Dirk Van Saene, alweer prezent met een kollektie onder zijn eigen naam. We herkenden kraagjes uit zijn „Indiase kollektie" van deze zomer, de gefronste rokzoom die in de winter aan bod komt, een aanbod van Lolita's met strooien hoedjes uit de jaren vijftig, adembenemende zwarte amazones in getailleerde jasjes, een mooi aanbod van grijze strepen verwerkt in verschillende motieven op jasje en rok, ruime schortbloesjes en een bizarre hoeveelheid rare krullen op schoenen en tassen als ouderwets passementswerk.

Na afloop zei Linda Loppa — professor aan de mode-akademie en „peetmoeder" van al dat Antwerps talent — met gepaste ontroering: „Schoon hé. Ik ben zo fier hé." Ze zei het met Antwerps aksent, maar het stoorde niet.. (LHE)

Een man van Dries Van Noten

Verfijnde strukturen van Ann Demeulemeester-Verhelst. (foto's Marc Cels)

Zomerkollektie Dirk Van Saene: fraaie strepen en bizarre passementmotiefjes.

Van Beirendonck: rijkelijke volumes.

De Standaard

Pagina 4 / zaterdag 1 maart 1986 Mode '86

MODESTYLIST IN BELGIE:

DRIES VAN NOTEN of de kunst om er met keurig hemd en das toch niet uit te zien als een kantoorklerk. (foto Patrick DE SPIEGELAERE)

"Ik zit hier zelf mijn broeken te knippen"

"Hoe ik mezelf kleed? Als ik tot over mijn oren in het werk zit, trek ik zomaar iets aan, en als ik me ontspannen voel maak ik er wat meer werk van. Momenteel kan het me dus wat minder schelen hoe ik er bijloop". Dries Van Noten. Hij heeft een kontrakt met een Amerikaanse firma voor tenniskleding, in Saoedi-Arabië lopen er kinderen in bloesons die hij getekend heeft, volgende week is hij aanwezig op de British Fashion week met een stand in de Londense Olympia Hall, in Parijs verkoopt het warenhuis Galeries Lafayette zijn herenpiama's. Zevenentwintig jaar, Antwerpenaar, hoogst charmant en bedrijvig als een mier, tweede op de mode-hitlijst van onze lezers. Een ster aan het modefirmament, zou een buitenstaander kunnen vermoeden. Maar net als in de muziekwereld betekent renommee hier te lande nog bijlange niet dat sukses in klinkende munt wordt omgezet en dat kontrakten uit de hemel vallen. Zoals veel van zijn kollega's werkt Van Noten zich uit de naad om het hoofd boven water te houden.

ALS we binnenkomen op de witte verdieping van een statig herenhuis in de buurt van de Antwerpse Nationale Bank, komt hij ons hijgend tegemoet "net binnen, let niet op de rommel.." De telefoon gaat en aan de andere kant wordt kennelijk iets verteld dat Van Noten oplucht. "Als u dat zo kan regelen zou me dat een pak van het hart zijn". Het blijkt dat hij volgende week toch naar Londen kan, naar de British Fashion Week. Even leek het erop dat hij verstek zou moeten geven, en dat zijn kollega's "de zes van Antwerpen" met hun vijven de oversteek zouden moeten maken. Maar een fabrikant speelt even voor reddende engel.

Antwerpse Zes

Dries van Noten is inderdaad een van "de zes" van Antwerpen (oorspronkelijk waren ze met zeven, maar sinds Martin Margiela in Parijs werkt, is het de groep vergaan als de tien kleine negertjes), oud-student van de akademie, drieekeer laureaat van de Gouden Spoelwedstrijd. In de kledingbusiness bekijkt men hem als iemand met wie te praten valt, iemand met zin voor realiteit en verkoop, iemand die zich nooit als een grote vedette heeft gedragen en gedacht heeft dat kleren ontwerpen tot het terrein van de Grote Kunst behoorde.

Van Noten komt uit een in Antwerpen bekende familie met kledingwinkels (zijn oom zit al jaren in de herenkostuums, zijn vader in de duurdere merken dameskleding), hij is tussen de rokken en bloezen groot geworden. Als hij gewild had, lag zijn bedje gespreid: vader vroeg niet liever dan dat Dries hem zou opvolgen. Maar Dries wou het zich wat moeilijk maken, ging mode-ontwerpen studeren, en kreeg het inderdaad lastig. In de loop van ons gesprek vraagt hij meer dan eens om dingen niet in de krant te schrijven, tenen kunnen lang zijn en hij wil zijn eigen ruiten niet ingooien. Een omzichtig interview dus.

De Morgen: Je schijnt het erg druk te hebben, waar ben je op dit moment allemaal mee bezig?

DRIES VAN NOTEN: "Volgende week gaan we dus naar Londen, we hebben er een groepsstand van de zes van Antwerpen, en we staan daar tussen alle grote namen van Londen, naast John Galliano enzo. We hebben één mannequin voor ons samen, we trachten het zo goedkoop mogelijk te doen. Voor die beurs ben ik nu mijn winterkollektie aan het uitwerken. Voor mijn winkel in Antwerpen werk ik nu volop aan de zomerkollektie, en dan zijn er de dingen waar ik al langer mee bezig ben: Options, herenkleding voor Jaques Laloux, ik ben mede-stylist bij Go-On, daar hebben de winterkollektie net op punt, en dan niet te vergeten Sowa en Tricosport, kinderkleding, daar werk ik al het langst voor. Dan ben ik volop in onderhandeling met een Britse fabrikant van breigoed om een kollektie truien te maken, ik vertrek deze week nog naar de Verenigde Staten voor tenniskledij, ik doe nog een beetje voor UCO en ik zet de eerste stappen voor een serie ondergoed voor heren."

Ondergoed

DM: Vertel eens iets meer over dat ondergoed?

DRIES VAN NOTEN: "Ik vind dat daar een leemte is. Er bestaan momenteel twee dingen: ofwel de slips van de jaren '70, genre Hom, ofwel de Amerikaanse stijl van de jaren 80, de caleçons, die uiteindelijk bijzonder onpraktisch zijn. Ik wil een serietje maken dat gebaseerd is op het klassieke ondergoed, wit, met wat mooie details aan. Maar daarover ben ik nog in onderhandeling, ik weet nog niet zeker of het zal lukken."

DM: Voor je eigen herenkollektie laat je pullovers breien in Engeland. Waarom het zo ver zoeken? Hier zijn toch ook breigoedfabrikanten?

DRIES VAN NOTEN: "Ik ben heel blij dat ik die man in Engeland gevonden heb. Het is een droom. Hier lijkt het entoesiasme van de fabrikanten om met stylisten te werken wat afgenomen. In het begin van de aktie 'Dit is Belgisch', met de eerste Gouden Spoel-wedstrijden waren ze opgetogen, maar dat is nu verminderd. Jammer, want uiteindelijk waren die Gouden Spoel-wedstrijden maar ballonnetjes, dat was te doorprikken. En nu we allemaal wat konkreter beginnen te werken, haken zij af."

"Het verschil als je bij een Belgische fabrikant binnenstapt met je ontwerpen en bijvoorbeeld die Engelse, is hemelsbreed. Kijk dit (toont een staaltje breiwerk, een effen donkerblauw boordje dat overgaat in grijs gespikkeld). Als ik hier vraag om dat te breien zeggen ze : 'Dat kunnen we niet, dat is te moeilijk, dan moeten we na die blauwe boorden onze machines helemaal opnieuw instellen want dat is een andere draad.' Bekijk... dan dit eens: (toont een reeks technische tekeningen van pullovers met kabelmotieven): dat zijn Fair Isles-truien, maar ik gebruik allemaal verschillende motieven in 1 trui, de twee mouwen zijn verschillend gebreid, de voorkant is nog anders en de rugzijde ook. En dat dan in verschillende kleuren van draden. Ik toonde die ontwerpen aan de Britse fabrikant en die zei: 'O, wat ziet dat er prachtig uit. Maar zou het niet nòg beter zijn als we in de boorden een gekleurd streepje breiden?' Bovendien is die man bereid om kleine serietjes te maken. Hier moet je vijfhonderd stuks nemen van elke kleur of ze willen er zelfs niet aan beginnen. Maar je kent mijn winkeltje, waar zou ik in hemelsnaam naartoe moeten met, zeg maar, vijftienhonderd jeansbroeken?"

Ali Baba

DM: Dat is een eeuwig probleem waarmee jullie, beginnende ▶

《晨报》
(*De Morgen*)
1986.3.1

|“我坐在这里裁着自己的裤子”

德雷斯·范·诺登：“下周我们将去伦敦。在像加利亚诺这样的大人物中间，我们‘六君子’也将有一个展台。我们每个人将仅展示一个造型，因为我们想尽全力降低预算。”

1985 – Dolce & Gabbana 在米兰首秀。
—— – 玛汀·斯特本（Martine Sitbon）在巴黎首秀。
—— – 尼克·卡门（Nick Kamen）为Levi's 拍摄广告。
—— – 劳拉·阿什利（Laura Ashley）去世。
—— – Prada 开启女装成衣和鞋履产品线。
—— – 摄影师彼得·林德伯格（Peter Lindbergh）登上《Marie Claire》杂志。
—— – 鲍勃·吉尔道夫（Bob Geldof）在伦敦组织“拯救生命（Live Aid）”。

Dirk Van Saene，1986 春夏系列

Marina Yee，1986—1987 秋冬系列

Galerij

Mode is een dankbare studierichting

Mode staat sinds enkele jaren weer volop in de belangstelling. De glamour van de designer, de herwaardering van ,,dit is Belgisch''-kleding, de kreativiteit die er vandaag aan de dag gelegd wordt bij de mode, zorgt voor kleur in het krisislandschap.

Dat Antwerpen daarin een hoofdrol heeft vervuld staat buiten kijf. Afgestudeerden van de Antwerpse mode-akademie haalden de prijzen binnen en dat heeft ook zijn weerslag op de mode-opleiding in de Metropool. Een akademische graad van de mode-akademie is zeer gegeerd, meer en meer jonge mensen willen het modevak onder de knie krijgen. Niet alleen de Antwerpse akademie breidt uit, ook nieuwe opleidingen zien het licht.

De mode-akademie volgen in de Mutsaertstraat 31 staat op het verlanglijstje van vele jongeren die hun middelbare studies hebben afgelegd. Maar het ingangseksamen is zwaar, slechts 30 van de 200 kandidaten zijn deze zomer geslaagd. Jongeren die kunstonderwijs gevolgd hebben, hoeven van te voren geen eksamen af te leggen, zodat het eerste jaar met 60 studenten is van start gegaan. Vorig jaar zaten er ook zoveel mensen in het eerste jaar, 20 van hen zijn in september aan het tweede jaar begonnen. In het derde jaar zitten ze met 13 en 11 studenten volgen momenteel het laatste jaar. Terwijl drie jaar geleden er maar 3 gediplomeerden afzwaaiden.

Heel wat studenten moeten afhaken. *Linda Loppa*, zelf mode-ontwerpster en eigenares van een boetiek in de Quellinstraat en de verantwoordelijke van de afdeling mode in de Antwerpse akademie, wijt dit aan de zware opleiding : →

Linda Loppa neemt met laatstejaarsstudent Peter Hoste de ontwerpen door. ,,Wij willen dat onze studenten een avant-garde vormen.''

A. STUBBE

KNACK ANTWERPEN — 24 december 1986 ⑬

《Knack》周刊
1986.12.24

○

| 时尚教育回报率高

“作为一名设计师，你可以在你的专业工作中发挥创意，并且挣得相对优渥的生活。现在出现了很多之前（如十年前）没有的机会。设计师拥有了全新的地位，被人们崇拜。他们是自给自足的明星。”

“在很多国家，安特卫普艺术学院的毕业生都受到了很大的关注。他们的展示都做得很好，并且他们的履历尤其给意大利人留下了深刻的印象，这并不常见。我们的毕业生所展示的东西，并不是人们常在当下的时尚中能见到的东西。他们不受标准化时尚的影响，这一点也吸引了很多的造型师。在比利时，我们受到了很多质疑，而在国外，很明显的是，大家都很欣赏。”（琳达·洛帕）

MODE-AKADEMIE

A. STUBBE

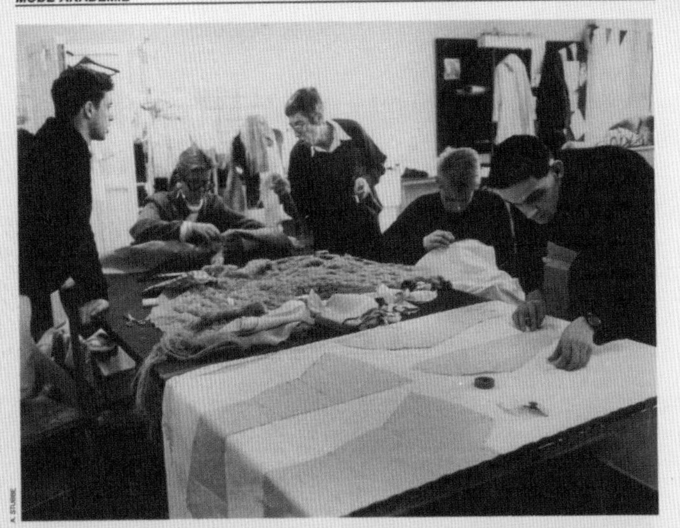

Picasso's donkere periode was de inspiratiebron voor deze ontwerpen van Ilse Daneels. Over enkele maanden moet deze kleding al te zien zijn in het defilé.

→

,,In het eerste jaar wordt de nadruk gelegd op 3 facetten, het tekenen, het ontwerpen en het uitvoeren. Er bestaan gewoon niet zo heel veel mensen die dat allemaal in zich hebben. Daarom is vooral het eerste jaar heel zwaar, tenslotte heb je er nogal wat die mentaal echt te jong zijn, die nog niet matuur zijn en nog geen eigen visie hebben op mode. Hun ideeën lijden onder een gebrek aan originaliteit. Want wij laten hen wel vrij in de keuze van stijl die ze willen aanhangen maar we eisen dat ze origineel werken, kreatief hun eigen gang gaan en een avant-garde vormen.''

— Waarom denken zoveel jonge mensen aan een mode-opleiding ? Wat trekt hen aan in die zware studies ?

— *Linda Loppa* : In het beroepsleven kan je als ontwerper kreatief bezig zijn en toch goed je kost verdienen. Bovendien kan je er nu ook meer kanten mee uit, er zijn veel meer beroepsmogelijkheden dan pakweg 10 jaar geleden. Denk maar aan de aantrekkelijke sportswear, de ongebreidelde mogelijkheden met tricot en bovendien vertoont de industrie meer dan ooit tevoren de moed om zich in iets nieuws te storten. Createurs hebben een andere status gekregen, ze worden bewonderd, het zijn vedetten die er hun kost goed mee verdienen. De show geeft het beroep een aantrekkingskracht van jewelste.

Mensen die vroeger voor de schildersopleiding zouden hebben gekozen, komen nu af op mode, het is een realistischer beroep want je kan er de massa mee bereiken en voor de industrie gaan werken. Er zijn er ook waarvan ik zeker weet dat als ze 15 jaar eerder waren geboren ze nu op de universiteit zouden zitten. Maar met een universitair diploma ben je tegenwoordig ook al niet meer zeker dat je aan de bak komt. Grosso modo komen hier allemaal jongeren die van te voren in hun vrije tijd met mode en kleding bezig zijn geweest.

Ik merk meer en meer dat een groot deel van de jeugd hun visie op de maatschappij geven door hun kleding, door de mode. Ik vind dat een tof facet, ze leren zich uitdrukken in hun harde kijk op de maatschappij, je voelt dat ze willen reageren op de politieke problemen, de oorlogen.

Deze kritische houding is vorig jaar voor het eerst manifest doorgebroken op de mode-akademie en ik ben blij dat deze trend zich nu in het eerste jaar doorzet. De jongeren van nu hebben iets te vertellen en zij die voor de mode-akademie kiezen willen dat doen via hun kleding. Dat hebben we onder meer te danken aan Gaultier die zijn kritiek op de maatschappij ten tonele voert in zijn kollekties. Hij ensceneert de kleding van de mensen op straat, zijn ontwerpen hebben een sociologische basis. Hij haalt zijn inspiratie uit de dagdagelijkse dingen en was de eerste om niet-mannequins te laten defileren. Hierdoor heeft de mode aan expressiekracht gewonnen, zijn er geen vaste normen meer en is er veel meer humor (van Gaultier) of drama (van Montana) mogelijk. Hierdoor krijgt het beroep van ontwerper een uitdaging voor de jeugd, ze kunnen er persoonlijk in te werk gaan. In de mode kan je nu je persoonlijke visie laten zien. Mode-ontwerp is nu een dankbaar onderwerp om te studeren. Stilist worden is een uitdaging omdat je er nu zo kreatief in kunt zijn.

— Zo'n mode-opleiding moet toch nogal wat kosten ?

→

⑭

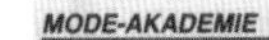

MODE-AKADEMIE

→

— *Loppa* : De opleiding is niet goedkoop, maar een jaar universiteit kost evengoed een fortuin. Je ziet ook dat mensen zonder geld én met een beetje handigheid er evengoed geraken, die kopen dan resten op in de warenhuizen of markten en verven zelf hun stoffen. Je hebt er ook heel wat die in het weekend in cafés, restaurants of dancings een centje gaan bijverdienen. Dat zijn vooral die mensen die al iets anders hebben gestudeerd of waar ze thuis niet achter deze richting staan.

— En na de akademie ?

— *Loppa* : Na het laatste jaar trekt de helft naar het buitenland om te solliciteren bij een stilist als één van de assistenten. Ze proberen meestal hogerop te geraken, traag maar zeker. Met een deel van de mensen hou je automatisch kontakt want ze blijven in het circuit, maar er zijn er evengoed die in de vergetelheid treden door te trouwen of die les gaan geven of zich op het teater storten. Trouwens een klein percentage van onze studenten volgt de richting kostuumontwerp en niet de mode-opleiding. Deze stilisten worden ook meer en meer gevraagd.

In het buitenland heeft men trouwens interesse voor afgestudeerden van de Antwerpse akademie. Hun tekeningen zijn grafisch sterk verzorgd en het dossier tekeningen dat ze dan laten zien impressioneert vooral de Italianen, die zoiets niet gewoon zijn. Onze oud-studenten laten ook iets heel anders zien dan wat er momenteel in het modebeeld aanwezig is, ze zijn niet beïnvloed door de gangbare tijdsmode en dat intrigeert die stilisten ook. In België wordt dat ons verweten, in het buitenland wordt dat dan weer net geapprecieerd. We merken dat onze oud-studenten zich overal vlot aanpassen omdat ze zo zelfzeker zijn. Na 4 jaar hard werken op de akademie weten ze wat ze aankunnen, hebben ze wat te vertellen, ze kunnen tekenen en maken wat ze willen én ze kunnen gemakkelijk samenwerken.

Toch werkt iedereen op de akademie voor zich, maar er ontwikkelt zich geen konkurrentiestrijd. Elke stijl is bij ons mogelijk. Er wordt hen geen bepaalde richting opgelegd. In andere scholen heb je dat wel, je ziet van bepaalde stilisten dan ook dadelijk uit welke buitenlandse school ze komen. Bij ons ligt het aksent veel meer op de persoonlijke kreativiteit."

Op de akademie gonst het van bedrijvigheid. De studenten van het vierde jaar leggen de laatste hand aan de ontwerpen voor het grote defilé op het einde van het akademiejaar. Na de kerstvakantie beginnen ze aan de uitwerking ervan.

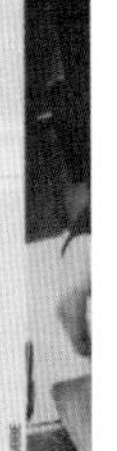

1985 – 洛克·哈德森（Rock Hudson）去世。
—— – 布鲁塞尔“海塞尔球场惨案”，39 人死亡，200 人受伤。

—— – 阿德里安·莱恩（Adrian Lyne）：电影《爱你九周半》（*9 1/2 Weeks*）。
—— – 电视剧《迈阿密风云》（*Miami Vice*）开播。

1986 – 德克·毕盖帕克推出首个鞋履系列。（见上图）

Walter Van Beirendonck，1986—1987 秋冬系列

Ann Demeulemeester，1990 春夏系列

CAFÉ DES ARTS 25

In de loft van Linda Loppa -docente mode aan de akademie van Antwerpen- wacht een Italiaan geduldig zijn beurt af. Ontwerpster Ann Demeulemeester-Verhelst is er nog in volle onderhandeling met een koppel uit Glasgow en tussendoor moet een Amerikaanse dame naar het andere eind van Antwerpen gevoerd worden. Geraakt Belgische mode dan toch wereldberoemd ? Buiten België lijkt het erop, ja.

De wereld ontdekt 'Antwerpse zes'

IN Engeland is de doorbraak het opvallendst. De Engelse editie van "Elle" heeft deze maand verscheidene dubbele pagina's gewijd aan 'De zes van Antwerpen' en "Harper's & Queen" deed het eerder al. Het oktobernummer van het blad "i-D" gaat op kledingstrooptocht door Antwerpen en beschrijft ontwerpers, fotomodellen en leuke winkeltjes mèt hun bazen (Sjarel verbasteren ze tot Sajarel en Pia wordt Pitta, maar zeurkous die daar op let). Het toonaangevende Amerikaanse mode dag(!)blad "Woman's Wear Daily (WWD)" was enkele dagen geleden ook in Antwerpen voor een 'preview' van de zomerkollekties van de zes en het vakblad "Daily News Record (DNR)" volgde op de voet. Ze vinden Antwerpen een echte ontdekking, "marvellous", en komen zeker terug. Vooral het ongewone mengsel van provinciaal en kosmopolitisch vinden ze geweldig.

Sfeer

De 'mode-koopdagen' voor binnen- en buitenlandse inkopers (zomerkollektie '88) zijn er vooral gekomen omdat buitenlandse beurzen zo'n geld- en tijdverslinders zijn, en omdat zelfs dan nog de bescheiden stands weggedrukt worden tussen de veel grotere van rijke firma's. Aanvankelijk wilden de zes (Van Beirendonck, Van Noten, Yee, Demeulemeester, Van Saene en Bikkembergs) op de Londense beurs toekomende week een défilé organiseren, "maar we hebben er de centen niet voor" zucht Gerrit Bruloot. "Bovendien gebeurt er op die beurzen altijd zoveel, dat je een beetje verloren loopt tussen de massa. We hebben nu onze klanten naar Antwerpen gevraagd, net ná de Parijse Prêt-à-porterbeurs. Sommigen kenden één van de ontwerpers, maar nu ze naar alle zes tegelijk konden komen kijken, werd het de moeite van de verplaatsing waard".

"Waarom" vragen we Ann Demeulemeester "komen die mensen uit Glasgow speciaal overvliegen als ze volgende week in Londen terecht kunnen ? "Om de eerste te zijn" zegt ze."In Glasgow zijn twee winkels die me alletwee willen verkopen. Ze zitten te azen om hun konkurrent te vlug af te zijn".

De opmerkelijkste omgevingen werden gekreëerd door Dries Van Noten -die drie dooreenlopende plaatsen in Brits-Indische stijl, kompleet met rotanstoelen, droogbloemen, afgebladderde muren en boeken over India inrichtte, aansluitend bij het tema van zijn zomerkollektie- en door Walter Van Beirendonck in een donkere kelder met neonlicht, geënt op 'un autre monde' van Jules Verne en de familie Flintstone. De kleren van Ann Demeulemeester-Verhelst kwamen schitterend tot hun recht in de kale loft op het Zuid, temidden van de foto's van Patrick Robyn en Marina Yee vond een prestigieus plaatsje tussen de kunstwerken van het nieuwe museum voor Hedendaagse kunst.

Niet op het appèl waren Dirk Van Saene, wiens kollektie nog tegen 150 per uur werd afgewerkt, en Dirk Bikkembergs, die in Italië een belangrijk kontrakt afsloot. Bruloot: "Bikkembergs is nu goed vertrokken. Hij gaat zijn kleding produceren in Italië onder de vleugels van een industrieel die de financiële risico's draagt. Dat is iets helemaal anders dan Dries Van Noten of Ann Demeulemeester, die ook suksesvol zijn, maar die voorlopig nog alle risico's dragen. Elke frank die zij verdienen, moeten ze onmiddellijk herinvesteren of afbetalen en als er een jasje pakweg in 500 exemplaren mismaakt wordt, zijn ze eraan".

Geen Sant

Of er ook Belgische klanten zijn opgedaagd tijdens de driedaagse ? "Nauwelijks" zegt Bruloot met spijt in de stem. "Er zijn bitter weinig winkels die het snappen. Maar Ann Demeulemeester verkoopt bijvoorbeeld schitterend bij Profiel in Leuven, omdat die vrouw er zelf in gelooft. En vorige week opende in Antwerpen 'Louis' zijn deuren, en ook daar is de verkoop van Demeulemeester en Van Saene meteen vertrokken". Zoals vaak zullen ze het sukses in het buitenland afwachten vooraleer er zich aan te wagen. Dat het buitenland wakker wordt, illustreert nog een andere anekdote. Bruloot: "De mensen van DNR die hier waren, kwamen net uit Italië, en na een défilé van Giorgio Armani had de ontwerper hen zèlf bij de mouw gepakt en gevraagd: "Zeg, wat is dat daar in België ? Daar lijkt wat te gebeuren, niet ?"

Agnes GOYVAERTS

▲Ann Demeulemeester boekt sukses in de Verenigde Staten met haar sierlijke, bijna tijdloze ontwerpen (Foto Patrick ROBYN)

▽ Deze petjes met echte beentjes door de bol zijn van Walter Van Beirendonck, geïnspireerd op de Flintstones (Foto Phil INKELBERGHE)

KORT

Lezingencyclus Europalia over drie schilders

Vanavond start in Brugge een lezingencyclus over de Oostenrijkse schilderkunst, die ook in Gent, Antwerpen en Brussel zal komen. Marc Lambrechts zal het hebben over Gustav Klimt, Bart Verschaffel over Egon Schiele en Michel Dutrieue over Oskar Kokoschka. Aansluitend zal Jan Hoet spreken over "Aktuele Kunst in Oostenrijk".

In Antwerpen vinden de lezingen plaats in het Hessenhuis aan de Falconrui 53. Op 6/10 over Schiele, op 13/10 over Aktuele Kunst, op 20/10 over Kokoschka en op 27/10 over Klimt. In Brugge gebeurt het in de Bogardenkapel van de Stedelijke Akademie aan de Katelijnestraat 86: Klimt op 1/10, Schiele op 8/10, Kokoschka op 15/10 en Aktuele Kunst op 22/10. In Brussel is de lokatie de Beursschouwburg aan de A. Ortsstraat 22: Klimt op 6/10, Schiele op 13/10, Aktuele Kunst op 20/10 en Kokoschka op 27/10. En in Gent lopen de lezingen in de Gele Zaal aan de Nonnemeersstraat 26. Op 8/10 Kokoschka, op 15/10 Schiele, op 20/10 Klimt en op 27/10 Aktuele Kunst.

De Morgen 1 okt. '87

Voorverkoop Spaanse Rijschool: als een trein

De organisatoren van het Oostenrijkse paardenspektakel van de Spaanse Rijschool melden dat de voorverkoop voor de Antwerpse voorstellingen als een trein loopt. Van 12 tot 15 november zal het Antwerpse Sportpaleis, naar zij vermoeden, tot de nok gevuld zijn. Kaarten kosten tussen 400 en 2000 frank en de resterende tickets kunnen besteld of gereserveerd worden bij het Sportpaleis zelf (03/325 79 50), de Teaterwinkel (03/233 71 60) of het Teatercentrum (03/232 66 77)

Teksten 'Aktuele kunstfilosofie' gebundeld

Amarant vzw, het Centrum voor Artistieke Konfrontatie in Gent, organizeerde in het voorjaar in Gent, Leuven en Antwerpen een cyclus lezingen over aktuele kunstfilosofie. Een reeks prominente denkers verleenden er hun medewerking aan.

De teksten van deze vijf lezingen zijn inmiddels samengebracht in een bundel. Daarin is opgenomen van Karel Boullart: "Avantgarde, pre en post", 'Een filosofische beschouwing over een kulturele bijzonderheid', Marcel Martens schreef "Gedachte kunst", Benoit Angelet: "Het 'subjekt' na het strukturalisme". Van Silvio Senn "Kunst en metafysiek", in vertaling van Myschka Mellenbergh. Van Johan Moyaert: "Destruktieve Konsumptie", 'Een kritiek op de estetische ingesteldheid'. Er is ook een cassette beschikbaar met teksten van ondermeer Hulms en Kafka.

De tekstenbundel kost 350 fr. (plus 50 fr. verzendingskosten). Tekstenbundel plus cassette: 450 fr. Bestellen door storten op nr.001-0289768-08 van Amarant, Eedverbondkaai 267, 9000 Gent, tel.091/21 79 52.

Paul Delvauxmuseum krijgt ondergrondse galerij

Vandaag sluit het Paul Delvauxmuseum aan de Kabouterweg te Sint-Idesbald zijn deuren omdat binnenkort grote uitbreidingswerken starten. Onder de tuin wordt een nieuwe tentoonstellingsruimte van 360 vierkante meter aangelegd. Daarnaast komt er een videozaal, waar videofilms over de surrealistische grootmeester zullen getoond worden. Het Paul Delvauxmuseum had reeds een hele tijd te kampen met plaatsgebrek.

DE stichting Paul Delvaux is in 1982 van start gegaan met het museum. Delvaux stelde een beperkt aantal werken ter beschikking van de stichting. Maar de merkwaardige verzameling groeide voortdurend aan. Een jaar later werden reeds 2 zaaltjes bijgebouwd en nu is het museum opnieuw te klein. Er wordt geopteerd voor een ondergrondse uitbreiding om het kader van het museum niet te schenden. De nieuwe tentoonstellingsruimte zal vooral olieverfschilderijen en tekeningen van Delvaux herbergen.

Museumdirekteur Van Deun verwacht dat de werken op 14 oktober zullen starten. De plannen zijn trouwens al goedgekeurd. Als de winterperiode geen roet in het eten gooit, zal het verruimde Delvauxmuseum op 24 maart of 1 april opnieuw geopend worden.

De kosten, zowat 10 miljoen frank, worden volledig gedragen door de stichting zelf. Er worden immers geen subsidies aangevraagd. "We kunnen onze plan trekken", zegt Van Deun trots. Hij noemt het Delvauxmuseum een schoolvoorbeeld van auto-financiering. De inkomsten van toegangskaarten, de auteursrechten op bepaalde werken en de verkoop van posters en boeken zijn voldoende om de kosten te dekken. Het museum heeft in 6 maanden tijd trouwens 35.000 bezoekers over de vloer gekregen. Volgens Van Deun heeft de film over Paul Delvaus, die begin dit jaar uitgekomen is, en de 90ste verjaardag van de grootmeester tot dit sukses bijgedragen.

De sluitingsperiode, normaal van januari tot maart, wordt door de uitbreidingswerken drastisch verlengd. Maar voor de stichting wordt de winter geen rustperiode. Terwijl het museum gesloten is, wordt er deelgenomen aan talrijke buitenlandse tentoonstellingen. Zo start op 18 december in het Zwitserse Martigny een bijzonder grote tentoonstelling, waarvoor de volledige kollektie van het Delvauxmuseum wordt overgebracht. (LB)

De Morgen - Donderdag 1 oktober 1987

《晨报》
(De Morgen)
1987.10.1

○

| 世界发现
"安特卫普六君子"

在英国，"安特卫普六君子"的突破最为显著。这个月，《ELLE》杂志英国版为她们给出了大量开页。10月的《i-D》杂志记录了他们的安特卫普时尚发现之旅，报道了来自安特卫普的设计师、模特、商店，等等。而美国的《女装日报》(WWD)也在几天前为了"六君子"夏季系列的预演来到安特卫普。

1986 – Marie，玛丽娜·易的时装系列。
—— – 弗郎辛·派荣（Francine Pairon）担任坎布雷视觉艺术学院（La Cambre）时尚学院院长。

—— – 琳达·洛帕在安特卫普开设多品牌店。
—— – 卡特·迪磊在巴黎成立工作室，并开设商店。

—— – "安特卫普六君子"在伦敦参加"英国设计秀"。

FASHION'S NEW FACES

THE BELGIAN CONNECTION

A group of young Belgian designers has made Antwerp the world's unlikeliest new fashion capital. Brigid Grauman profiles 'The Antwerp Six' – their quirky but wearable designs follow

They met in the fashion department of the Royal Academy in Antwerp, seven trainee designers from all over Belgium. Just brimming with ideas, they lit up the four years of their course like fireworks. Head of the department at the time, the late Helena Ravijst, gave crucial encouragement. She also set up Belgium's main fashion award, the quaintly named Golden Spindle, to give young designers the chance to work with local manufacturers. Several of the favoured seven have figured among the winners.

Soon after they graduated, Alain Margiela left Belgium to work with Jean Paul Gaultier, rising to become his right-hand man. That left the Antwerp Six – Dries Van Noten, Dirk Bikkembergs, Walter Van Beirendonck, Ann Demeulemeester, Dirk Van Saene and Marina Yee.

Two years ago, they packed their clothes and piles of spectacular props into a truck and came to London to show at Olympia. Only Demeulemeester, pregnant at the time, stayed behind. Staying in campsites, they spent what money they had on exquisitely presented publicity. They sold well, too, and soon found themselves a London agent.

Although Van Noten's clothes outsell the others, there's no serious rivalry among the six. As current head of fashion at the Academy Linda Loppa says, each one has an original style, but they share the same perfectionism. 'Some of the work may be amusing, but it's basically no laughing matter. In Paris, designers wait to be noticed by the clothes they wear at a party. Here in Belgium, the only way to break into the fashion world is through remarkable press kits or striking stands at the fashion fairs. And that means a lot of determination and hard work.'

When **MARINA YEE**, 29, graduated from the Academy she didn't know what to do with herself. So, she went on a world tour with a friend.

'In Japan I saw clothes designed by Yamamoto and Kawakubo long before they hit Paris and I was dazzled. I mean, how can people say that the Japanese are going out of fashion? It's like the telephone, it's here to stay. Even Marks & Spencer has adapted the look,' says Yee.

On her return to Belgium, Yee began designing clothes influenced by her trip. She worked for several large Belgian manufacturers and her recent International Linen Prize opened even more doors.

A Japanese businessman asked her to design the interior of the latest Nissan car. 'But I don't have a car, I ▷

DONOSO-SYGMA

The Belgian frontline, from left, Dries Van Noten, Dirk Van Saene, Walter Van Beirendonck, Marina Yee and Ann Demeulemeester (Dirk Bikkembergs was in China)

《ELLE》杂志英国版
1987.10.21

○

| 比利时大通
(THE BELGIAN CONNECTION)

现任时尚学院院长的琳达·洛帕表示，他们每个人都有自己独特的风格，但是他们都共享同一种完美主义。"有些作品很有趣，但绝不可笑。在巴黎，很多设计师期待人们看到自己身上穿着的衣服。而在比利时，唯一的出路就是做出有实力的作品集和惊人的展会展台。这意味着坚定的决心和努力的工作。"

"早在他们进军巴黎之前，我就在日本看过山本耀司和川久保玲的衣服了，我真的很佩服他们。我不理解为什么人们并不认为日本人很时尚。连马莎百货(Marks & Spencer)都开始做这样的衣服了"，玛丽娜·易说。

《解放报》(*Libération*)

1988.3.23

○

| 安特卫普时尚之道

比利时的时尚是反着来的，就像一个比利时笑话一样。在大街上，只有警察穿的黄色雨衣才是真正的“先锋”。除了 ITCB(比利时纺织时装协会)做出的积极努力之外，每两年的“金纺锤大奖”会选出 7 名年轻设计师来赞助。

PRET-A-PORTER AUTOMNE HIVER 88

7. DE CAPITALE EN CAPITALE, SUR

Le point à l'Anvers

Dans le cloître XVIIe qui abrite l'Académie royale des beaux-arts d'Anvers, les On y souffre aussi

Anvers, envoyée spéciale

La mode en Belgique commence à l'envers, comme une histoire belge. Dans la rue, seuls les admirables cirés jaunes de la police sont d'avant-garde. Et malgré les louables efforts de l'Institut du Textile et de la Confection (ITCB), elle reste à l'image de la *« Canette d'or »*, organisée tous les deux ans pour promouvoir 7 jeunes stylistes. Annoncée (une fois en flamand, une fois en wallon) comme *« l'un des sommets de la créativité belge »*, elle est délicieusement désuète avec ses speakerines habillées Galeries de Louvain et sa jolie princesse habillée couturière du palais. Pourtant, une fois de plus cette année, le lauréat Pieter Koene, 27 ans, est un jeune fou-furieux issu de la très remuante Académie Royale des Beaux-Arts d'Anvers. Depuis 20 ans, dans la plus ancienne et la première académie de Belgique, la mode est un art enseigné au même titre que la peinture, la sculpture ou l'architecture. Et, tradition académique oblige, la section mode a beau être *« la plus libre du monde »*, on n'y fait *« aucune concession sur le dessin »*. Linda Loppa, yeux bleus, cheveux noirs, ancienne élève, directrice depuis 5 ans et professeur de stylisme, est intraitable : *« Le look dans la tête c'est facile, mais si on ne sait pas le transposer sur le papier, ça ne vaut rien. »* Avant de passer quatre ans dans ce cloître admirable du 17e et ces salles au sols carrelés comme un laboratoire, il faut passer le cap de l'examen d'entrée : *« purement graphique »* avec un entretien *« bref, mais décisif »* pour déceler la créativité des candidats à la mode. Cette année, ils sont 60 admis, il n'en reste plus que 20 en deuxième année, 12 en troisième, et encore 12 en quatrième. Ces derniers sortiront avec l'équivalent d'un diplôme universitaire ●●●

« Jos », élève de 4e année, et l'un des modèles de sa collection « quand le jour et la nuit échangent leurs promesses ».

Trois premières années et leurs créations

Linda Loppa (au centre), travaille sur la jupe de Catharina, 2e année.

Reportage photo Luc Choquer

Jan, 22 ans. Dans son dossier, 7 suggestions de garde robe pour une Horror party.

22 SAM 28 ET DIM 29 MARS 1987 — L I B E R A T I O N

1986 – 海尔穆特·朗在巴黎首秀。

—— – Marithé + François Girbaud 在巴黎首秀。

—— – 马克·雅可布（Marc Jacobs）在纽约首秀。

—— – 温莎公爵夫人沃丽斯（Wallis, Duchess of Windsor）去世。

—— – 让 - 雅克·贝奈克斯（Jean Jacques Beineix）：电影《巴黎野玫瑰》(*37°2 Le Matin*)。

Dirk Bikkemberg，1989—1990 秋冬系列

Dries Van Noten，1987—1988 秋冬系列

INSIDE STYLE

A GANG OF FRESH NEW FASHION TALENTS IS DETERMINED TO PUT BELGIUM ON THE MAP

THE ANTWERP SIX

Fashion designers don't usually come in six-packs, especially when they are such extremely different flavors. But then again, fashion designers don't usually come from Antwerp, Belgium.

Dries Van Noten, Ann Demeulemeester, Dirk Van Saene, Walter Van Beirendonck, Marina Yee, and Dirk Bikkembergs are all between 29 and 31 years old. They all studied at the same school: Antwerp's stodgy Royal Academy of Fine Arts. And each produces under his or her own name a line of clothes as idiosyncratic and original as the personality behind it.

Ambitious Dries Van Noten has been tagged an "authentic Ralph Lauren"; he has a budding commercial empire of women's, men's, and children's wear, and shoes based on classic shapes ignited by colorful print and color mixes. Ann Demeulemeester is a purist; her work is for sensitive intellectuals who appreciate her ultrasimple yet sophisticated taste. Dirk Van Saene condenses his nostalgic love of great women from Katharine Hepburn to Sixties model Penelope Tree down to crystalline collections of classic shapes with a dash of madness. Walter Van Beirendonck is the fashion equivalent of Pee-wee Herman, styling clothes for sweet eccentrics. The exotic Marina Yee dresses fashion pioneers who feel more comfortable in spike heels than in tennis shoes. And Dirk Bikkembergs, the first star of the group, is the cocky enfant terrible whose lace-up shoes and boots for men were copied around the world. He now does a whole line of active wear with a twist for men, though he has no control over women raiding his racks.

Even though such celebs as Basia, one of England's favorite jazz singers, and ex-Beatles Paul and Ringo have frequently been spotted in Antwerpian garb (and part of Bloomingdale's Paradox boutique will be devoted to Belgian designs this season) the Antwerp six are still often treated like Martians by store buyers in Milan and London. "*Where* do you come from?" is their common cry.

"We don't want to become a little Paris. We want to stick to Antwerp and keep our own image and spirit. We're lucky to be in the middle of everything. We get all the fashion magazines, test-market movies, and unregulated television from practically every country in Europe," raves Van Noten. He, like most of the other designers, speaks many languages fluently—English, French, and Italian, as well as his native tongue, Flemish.

At school, the designers were affected by rebellious fashion new waves, from Japan's atomic blast look to London's punks. The pioneering Antwerpians simply decided to make their own rules for their hometown. Crazy for "ambience," they've built little worlds around their collections, which they bring to life with an extraordinary sense of storytelling and humor: "I take all sorts of things, shake them up well like a cocktail, and then pour ▷

Hair, Christel Lieben; makeup, Inge Grognard.

Meet the designers, from left to right: Dries Van Noten, Dirk Bikkembergs, Ann Demeulemeester, Dirk Van Saene, Walter Van Beirendonck, and Marina Yee.

THIERRY BOUET

BY ANNE BOGART

them out," says Van Noten. His spring collection, Plain Tales from the Raj, plays on Victorian British colonials in India, and combines bold color stripes, madras plaids, and print mixes. "It's a bit decadent," he admits. So he plans a more austere winter collection of "part Amish-inspired, part working men and women in the Victorian age, and a bit hippies of the Sixties. I call it Not To Be Modern."

The idea that a single outfit is worth a thousand words is typical to the Antwerp style. Van Beirendonck, arguably the most outrageous of the group, reels off the elements of his collection—Jules Verne novels, Masai motifs, *The Flintstones*—with an intellectual fervor. "Fashion must always be funny," he says. Bikkembergs went so far as to write a short story about his upcoming fall/winter collection with a Class of '78 motif. A class photo from the fictional St. John's College shows three seemingly innocent boys—Johnny, Roy, Karl—circled in red. Bikkembergs plans to "track down each boy to see how he dresses today. We could do a television spin-off," he cries excitedly. "I might have to call Steven Spielberg."

Still retaining an admirable art-school zeal about their work, the Antwerpians passionately believe that a clothing collection can be in some way an artistic expression of personality and beliefs, and that a line of clothing, when looked at as a whole, can be "read" very much like an autobiographical work of art.

Take Demeulemeester: "I have a love/hate relationship with 'fashion.' In a way, I think it's stupid—this idea that you have to be changing all the time. I don't do black because it's in. I do it because it's one of my favorite colors." Her deeply personal approach means that "my clothing has a logical evolution. And if something doesn't feel right to me, it doesn't go in the line no matter how much it might sell." Van Saene agrees. When asked about a licensing empire, he shrugs nonchalantly, "Why not?" But he's in no hurry to enlarge his small line for the sake of profit.

"Popularity is not necessarily good for a fashion designer," says Yee, who divides her work into the moderately priced Marie line and a more expensive group, under her full name, of special clothes "that not everyone will want to buy." She is the restless nightbird in the gang, the type who doesn't have any idea how much admittance to a club costs because she has never in her life paid to get in.

"The thing about us is that we all have certain things we like and we work on them like children," she says. "We're running and running, as if there's something bothering us—because we're from Antwerp. We have something to prove."

Bikkembergs believes that "it's precisely because we have no roots that we're different. Here, we do whatever we want; we look everywhere. Europe is becoming one big country. We don't want to be labeled 'Antwerpian designers.' A simple 'European' will do." □

In Antwerp, the young and rebellious go for a long look. From left to right: An ankle-length black and red plaid skirt with fitted jacket by Walter Van Beirendonck; a cutout-sleeved black jacket, cropped bell-bottoms, and fringed bandanna by Dirk Van Saene; a beige and rust striped ticking jacket with an ankle-length coffee and white draped skirt by Dries Van Noten; a Byronesque short black jacket with stovepipe pants and a white ruffled-jabot shirt by Ann Demeulemeester; apple-green cotton sweats and a soft burgundy cardigan worn with a green and red plaid shirt under a tie-around bib by Dirk Bikkembergs; and a coatdress unbuttoned to the waist, a symphony of black, white, and buttons, by Marina Yee.

THIERRY BOUET

《ELLE》杂志美国版

1988.5.3

○

| 安特卫普六君子

年轻才俊将比利时推上时尚版图

时装设计师一般不会组一个六人团队，因为他们之间有很大的不同。而一般时装设计师也并不是来自比利时安特卫普。

德雷斯·范·诺登："我们并不想成为「小巴黎」，我们只想继续保持安特卫普的形象和精神。能够位于一切的中心，我们感到很幸运。"

这群安特卫普人受到了极大的喜爱，他们激动地表示，一个服装系列可以被看作个性和信仰的艺术表现形式。如果我们把一个系列整体来看，就像是在"读"一本自传性质的艺术作品。

1986 – 扬·霍特（Jan Hoet）在根特组织"友好之屋"计划（Chambre d' Amis），让艺术家在城中私宅里办展览。

—— – 保罗·让布（Paul Jambers）在制作了关于品牌 BCBG 的电视节目：《我们需要衣服》（*We moeten toch kleren hebben*）。

—— – Beastie Boys：专辑《Licensed to Ill》。

—— – 约瑟夫·博伊斯（Joseph Beuys）去世。

—— – 佩里·埃利斯（Perry Ellis）去世。

—— – 切尔诺贝利核事故。

《DNR》杂志
1987.12

| “安特卫普六君子”的“复仇”
安特卫普时尚

“在我们刚认识的时候，每个人都有自己的长短之处，我们时刻被对方启发。”范·贝尔道克说。这群设计师也认为，安特卫普本身没有名气这件事，对他们来说也是个优势。“我们很幸运，不需要在很早的时候就做出过多的牺牲”，毕盖帕克解释说。

第一印象很重要。这群年轻的比利时设计师们，即使在最开始资金困难的日子里，也深知展示的重要性——因为好的设计只是成功的一半。他们有自己的买家“诱饵”：博物馆等级的传单、吸引眼球的展台以及让人眼前一亮的邀请函，等等。

1987 – 皮特·库恩赢得第四届“金纺锤大奖”。（见上左图）
—— – 德克·毕盖帕克的第一个男装针织系列。
—— – 《BAM》杂志，“时尚：这就是比利时”项目出版物。（见上右图）
—— – 安内米·维贝克（Annemie Verbeke）展示她的第一个系列。
—— – 德雷斯·范·诺登、安·得穆鲁梅斯特、沃特·范·贝尔道克和玛丽娜·易在安特卫普组织 Showroom。
—— – 第一家专门销售比利时设计师的精品店 Louis 在安特卫普开业。

WALTER VAN BIERENDONCK

Walter van Bierendonck's designs, which are as arresting as his physical presence, are not for the fainthearted. But looks can be deceiving—and just as this designer tempers his aggressive appearance with an amiable soft-spokenness, he cuts his clothes with just enough seriousness to get them noticed by the world's retailers.

Walter van Bierendonck, at left, at top and above. Bierendonck's men's wear (featuring his pet bull terrier, Sadé), and the designer's showroom in Antwerp.

DRIES VAN NOTEN

Born into a line of men's wear retailers, Dries van Noten developed a love of fashion at an early age, attending his first Paris runway show when he was fifteen. But the pleasures and challenges of major fashion centers like Paris and London are not enough to tempt him away from his native Antwerp, a city of constant inspiration for the apparel he labels, "Tailored for a sophisticated sense of fun."

DIRK BIKKEMBERGS

Although he has already won Belgium's coveted Golden Spindle award for fashion, this young designer isn't resting on his laurels. His recent collections have been sold in thirteen countries from Austria to Kuwait, and in fifty stores from Paris to Oslo. Though he is perceived as a standout talent, Bikkembergs' designs keep a low profile. "I don't like clothes that make you stand out—that's not fashion and people who do that should go to theater school instead."

One of Bikkembergs' designs for spring/summer 1988, inspired by country wear.

First impressions are important. The young Belgian designers, from their earliest, painfully penny-pinching days, have made a vital priority of presentation—understanding that designing beautiful clothing is only half the battle for fledglings. Catching the world's attention is the other half.

They caught it by carefully investing in "buyer bait", such as museum-quality handouts, crowd-drawing stands and the eye-grabbing invitations shown here.

"Ever since they were in school they've understood the significance of publicity," says Geert Bruloot, who does "pr and management" and color coordination for the Antwerp designers, and who owns and runs two shops that stock the designers' clothes. "They've also been very lucky in finding an excellent printer, Inschoot in Ghent, which always tries to find a way to do what they need and which has excellent quality."

It was Bruloot who urged the designers to exhibit in London, where their showmanship ultimately drew the attention of high-powered, London-based public relations agent Marysia Woroniecka. She now represents all of the designers and says of her brood's instincts for publicity, "They're absolutely amazing at it. They make my work very easy."

—A.L.

The Flemish fashion assault is now well underway. First came Dirk Bikkembergs hotly pursued by Walter Van Bierendonk, Dries Van Noten, Dirk Van Saen, Marina Yee and Anne de Mulemeester. They've taken the fashion industry by the balls, showing that style ain't what you do but the way that you do it.

Under the guidance of Madame Linda Loppa, The Academy Of Antwerp is set to capture the fashion spotlight of Europe with a pool of talent and energy that will have fashion commentators drooling over their Yamamotos. The rigorous standards of The Academy means that no student is automatically guaranteed a ride through to the following year of the four year course unless their design and pattern cutting skills are faultless.

Entry to the Academy doesn't come with a grant and students must earn money to finance their collections and living expenses for 48 months. But even though the financial burden may seem extreme, each year climaxes with a three hour show where a multitude of exciting ideas and beautifully designed clothes parade the catwalk.

With the removal of trading restrictions in the EEC at the end of the decade, all eyes will be on Europe, looking for a new Paris or Barcelona. i-D suggests they start looking in the direction of Antwerp.

PHOTOGRAPHY Phil Inkelberghe

MAKE-UP Inge Grognard

84 i-D THE HEROES AND SHEROES ISSUE

fresh forces

FRESHER FASHION FROM THE ACADEMY OF ANTWERP

PATRICK DE MUYNCK

"The inspiration for my collection comes from the English Puritans, I took the stark silhouettes and linked them to '70s flares and high waistlines. The elephant-leg trousers are in velvet

PATRICK DE MUYNCK

《i-D》杂志

1988.10.

| 新能量

安特卫普学院的新鲜时尚

帕特里克·德·莫恩克

卡特琳娜·凡·登·布希

彼得·范·德·费尔德

卡琳·杜鹏

洛儿·欧格纳

弗拉芒时尚“炸弹”正在向我们袭来。在琳达·洛帕女士的带领下，安特卫普学院正蓄势待发，和他们无数优秀的人才和能量，成为欧洲时尚中心。想必那些穿着山本耀司的“时尚专家”一定会垂涎三尺吧。

1987 – 耐克 Air Max。（见左图）

—— – APC 的第一个系列。

—— – 伯纳德·阿诺特（Bernard Arnalt）组建 Maison Christian Lacroix，成为继 1962 年 Yves Saint Laurant 之后的第二个高级定制时装屋。

—— – LVMH 集团成立。

—— – 大卫·林奇（David Lynch）：电影《蓝色丝绒》（*Blue Velvet*）。

—— – 布鲁斯·韦伯：纪录片《Broken Noses》。

—— – 安迪·沃霍尔（Andy Warhol）去世。
—— – 艺术家芭芭拉·克鲁格（Babara Kruger）:《无题（我买故我在）》（*Untitled: I shop, therefore I am*）。
—— – Public Enemy：专辑《Yo! Bum Rush The Show》。

—— – M.A.R.R.S：专辑《Pump Up the Volume》。
—— – 佳士得以成交价格 2 400 万英镑拍卖出梵高的《向日葵》。
—— – 奥利佛·斯通（Oliver Stone）：电影《华尔街》（*Wallstreet*）。

—— – “自由企业先驱”号在比利时港口泽布腊赫附近发生翻船事故。

Zat. 5, zond. 6 november 1988 — DS　　MODE　　11

Belgische mode, telkens anders

De internationale zomer van de Antwerpse Zes

Van onze verslaggeefster

PARIJS — Zelden zag je zes zo totaal verschillende mode-ontwerpers verenigd onder één dak. Het evenement was te zien tijdens de jongste prêt-à-porter-dagen in Parijs, waar de Belgen Dries Van Noten, Walter Van Beirendonck, Marina Yee, Dirk Van Saene, Ann De Meulemeester en de juwelenontwerpers Wouters en Hendrix een fraai salon deelden in het hotel St-James and Albany. Een verbijsterende mengelmoes, maar een suksesformule.

Na Londen, waar ze met een bizarre show de internationele pers haalden, toonden zij in Parijs mode met een hoofdletter. Achteraf bleek de balans meer dan positief te zijn: „De Zes" zijn internationaal doorgebroken.

Marina Yee: toegevingen... (foto Marc Cels)

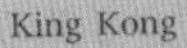

Dries Van Noten doet het al jaren zonder tamtam, maar wat hij doet, is indrukwekkend: goed gesneden, fraai materiaal en net genoeg inspiratie om van ieder kledingstuk een uniek stuk te maken. Voor volgende zomer liet hij zich inspireren op Turkije, en daarbij sluit hij mooi aan bij de Oosterse rage die de Parijse modedefilés domineerde. Eén van zijn fraaiste materialen is gewassen zijde. Bij ingenieus gedrapeerde rokken bedenkt hij simpele jasjes met een kontrasterende strook in de taille, die al naargelang de inspiratie gedraaid en geknoopt worden.

Wat eerder bij Van Noten nog een beetje braaf en stijfdeftig overkwam, is voor volgende zomer geëvolueerd tot een levendige, kleurrijke kollektie. En dat heeft het buitenland alvast begrepen, want in Italië en Japan zijn ze weg van Van Noten.

King Kong

De Amerikanen zijn dan weer dol op Van Beirendonck, in heel wat opzichten zijn tegenpool. Van Beirendonck is een kreatieve jongen, die niet wars is van een mode-grapje. In zijn kollektie King Kong Kooks gaat hij er vrolijk tegenaan met maffe shirts, kleurige truien, kniehoge boots met (rubberen) pinnen, wielrennershirts enzovoorts.

Van Beirendonck heeft hier een aardig en betaalbaar alternatief gevonden om zijn kreatieve buien uit te leven. Dank zij hem kun je het dus beleven dat het rennerstruitje van Torhout-Werchter met luipaardmotief of een truitje met het rode GB-embleem volgende zomer in de VS op de blitze jongens wordt teruggevonden.

Juwelen van Wouters & Hendrix: gepolijste soberheid. (foto Herman Tallein)

Marina Yee had tijdens ons bezoek net de BRT „in huis", die een jurkje uit de kollektie „Marie" filmde. Wat eerlijk gezegd nogal tegenviel, als je bedenkt dat een overigens pittig kort jurkje heel truttig werd geshowd in een decor-met-bloemetjes. En dat is blijkbaar voor Marina een oud zeer: deze zeer kreatieve ontwerpster, die enkele jaren geleden in een minimum van tijd de Bassetti-kollektie opwerkte tot ongekende hoogten, zit weer vast in een commercieel circuit, en vernieuwende dingen waren er niet bij. Maar mooi en draagbaar was het wel.

Van Saene

Dirk Van Saene, ooit winnaar van de prestigieuze Gouden-Spoelwedstrijd, gaat eigenzinnig zijn gang. Hij liet zich inspireren op pop-art en daarmee kun je alle kanten uit: leuk bedrukte t-shirts, shorts met kanten pijpen, zeer wijde pantalons met doorkijkmogelijkheden. De kleuren zijn ingetogen: pruim, bruin en zwartwit, de accessoires sterren.

De fantaziewereld van Walter Van Beirendonck: sukses. (foto Ronald Stoops)

Voor sterren moet je bij het duo Wouters en Hendrix zijn, twee jeugdige juweelontwerpers die in het kielzog van de mode-ontwerpers een klein-maar-fijne kollektie juwelen op de markt brengen. Na de prachtige dierenmotieven en de oude munten zochten zij nu inspiratie in de astrologie, met zonnen, maantjes en sterren.

Een beetje tam, maar geen nood: zij maken ook de juwelen van de mode-ontwerpers, en zo zit er altijd weer iets nieuws en aparts bij.

Dat aparte mochten ze deze winter al voor Ann Demeulemeester realizeren in de vorm van een gestyleerde duif. Ann Demeulemeester is ongetwijfeld het suksesnummer van de Antwerpse Zes: als eerste Gouden-Spoelwinnares is ze niet over één nacht ijs gegaan, maar nu is ze meer dan klaar voor de internationale markt. Het was een gedrum van jewelste aan haar stand en de Italiaanse superlatieven waren niet van de lucht.

Voor volgende zomer krijg je een nieuw silhouet, dat bestaat uit kontrasterende volumes: aansluitend en los. De jasjes hebben onverwachte openingen op de rug en een vloeiende pelerine-stijl, er zijn smalle heupbroeken en wijde pantalons, broekrokken en rokbroeken hebben „trompe l'oeuil"-effekten, de bloezen hebben een gecintreerde rug of zijn helemaal los, soms zelfs met uitlopende mouwen. Haar zomerkleuren zijn zwart, nachtblauw en donker bordeaux, een beetje pistache, pernod, ecru en wit.

En omdat Ann een Pietje Precies is, tekende ze er ook nog schoenen bij, lang en plat met puntige of platte tip, of naaldhakken met een breed profiel.

Lieve HERTEN

Trui van Walter Van Beirendonck. (foto Ronald Stoops)

Kreatie van Ann Demeulemeester. (foto Patrick Robyn)

Baksteenmotief: modegrapje van Van Beirendonck. (foto Ronald Stoops)

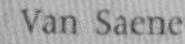

《标准报》
(*De Standaard*)
1988.11.6

○

|“六君子”的国际夏天

我们很少能看到六个完全不同的设计师齐聚在一个屋檐之下。在之前的巴黎成衣秀上，比利时设计师德雷斯·范·诺登、沃特·范·贝尔道克、玛丽娜·易、德克·范·瑟恩和安·得穆鲁梅斯特，协同珠宝设计师卡特林·沃特斯（Katrin Wouters）和凯伦·亨德里克（Karen Hendrix）一起在圣詹姆斯与奥尔巴尼酒店举办了一场沙龙。沙龙吸引了很多人，场面混乱，但是获得了绝对的成功。

Walter Van Beirendonck，1989 春夏系列

10 MODE Zat. 1, zond. 2 april 1969 – DS

Martin Margiela met eigen kollektie

Een Limburger maakt mode in Parijs

Van onze verslaggeefster

PARIJS – Wie ooit als rechterhand van Jean Paul Gaultier fungeerde, is voor het leven getekend. Een andere uitleg vind ik niet voor de metamorfoze van Martin Margiela: een Limburger ging naar Parijs, werkte voor de meester en komt nu met zijn eerste winterkollektie op de markt. Wij stonden er bij en keken er – met open mond – naar.

Aan ideeën heeft het Margiela nooit ontbroken: afgestudeerd aan de Antwerpse Akademie, liep hij tijdens de tweede Gouden-Spoelwedstrijd Jean Paul Gaultier tegen het lijf die toen de jury voorzat. Eén en ander resulteerde in een verhuizing naar Parijs en de fraaie Margiela-details doken op in de Gaultier-kollekties.

Aan die medewerking is nu een eind gekomen: Margiela staat op eigen benen. Tussen de glitter-invitaties van de Franse créateurs stak ook een ruw afgescheurd stuk kramepapier. En onder de rubriek „Divers" het rood omcirkelde bericht dat Martin Margiela zijn winterkollektie toont aan de Boulevard de Strasbourg. In een oude (bioskoop-?)zaal beleefde le tout Bruxelles – maar dan wel de kreatieve kant van de familie – de prezentatie van de nieuwe kollektie.

De kelderruimte is afgeplakt met plastiek en bruin plakband en er staat een orkestje (als decor) op het podium. Bekende mensen uit Brussel – o.a. Jenny Meirens van Crea, de zakenvrouw achter Margiela – gekleed in witte laboratoriumjassen, dirigeren een delikate stoelendans om iedereen een plaatsje te geven.

Zombies

En dan komen de zombies. De ogen zwaar en zwart omlijnd, blauwbruine lippen, slordige haardos die half in een rolkraag wordt gestopt; je moet als kreatieveling natuurlijk geen rekening houden met dit soort bijkomstigheden, maar de sfeer is meteen raak. Onduidelijke muziek wordt om de haverklap afgebroken met een krassende naald op de plaat en de juffrouwen lopen als de herrezenen uit de video-clip „Thriller". Maar we zouden het over mode hebben.

Een eerste indruk is dat traditionele jassen, broeken, rokken en overgooiers uit elkaar werden gehaald en dan ietsjes anders weer in elkaar gezet. Zo beginnen de mouwen zeer hoog tussen hals en schouders, verdwijnt de hals in een hoge kraag, nog geaksentueerd door een soort leren hondehalsband, en staan de naden op de overgooiers binnenste buiten. Op een „gewone" trui komt een stel anders gekleurde schrijfmouwen, of hoe noem je zo'n attribuut voor klerken uit grootmoeders tijd? Vestjes met grote verfplekken worden voor de gelegenheid aan trui en rok geplakt met bruin kleefband, maar dat is bijzaak.

Want Margiela heeft zeer mooie bloezes met grappige opstaande kragen, beeldige rechte strakke rokken met een grote split achteraan, rokken met ingestikte plooien en jasjes met linten op de rug. Zijn driedelige pakken hebben een vest dat langer is dan het jasje en de gekreukte kragen steken er grappig uit.

Laagjes

De pantalons bestaan uit twee laagjes: een satijnen short met pijpen in ribfluweel of een ander winters materiaal. Tenzij de pantalon (b.v. een wijde jeans) gedragen wordt met een rokje er overheen. Gaultier doet het ook, het zal dus in orde zijn. Bij Margiela wordt ook de overgooier weer in ere hersteld: je hebt er met drapages of ze zijn zo ruim dat je er makkelijk zeven maanden zwangerschap in verstopt.

Overdadig lang zijn ook de mouwen: met een ongewone tricotband op een gabardine-jasje zodat nog net de vingers er uitsteken. En die zijn stuk voor stuk verpakt in zwarte lintjes. Een grapje, wel te verstaan.

Lieve HERTEN
(foto's Marc Cels)

Mooie ingrediënten en show-balast.

Smalle schouders en pantalon in twee delen.

Krappe truitjes met inkrustaties in stof.

Kijken in de kelder: silhouet van Margiela.

Trui met „schrijfmouwen", vestje met vlekken.

Revival van de overgooier.

《标准报》

(*De Standaard*)

1989.4.2

○

| 林堡省人在巴黎时尚出道

1988 – 由马丁·马吉拉和珍妮·迈伦斯创立的 Maison Martin Margiela 在巴黎首秀。

—— –《i-D》杂志将五名安特卫普学院毕业生称为“时尚五愤青”（Furious Fashion Five）。

—— – 德克·毕盖帕克的首个完整男装系列，1988—1989 秋冬系列。

—— – “安特卫普六君子”首次组团在伦敦巴黎展示。

—— – 维姆·尼尔斯（Wim Neels）和安娜·希伦（Anna Heylen）从学院毕业。

—— – 让·保罗·高缇耶开启 Junior Gaultier 产品线。

—— – 安娜·温图尔（Anna Wintour）成为《Vogue》美国版主编。

'JAMMER DAT DE VERKEERDE MENSEN MIJN KLEREN DRAGEN'

DIRK BIKKEMBERGS

'IK GEEF MEZELF NOG VIER JAAR. DAN MOET DE WERELD AAN MIJN VOETEN LIGGEN'

Wat betekent België in het buitenland? Witlof, Eddy Merckx, koningin Fabiola, José Happart en Jean-Marie Pfaff;

van België). De internationale doorbraak kwam met een reeks presentaties in Londen en Parijs, waar de wereld-modepers hun

Stelen gebeurt bij de grote merken, bij **Esprit** of **Benetton** : daar zijn — op verzoek van de concurrentie — mensen geïnfiltreerd

paardje. De Belgen zijn wel van goede wil hoor, maar het probleem met hen is dat zij *meteen* resultaat willen zien. Niemand heeft het geduld om in een jonge

《Humo》杂志
1989

德克·毕盖帕克
"再给我四年，世界将会在我脚下"

德克·毕盖帕克："比利时生产商的初衷并不坏，只是他们想要看到即时的成效。没有人有耐心去投资一个年轻的设计师。他们想要在今天做一个系列，明天就能获得满桌的订单。可这是不可能的。我刚从学院毕业五年，现在我和一个意大利生产商合作。他们的眼光很长远，很清楚也许我还需要另一个五年才能给他赚一笔大钱。这就是区别。"

《i-D》杂志
1989

1989年秋季，马丁·马吉拉，一个不知名的比利时设计师，创造了这一季巴黎最激动人心的时装秀

人们的热情让包括他自己在内的所有人都大吃一惊——他认为人们的反应有些过头。在风头过去之前，马吉拉拒绝接受任何采访和拍照，他认为"设计师明星"的时代已经过去。他表示，拒绝出现在镜头前出于他本人害羞的个性，并不是装腔作势。

1988 – 苏西·门克斯（Suzy Menkes）开始为《国际先驱论坛报》撰写时尚专栏。
—— – 妮娜·切瑞（Neneh Cherry）：专辑《Buffalo Stance》。
—— – Prozac 成立。
—— – 汤姆·沃尔夫（Tom Wolfe）：小说《虚荣的篝火》（*The Bonfire of the Vanities*）。

1989 – 薇洛妮克·勒鲁瓦赢得第五届"金纺锤大奖"。

In the autumn of 1989, Martin Margiela, a relatively unknown Belgian designer, produced the most exciting show of the Paris season.

The sensation he caused surprised even himself and everyone else involved – he felt the response was an over-reaction. At the moment – at least until the hype has cooled down – Margiela refuses to give interviews or do photo sessions. He believes the time for designers to be superstars is over, and it is natural shyness, he claims, not pretension, which turns him from the camera.

In 1977, Martin Margiela began a fashion course at Antwerp's Royal Academy Of Fine Arts. After a junior collection produced in Milan, he returned to Antwerp in 1982. He met and became assistant designer for Jean Paul Gaultier in 1985. He has never done a straight catwalk show, and for his Spring/Summer 1990 collection, he invited the fashion editors and French press to explore beyond the conventional show circuit to an obscure location: a stretch of wasteland in a notoriously violent suburb of Paris.

There was no formal tent, instead a canopy construction which exposed the graffiti on the walls of the site. Pierre Rougier, Margiela's agent, had ignored police protests and demands for 24 hour security. The neighbourhood children had also become enthusiastic, seeing the preparations on the wasteland that was their playground. They nicknamed the event 'the festival' and their condition for co-operation with the Margiela team was participation in the final production. Rougier is sure that only local support, especially the children's, safeguarded the set-up, as it would have been their older brothers responsible for any trouble had it occurred.

WORDS BY Kayt Jones

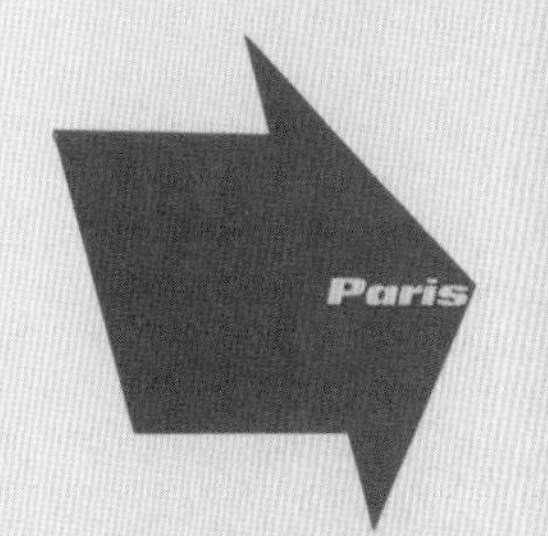

Rougier was well aware of the risk that nobody would actually come, but decided in any event, they would do the show for the kids anyway. He need not have worried. 800 curious guests arrived, way beyond expectations. It was a ▸

Martin Margiela, formerly a Gaultier assistant, in this, his second collection on his own, provided quite a different vision of fashion for the 1990s: a beatnik, Existentialist revival. Many of the designs are not only thought-provoking, but carry strange overtones of bondage: fingers tied together with black ribbons; ribbons that corral long, straight hair at the neck to form a hood shape; the back fullness of jackets controlled with a series of ribbon ties; vests and coats taped to the body; broken dishes wired together to form a vest; models' eyes outlined in kohl; and darkly painted lips. The construction of the clothes suggests a deconstructivist movement, where the structure of the design appears to be under attack, displacing seams, tormenting the surface with incisions. All suggest a fashion of elegant decay.

《Details》杂志
1989

马丁·马吉拉，高缇耶的前任助手，在这一季，他的第二个个人系列中展望了 20 世纪 90 年代时尚的全新可能性："垮掉的一代"和存在主义的复苏。

这一季服装的组合带有解构主义运动的暗示，在结构上就好像被袭击了一样。错位的缝合线，带有粗暴切口的凌乱表面，都展现出了一种优雅衰败的时尚。

Photography by Phil Inkelberghe
Thanks to Gianluca Jandelli

Lore Ongenae (links): «Ik vond ‹La Cicciolina› van bij het begin een zeer mooie vrouw» / Foto's med. en doc.

«Blootborstje» aangekleed

Antwerpse studente aan de Academie ontwerpt kledingcollectie voor La Cicciolina

KLAUS VAN ISACKER

ANTWERPEN - Vlamingen staan voor niets, zo blijkt. Want terwijl overal ter wereld nog steeds druk gefotografeerd wordt als de Italiaanse pornoster Ilona «La Cicciolina» Staller haar rechter- of linkerborst ontbloot, kleedde een 24-jarige Antwerpse studente dit bizarre parlementslid helemaal aan. Met een volledige zomercollectie, van top tot teen. «Voor mijn examen», zo luidt het.

Onze chef op de redactie was zeer enthousiast. «Wij hebben exclusieve foto's van ‹La Cicciolina›, mijnheer», zo had het aan de andere kant van de telefoonlijn geklonken. En of de krant niet geïntesseerd was ? «Het antwoord is ja», zo werd gezegd, «wij contacteren U nog wel». Waarop, om redenen die mij nog altijd niet duidelijk zijn, uw dienaar de enige aangewezen persoon voor de job bleek. «OK, chef».

Bedekt

Lore Ongenae, zo heet onze Antwerpse studente die blootborstje helemaal aankleedde. Ze zit in haar derde jaar aan de Koninklijke Kunstacademie te Antwerpen, maar kan haar heerlijk Westvlaams accent niet wegsteken. Ieder jaar moet ze als eindwerk een collectie kleren ontwerpen, die dan tijdens een modeshow door de docenten beoordeeld en gekwoteerd wordt. «Als hoofdthema koos ik het Verre Oosten», zo vertelt ze, «als bijthema Ilona Staller». Alsof het de gewoonste zaak van de wereld was.

Een keuze beïnvloed door een weddenschap waar wij geen weet van hebben, Lore ?

Ongenae : «Neen, helemaal niet. Ik moet U zeggen dat ik ongelooflijk gefascineerd was en ben door haar schoonheid. Het was dus een zeer bewuste keuze».

„ Ik vind haar een zeer mooie vrouw „

«Ik vind Ilona Staller een zeer mooie vrouw, in feite de mooiste die ik ken. Het is echt mijn type vrouw, de vrouw die ik voor ogen had toen ik mijn collectie aan het maken was».

«Je moet een vrouw voor je hebben als je bezig bent aan het tekenen van je kledijstukken. In je verbeelding moet je al zien hoe één en ander rond haar lichaam zal passen. Zo gaat het veel gemakkelijker. Ik zag haar twee jaar geleden voor het eerst, en ik wist direct: zij was het. Voor haar, zo wist ik, wilde ik ooit nog kleren ontwerpen».

Heel zeker dat je niet gewoon de sensatie zocht ?

Ongenae : «Neen, geenszins. Pas op, ik koos Ilona helemaal niet vanwege haar reputatie als pornoster, deelgenote aan de internationale seks-business, of omdat ze toevallig ook verkozen werd als parlementslid. Neen, wat mij in haar aantrok was haar tederheid, haar kwetsbaarheid ook».

«Ik geef natuurlijk toe, ‹La Cicciolina› is zeer sexy. Maar ze heeft daarbij een fantastisch kinderlijk trekje dat je bij geen enkele andere vrouw terugvindt. Ze is niet vulgair, ze heeft iets speciaals. Ik vind haar zeer schattig».

Het valt ook op dat je voor haar kleren hebt gemaakt die zelfs geen straaltje bloot eer laten zien.

Ongenae : «Ja, natuurlijk. Het moet toch niet altijd allemaal naakt zijn. Ik ben niet zo voor al die blote borsten, het moet draagbaar zijn, en vooral: veel raffinement hebben».

Wat is de rol van de erotiek in de mode ?

Ongenae : «Oh, erotiek speelt een zeer grote rol in de mode, natuurlijk. Ik vind dat het vrouwelijke zeer zeker sterk naar voren moet komen. Ik ben tegen geslachtsloze kleren. Anderzijds mag het er niet te vingerdik op liggen».

Je reisde ook speciaal naar Rome, om er Staller in jouw kleren te laten fotograferen. Hoe heb je dat voor mekaar gekregen ?

Ongenae : «Ik moet zeggen dat mijn promotor, mevrouw Loppa, daar een zeer belangrijke rol in heeft gespeeld. Zij is het die mijn voorstel om ‹La Cicciolina› te gaan aankleden van bij het begin heeft gesteund.

„ Het moet toch niet allemaal bloot zijn ? „

Zij is beginnen brieven schrijven en telefoneren, tot ze het voor mekaar had dat we naar Rome mochten afreizen».

«De manager had ons evenwel geen garanties kunnen geven dat mevrouw zou willen poseren. Als ze de kleren mooi vindt, dan doet ze het, zo werd ons gezegd. Als ze het maar niets vindt, dan niet».

«Bij onze eerste afspraak, was Ilona niet aanwezig. We moesten de kleren daar laten, en mochten de volgende morgen eens terug komen. Toen we daar in de late namiddag weer aan kwamen, stond zij reeds enthou siast in mijn collectie rond t springen, en gaf onmiddellij toestemming voor een uitgebrei de fotosessie. Op voorwaard evenwel dat ze de kleren waari ze moest gefotografeerd wo den, mocht houden. Wat ik u teraard goed vond».

«Ze was zeer professione tijdens de sessie, geen moei was haar teveel. We mochte haar enorme studio gebruike en zoveel tijd nemen als v wilden. Alhoewel onze fot graaf niet de absolute vrijhe had. Zij besliste in welke p ze lag of stond».

Oh ja, ook nog dit, be lezer. Foto's van de aangekl Ilona Staller kunnen we u r tonen. Lore Ongenae en h vriend-fotograaf willen de ne tieven voor veel geld aan d buitenlandse tijdschriften v patsen. U zult het moeten d met een foto van een «blote Cicciolina. Of hoe blootbo zonder bloot ook nog kan brengen.

来源不明

1989.6.19

○

| 脱星穿衣

安特卫普学院学生为“琪秋黎娜”设计时装系列

弗拉芒人没什么底线，至少看上去是这样。前意大利艳星伊萝娜·“琪秋黎娜”·史特拉〔Ilona ‘ La Cicciolina’ Staller〕在坦胸露乳的时候，摄影师们总是围着她拍照。而现在一名 24 岁的安特卫普学生为这位奇特的现意大利议会成员设计了整个夏装系列，让她穿上衣服。

“只是为了我的毕业系列而已。”洛儿·欧格纳说。

1989 – 德雷斯·范·诺登在安特卫普的国家大街开设旗舰店“Het Modepaleis”。

—— – 德克·毕盖帕克在巴黎首秀：1989—1990 秋冬系列。（见左图）

—— – 洛儿·欧格纳为前意大利艳星“琪秋黎娜”设计她的毕业系列。

TOUT BEAU...

Depuis leurs sorties respectives de l'Académie royale des beaux-arts d'Anvers en 1980, les premiers "jeunes créateurs de Belgique", pays où la mode n'existait pas, ont vite été rangés en vrac dans le même sac, ce qui épargnait à la presse d'avoir à prononcer leurs noms... exotiques. Walter van Beirendonck, Dirk Bikkembergs, Ann Demeulemeester, Martin Margiela, Dries van Noten, Dirk van Saene, Marina Yee formaient le groupe des Sept, que Martin Margiela quittait bientôt pour travailler chez Jean-Paul Gaultier et s'installer à Paris. Le groupe des Six ne formait alors un groupe que pour des raisons purement matérielles: ne louer qu'un camion et un seul stand pour leurs premiers salons, les "foires" comme ils disent si bien là-bas. Aujourd'hui, chacun assure que le groupe n'a jamais existé autrement qu'en cela, que chacun développe un style bien particulier, certains ne s'occupant que de la femme, d'autres que de l'homme, un tel commençant par une collection de chaussures (Dirk Bikkembergs), l'autre par des blazers (Dries van Noten), un autre encore entretenant un avant-gardisme radical (Walter van Beirendonck), au service de l'enseignement à l'Académie.
Tous se définissent comme européens avant tout, plus soucieux d'habiller Japonais, Californiens ou Canadiens qu'Anversois. Anvers est pour eux une place nette et vierge de tout style mode, à l'inverse de Paris, Milan ou Londres. Chacun apporte là toutes les charges émotives accumulées au hasard de ses déplacements et, dans le calme du petit "village cosmopolite" (une expression de Dries van Noten), crée à sa convenance. S'il n'existait pas avant eux de style belge, ce dernier s'installe maintenant avec eux de saison en saison. L'horreur de la décoration et du chichi, la volonté d'aborder la création d'une façon brute et sans concession, la présence commune de certains détails, comme les rubans d'attache, les vêtements transformables, et surtout la subtilité apportée à une certaine "anti-mode", tout cela, au-delà de leurs styles respectifs, forme un horizon commun de mode belge. Et ce n'est pas un hasard si, ces dernières années, ce sont les styles les plus marqués géographiquement (Romeo Gigli, Dolce & Gabbana pour l'Italie, Sybilla, Jeff Valls et Adolfo Dominguez pour l'Espagne, les autres là-haut pour la Belgique) qui ont réussi leur coup.

MARTIN MARGIELA

Le souci maniaque d'inventer une silhouette inédite, une allure étrangère, non pas une dégaine de plus, libre association de looks du énième styliste branché, mais une coupe désormais reconnaissable, un travail unique de création, la ligne Martin Margiela, ni destroy ni classique.

Quelques nippes déchirées, un terrain vague, il n'en fallait pas moins pour coller sur le dos du Belge Martin Margiela l'étiquette indéchirable de créateur de mode destroy... Cependant, l'amour que porte le doux Martin au vêtement, son souci du détail, son acharnement, de saison en saison, à rester constant dans la voie qu'il s'est fixée font plus de lui "le seul jeune créateur découvreur de sa génération" que "le déchiqueteur enragé de toile de bâche" que d'aucuns ont cru voir tout d'abord.

SUBTIL ET CONTRADICTOIRE

Si les collections (la cinquième présentée en octobre 90 à Paris) ont désormais planté une idée plutôt rassurante dans la tête des professionnels de la mode, les défilés, quant à eux, sous le plaisir ludique d'habiller les collections d'événements, brouillent les pistes, jouent dangereusement avec des impressions underground. Tout est à l'image de cette ambivalence chez Martin Margiela. D'un côté les chuchotements agités des quelques centaines de WFT (World Fashion Terrors) instaurent en Margiela le nouveau créateur à la mode, donc en instance d'être déclaré démodé vite fait bien fait par ces mêmes conspirations, alors même que d'un autre côté on se surprend déjà à parler de la carrure Margiela (épaules très étroites renforcées d'épaulettes en boudin, légèrement XVIIIe siècle et rendues praticables par un système de soufflet au dos), propulsant ce jeûnot de trente-trois ans dans la sphère des classiques. Ces contradictions ne se font pas par hasard... mais sont sans aucun doute générées par la saisissante complexité du travail de Martin Margiela, et, pour tout dire, par sa subtilité.
Margiela n'est ni destroy ni classique, il n'est pas non plus autre chose, ni attiédi par un compromis ennuyeux; il est précisément à la fois l'un et l'autre en même temps, comme un point qui garderait un pied sur l'abscisse et l'autre sur l'ordonnée, plutôt que de se tenir pieds joints sur un endroit quelconque de la tangente, à l'intersection des inverses.

PUCES ET TROIS DOUBLURES

Un petit boléro en affiches déchirées pour l'été. Destroy? non... finement doublé à l'intérieur. Des fripes récupérées aux puces et dans les surplus pour l'hiver... Elles seront associées et assorties, chemise de bûcheron cousue en torsade sur un pull-chaussette; c'est une idée lancée et, bien que le produit soit distribué à un prix boutique fort peu "jeune créateur" (environ 500 F), on peut tout aussi bien pomper l'idée et faire pareil chez soi. Ce n'est pas un problème, au contraire, le succès pour Martin Margiela, ce sera quand ses "propositions" seront suivies dans la rue. Du boulot de rigolo? A des prix tout à fait différents, un travail tout aussi peu "jeune créateur": "LA" veste Margiela, carrure étroite et dos à pinces, luxe des détails, les trois doublures classiques devenues rares aujourd'hui, le boutonnage ouvert des poignets. Encore autre chose, la robe de soirée à 1000 F, sans travail particulier de la coupe, ce qui rend la confection à bon marché, mais avec une trouvaille de matière qui fait à elle seule toute la robe: un feutre découpé à effet extensible, rappelant les guirlandes de papier des goûters d'anniversaire.

DOUCEUR ET FERMETE

Timidement vissé sous sa casquette de marin, ce longiligne garçon nordique en impose par sa discrétion. Et sait cependant se faire remarquer par une allure légèrement dégingandée, comme excusant sa grande taille par la nonchalance de sa stature. Ainsi, fringué de façon fort reconnaissable d'un sympathique jean élargi en bas (sans doute un bricolage maison) et du sempiternel T-shirt rayé qui va parfois jusqu'à être troué de vieillesse et ne le quitte pas d'une semelle, ce grand gentil de Martin Margiela n'est pas sans laisser transparaître, sous l'accent flamand légèrement traînant, une détermination à toute épreuve. Il suffit de visiter son show-room pour s'en convaincre: rien n'est arrivé là par hasard. Tout entier recouvert d'un blanc pas obligatoirement nickel, sièges et bureaux dotés de housses de linge blanc taillées sur mesure, se découpant en ton sur ton sur la peinture blanche qui s'étend partout, des étagères au coffre high-tech du téléviseur Sony. Même un petit classeur dans son coin a sa petite liquette blanche. Là-bas, on fait manifestement ce qu'on veut ou on fait pas. Pas de logotype, pas de catalogue, pas de nom sur l'étiquette des vêtements, blanche comme il se doit.
Jenny Meirens, la directrice commerciale de Martin Margiela, ne va certainement pas non plus laisser les choses aller au hasard. Propriétaire d'une

Fourre-tout en veau, Delvaux (existe aussi en cuir d'autruche).

DELVAUX BRUXELLES: MAROQUINERIE ROYALE
Quand Charles Delvaux crée sa maison de maroquinerie en 1829, au cœur de sa capitale brabançonne, certainement n'osait-il qu'à peine espérer voir un jour ses créations s'offrir aux Parisiens dans une rue prestigieuse, au nom comme prédestiné pour la maison: la rue Royale, au n° 18. Prédestiné car, bien avant de conquérir Londres, Luxembourg, Monte-Carlo, Paris et Tokyo, Delvaux fournissait en bagages somptueux la cour royale de Belgique... il y a de cela plus d'un siècle. En 1933, Franz Schwennicke rachète la maison à laquelle il se gardera de modifier tout esprit, mais au contraire poussera l'exigence d'une tradition savante et luxueuse de la belle ouvrage à son paroxysme. Aujourd'hui, Solange Schwennicke et sa famille travaille chaque saison en ce sens, résistant avec un esprit grand siècle aux pragmatiques de l'époque. Mais la maison sait également se frotter au présent et offrir d'élégantes audaces, telles cet hiver des poignées simples ou doubles, qui s'allongent pour atteindre l'épaule et se donner ainsi de très actuelles allures de bandoulières. Shopping et fourre-tout sont résolument conçus pour une femme citadine, aussi active qu'élégante. Le box-calf et le veau grainé foulonné se conjuguent cette saison aux temps écologiques, en tonalités vert d'eau et argile. La maison reste fidèle à ses techniques prestigieuses d'un autre âge: finissage aniliné, doubles piqûres, pattes en relief donnent le ton.

《Jardin des Modes》杂志
1990—1991.12 / 1

○

| 完全美丽……完全比利时

马丁·马吉拉，德克·毕盖帕克，德雷斯·范·诺登

1980 年，他们从安特卫普皇家艺术学院毕业之后，在比利时这个并不存在时尚的国家，这群年轻人集结起来，把自己一起推向世界。今天他们都各自表示，担心自己的名字太拗口是他们组成“安特卫普六君子”的唯一原因，而实际上他们每个人的风格也确实很不一样。

TOUT BELGE

Non soumises à la loi des saisons : les constantes Margiela.
"LA" veste étroite à trois doublures et les "pieds de vache" qui ont foulé chaque défilé.

boutique à Bruxelles, où elle a exercé pendant longtemps une exclusivité Comme des garçons, elle est fort soucieuse des impératifs professionnels, comme les délais de livraison, et a su, avec Martin Margiela, porter cette idée du contraste jusqu'en distribution.
Le packaging des produits Margiela est à l'exemple de ses créations. Dans une boîte blanche, vierge et impersonnelle, est enfermée la chose à porter, bien douillette dans le petit papier de soie qui gentiment l'enveloppe. On aurait pu penser à la fourrer dans du papier kraft agrafé... Mais attention, ici, ce sont caresses percussives ! Et tout cela version rare, en exclusivité chez "Kashimaya" jusqu'à cet hiver.
Ainsi, dans les moindres recoins du labyrinthe de la création, se dessinent plus précisément, de saison en saison, les contours contrastés et uniques d'une stratégie créative arrivée à maturité.

MAGIE
Une robe froissée, mal mise, comme à moitié défaite, est maintenue dans un gainage de résille légère et transparente qui la fige dans cette position précaire. La fille s'avance, le corps ainsi paré par le vêtement en instance d'évaporation ; le moment suspendu, sacralisé, de la chute de l'habit. Et ce corps habillé de son déshabillage incarne à lui seul cette volonté, chez Martin Margiela, de représenter en symbiose chaque chose et son contraire, à l'intersection précieuse et rare des inverses.

DE "L'ETHIQUETTE"
Vierge. Martin Margiela signe ses créations d'une étiquette blanche. Ce qui n'est pas sans poser quelques petits problèmes éthiques que je vais, sauf respect de la décision du créateur, commenter de propos vachouilles. Ca changera. Certes, on ne fait pas de communication à outrance chez Martin Margiela. Aucun logotype ne vient figer de son sceau l'image de la maison, aucun D.A. (directeur artistique) en vogue ne vient mettre ses mains à la pâte ; on y ferait plutôt dans le style paperasserie administrative genre P.J. ou assedic, tampon à l'appui et C.V. comme ronéotypé. Même s'il y a une volonté réelle de ne pas suivre à la lettre toutes les règles de la profession, même si le côté dissident par rapport au fétichisme de marque est plutôt sympathique, même si toutes ces préoccupations, qui ont pu mener à la fameuse étiquette blanche en question, peuvent être louées, même avec tout cela, je trouve pour ma part que ça ne marche pas comme susprévu. Comme l'étiquette blanche est cousue de quatre gros points fort reconnaissables, et vu de toute façon qu'étant seule ainsi vierge sur le marché, l'étiquette est toute reconnue d'avance, cela fonctionne plus comme un raffinement conceptuel légèrement snobinard que comme une volonté réelle de ne pas signer. A quand le T-shirt Martin Margiela décoré d'une énorme étiquette blanche à quatre points de couture ? Cela rappellerait à la limite quelques souvenirs de monochromes blancs sur fond blanc.

DIRK BIKKEMBERGS

Le mot d'ordre, chez Dirk Bikkembergs, c'est la brutalité. Il n'a créé pour l'instant que pour l'homme (il baptisera une collection femme pour l'hiver 91/92). "Pour les années nonantes, le total look créateur pour l'homme, c'est fini", s'exclame-t-il en faisant vibrer de toute part sa carcasse de grand petit garçon de trente et un ans. Ce blondinet à tête d'écolier, cheveux coupés au bol, dans sa chemise de velours à manches courtes portée sur un T-shirt à manches longues, s'excite quand il cause, vocifère, glousse, accompagne son accent belge d'une gestuelle à l'italienne... "Non non non hein, mon homme il a pas d'idée mode et tout ça, il vient pas acheter machin, ni telle tenue de truc, il achète pièce par pièce ce qu'il a envie pour être bien dedans, c'est tout." L'anti-mode se ramène au galop. Or, N.D.L.R., tant que les créateurs restent dans leur circuit créateur (Dirk Bikkembergs sera distribué à Paris cet été chez L'Eclaireur, rue des Rosiers), on ne voit pas bien comment un homme qui n'a pas d'idée mode pourrait acheter créateur (c'est-à-dire mettre les pieds chez l'Eclaireur). Peut-être ces années "nonantes" résoudront-elles ce problème de fond.
L'homme Bikkembergs est plutôt sportif, volontiers baraqué et très sexy... en motard cet hiver et en sous-vêtements permanents pour l'été 91. Le motard a pris le cuir comme seconde peau, taillé sur lui comme un corps. Hard, boxeur : les gants sont faits comme des bandages en jersey extensible. Hard, sous les ponts : un pantalon en chenille de velours donne l'impression d'un tissu à côtes mais à effet loque. Hard, à moitié fini : pulls teints en partie, à moitié plongés dans les bains de teinture. Hard, trottoir : un pantalon à base de lin, dessous agréable à la peau, est enduit d'une matière à l'aspect dur, qui donne au tissu un côté asphalte.

"100 % coton, tu me colles à la peau".

Pour l'été, tout est en tissu de sous-vêtements, c'est-à-dire coton 100 %, parfois mélangé à du lin, sans fibres synthétiques, à l'exclusion du Lycra quand nécessaire. Hard éthylique : une maille à bandes irrégulières donne l'idée d'un marin soûl dont le délirium se passe autant dans la tête que sur l'habit. Donne aussi l'impression d'une réalisation non industrielle où, cette fois, ce serait le tisserand qui se serait pinté.

L'homme sans façon de Dirk Bikkembergs (défilé été 91).

Pour la petite histoire, Dirk Bikkembergs a commencé en 85 par réaliser trois collections de chaussures. Après quoi vinrent quelques chemises, puis de la maille, toujours fabriquée en Belgique. C'est un Italien qu'il rencontre à Londres qui l'emmène chez le fabricant italien Gibo, avec qui il travaille encore à présent.
Dirk Bikkembergs est le seul du groupe avec Martin Margiela à défiler. Cinq représentations à Paris, au moment des créateurs homme. Mais faire défiler des motards sur une petite estrade blanche, ça le fait rire. D'où un goût pour les endroits é-gouts : tels les sous-sol Bonaparte d'Austerlitz où Dirk Bikkembergs et son équipe, en juillet dernier, ont eu le plaisir d'être accueillis par d'énormes rats, très parisiens, qui sont restés très sages pendant le défilé.

LA CANETTE D'OR
La remise d'un prix annuel, récompensant un créateur belge, la Canette d'Or, prix organisé par l'I.T.C.B. (Institut du textile et de la confection de Belgique, fondé au début des années 80 et qui permit à ces jeunes de réaliser leurs premières créations de Belgique), atteste de cette volonté d'imposer une mode belge. Le groupe des Sept a participé trois fois, Ann Demeulemeester a gagné une fois, puis Dries van Saene et Dirk Bikkembergs. L'année dernière, c'est Véronique Leroy, refusée à l'Académie royale d'Anvers, et venue faire ses études au Studio Berçot à Paris, qui remporta la Canette.

Jardin des Modes / décembre 1990 - janvier 1991 ▶ 59

1989 – 沃特·范·贝尔道克为比利时“TW Classic”自行车赛设计运动服。
—— – 唐娜·凯伦创立 DKNY。

—— – 《Vogue》美国版前任主编黛安娜·弗里兰去世。
—— – 沃特·范·贝尔道克 :《Fashion is Dead!》出版物，1990 年夏。

—— – 史蒂文·索德伯格（Steven Soderbergh）: 电影《性、谎言和录像带》（*Sex, Lies and Videotape*）。

Walter Van Beirendonck，1990 春夏系列

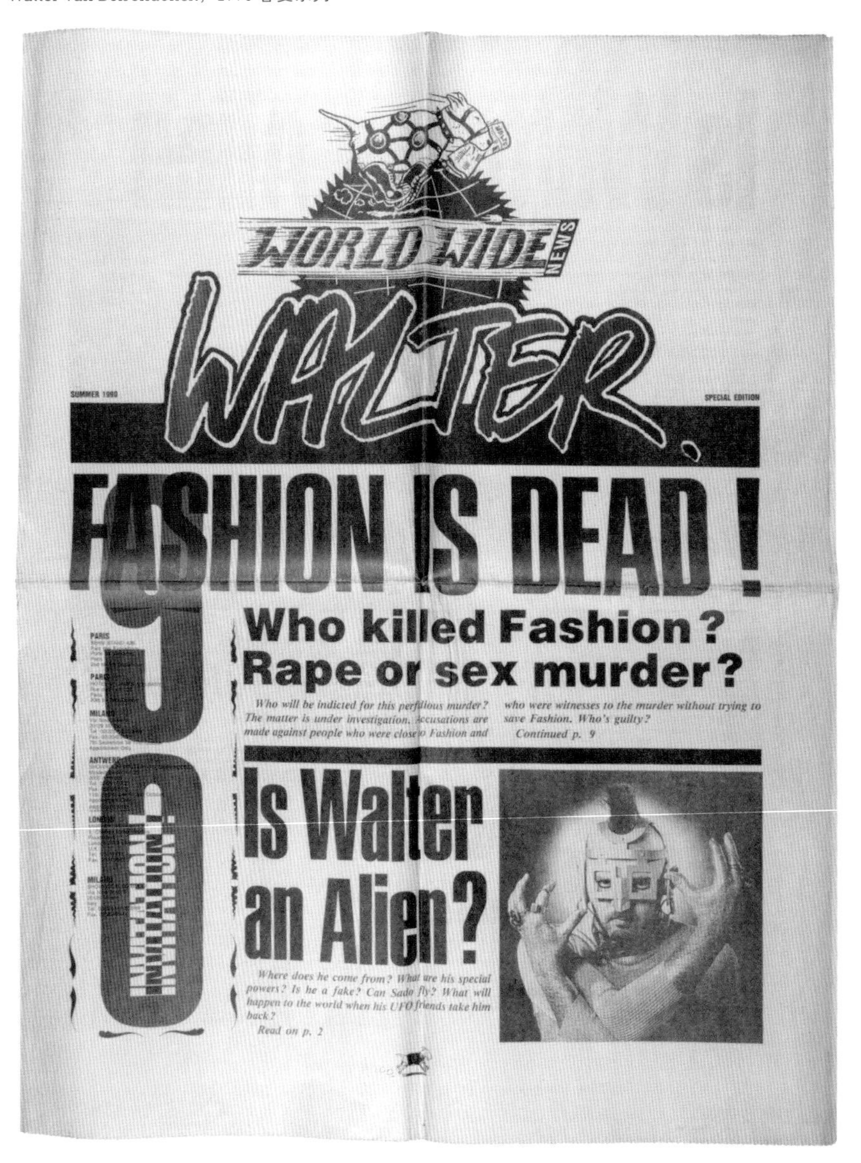

WORLD WIDE NEWS

WALTER.

SUMMER 1990

SPECIAL EDITION

FASHION IS DEAD!

Who killed Fashion? Rape or sex murder?

Who will be indicted for this perfidious murder? The matter is under investigation. Accusations are made against people who were close to Fashion and who were witnesses to the murder without trying to save Fashion. Who's guilty?

Continued p. 9

Is Walter an Alien?

Where does he come from? What are his special powers? Is he a fake? Can Sado fly? What will happen to the world when his UFO friends take him back?

Read on p. 2

INVITATION

《Details》杂志
1990.3

○

参加马丁·马吉拉巴黎时装秀的人们有幸见证了一场特殊的事件。在事后看来，秀场选址在巴黎破烂的第三世界贫民窟，配合着满眼的解构主义服装，让人无法不联想到东欧的政治和社会崩塌。而站在十月破烂墙壁前的模特们，某种程度上就好像是一种让人毛骨悚然的先知，犹如一个月后在倒塌的柏林墙前欢快的柏林人。

马吉拉的时装秀现在有了历史的视角。它是对未知世界的惊鸿一瞥，即使这个世界我们无法预料和理解。而真正有远见的人，不需要时间、地点、原因，只需要触及最深处的激情，在特定的时候就能在事件发生前预知它。

1989 – 托马斯·哈里斯（Thomas Harris）：电影《沉默的羔羊》（*The Silence of the Lambs*）。
—— – 斯蒂芬·弗雷斯（Stephen Frears）：电影《危险关系》（*Dangerous Liaisons*）。
—— – 柏林墙倒塌。
—— – 萨尔曼·鲁西迪爵士（Salman Rushdie）因小说《撒旦诗篇》（*The Satanic Verses*）被伊斯兰教下追杀令。
—— – 阿特·斯皮格曼（Art Spiegelman）：漫画《鼠族》（*Maus*）。

Those present at Martin Margiela's Paris show were witness to a unique event. In retrospect, the choice of the site—a demolished third-world Paris ghetto—and the deconstructivist impulse of the clothes seemed to echo the collapse of the political and social order in Eastern Europe. The fashion troops perched on the crumbling walls that October evening were, in their own way, an eerie harbinger of jubilant Berliners dancing on the crumbling Wall in November. Margiela's event now takes on a historical aspect; it was a preview into an unknown world that we could not then have recognized or understood. True visionaries, without knowing the whys and wheres, create by reaching into their deepest passions, and on rare occasions anticipate events before they happen.

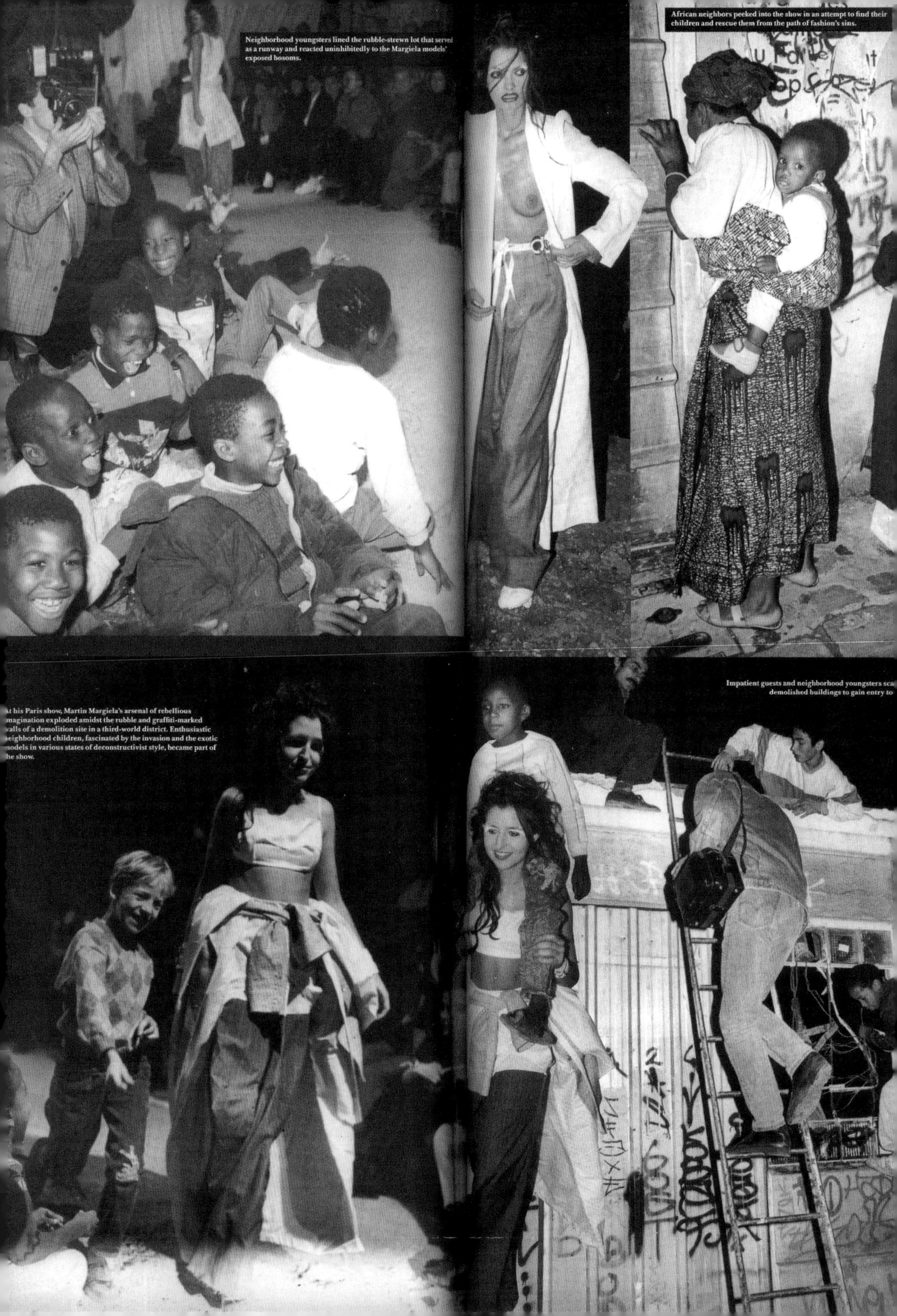

Neighborhood youngsters lined the rubble-strewn lot that served as a runway and reacted uninhibitedly to the Margiela models' exposed bosoms.

African neighbors peeked into the show in an attempt to find their children and rescue them from the path of fashion's sins.

At his Paris show, Martin Margiela's arsenal of rebellious imagination exploded amidst the rubble and graffiti-marked walls of a demolition site in a third-world district. Enthusiastic neighborhood children, fascinated by the invasion and the exotic models in various states of deconstructivist style, became part of the show.

Impatient guests and neighborhood youngsters sca demolished buildings to gain entry to

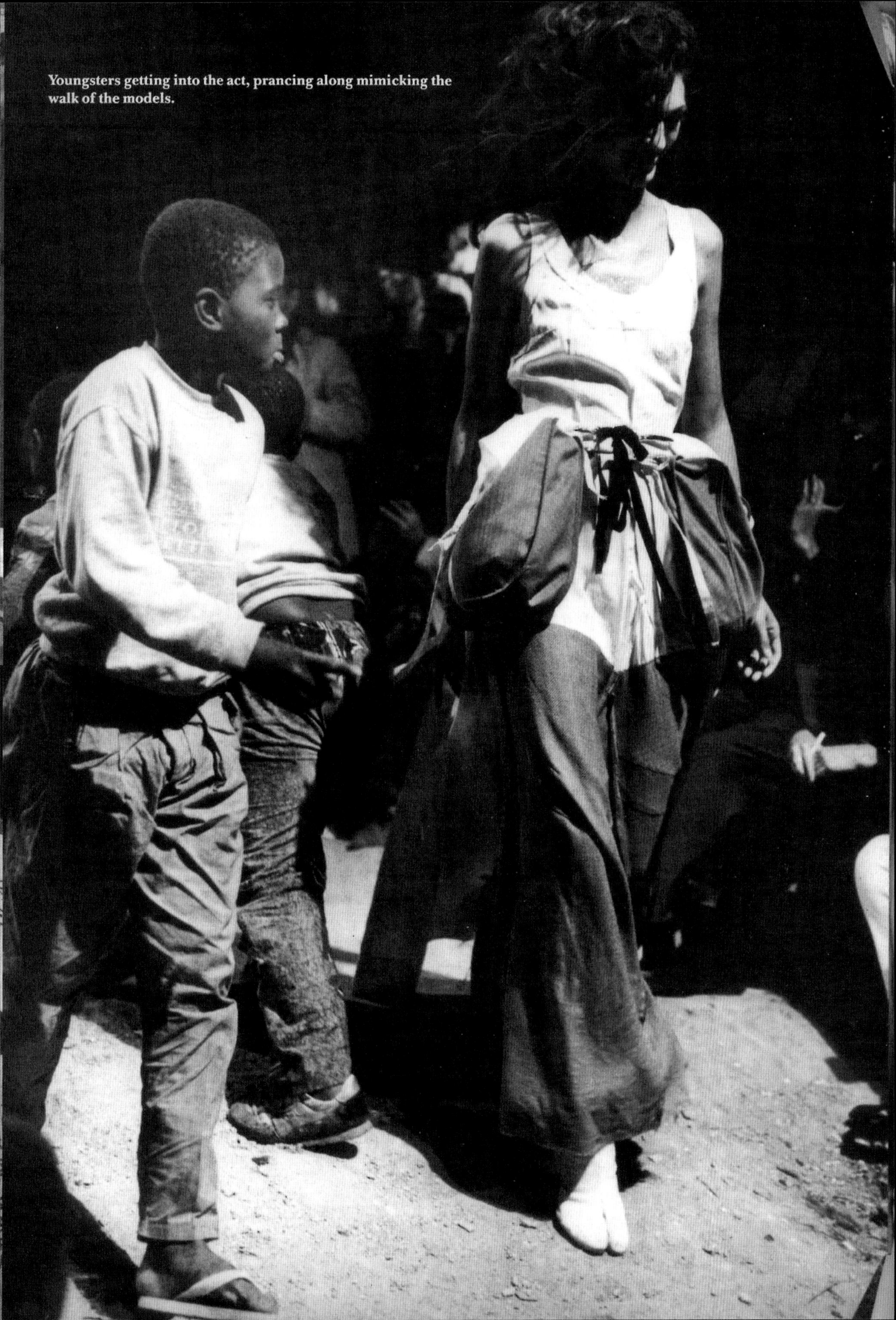

Youngsters getting into the act, prancing along mimicking the walk of the models.

《BAM》杂志第 4 期，1990 年

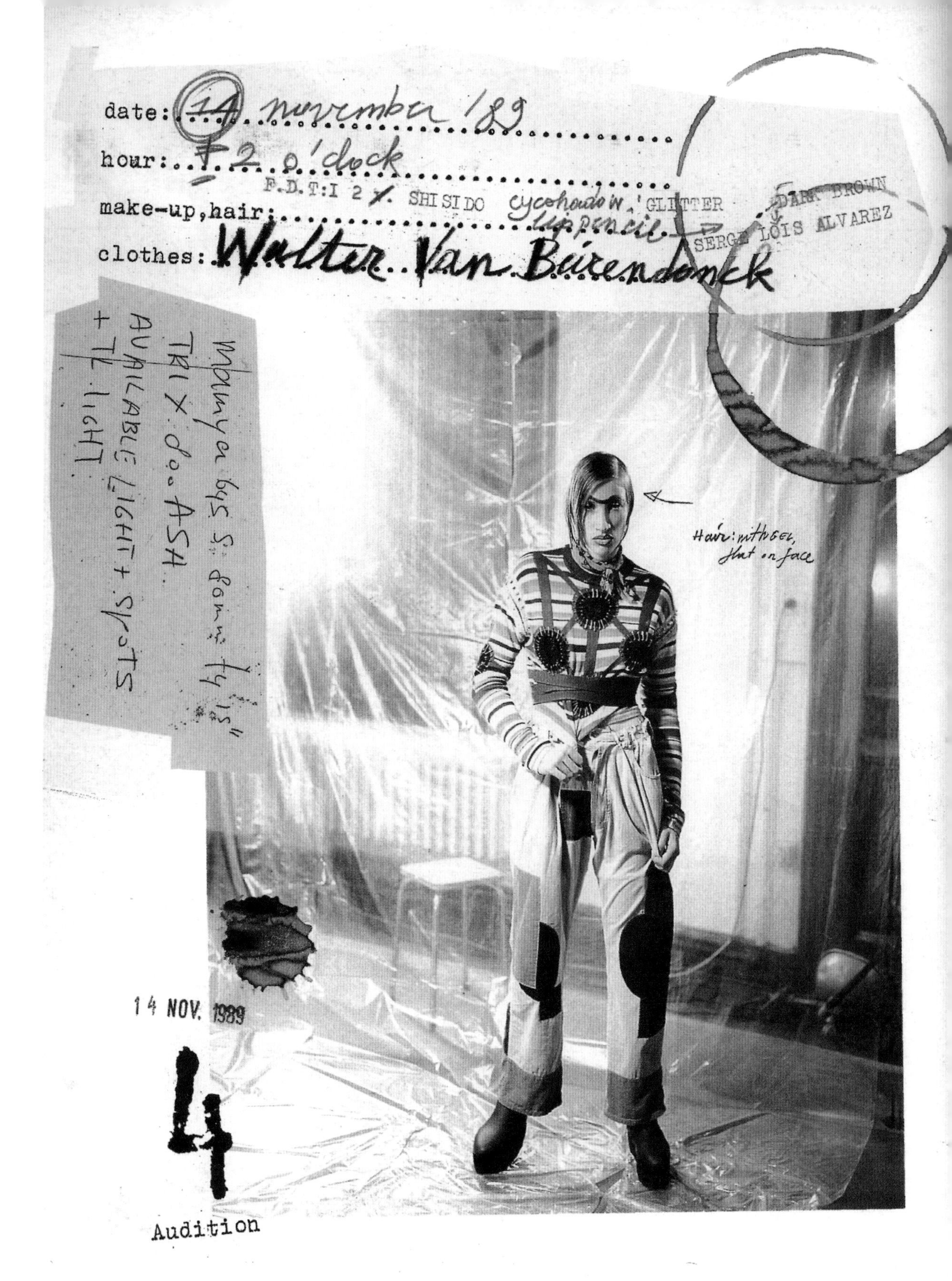

date: 14 november '89
hour: 12 o'clock
make-up,hair:
F.D.T:I 2
SHISIDO
GLITTER
DARK BROWN
SERGE LOIS ALVAREZ
clothes: Walter Van Beirendonck
14 NOV. 1989
4
Audition

Linda Loppa, pétillante directrice de la section mode de l'Académie d'Anvers.

LA BELGIQUE A LA POINTE DE LA MODE

L'Académie Royale d'Anvers forme une élite de stylistes

MARTIN MARGIELA, Dirk Bikkembergs, Dries Van Noten, Walter Van Beirendonck ou Ann Demeulemeester n'ont pas en commun que le fait d'être belges. En plus de leurs talents, très différents, et de leurs succès dans l'univers international de la mode, tous sortent de la même école : l'Académie Royale des Beaux-Arts d'Anvers. Au printemps, chacune des quatre années d'études qui composent la section mode de l'Académie présente ses travaux aux professionnels de Belgique et au public flamand. L'enseignement, public et gratuit, est basé ici sur le dessin (huit heures de croquis de nu hebdomadaires, la première année; quatre heures, les trois années suivantes) et sur l'histoire du costume, mais également sur la technique avec des cours de patronnage, de coupe, de drapage et de création expérimentale. Un cursus équilibré qui impose aux élèves de quatrième année la présentation d'un dossier, d'un stand de Salon, d'une collection complète (les accessoires, choix des mannequins et développements industriels possibles, etc) et d'un entretien devant un jury de professionnels où ils doivent défendre leurs choix esthétiques. Ensuite, lors de trois défilés publics, leurs talents sont jugés par la ville entière. On ne s'étonne donc pas de retrouver ces élèves rapidement employés dans les sérails des stylistes en vogue ou dans les bureaux de style pointus, et ce partout en Europe.

De ce cru 90, on retiendra les mélanges de vêtements de travail et de robes du soir des élèves de première année (il n'y a pas de Bois de Boulogne à Anvers mais le monde semble très concerné par certaines fonctions). En seconde, la tendance est à l'histoire du costume, revisitée «new age». Le style gothique de Johan Dekens est entièrement blanc, comme les «voix des anges» immaculées de Fabienne De Schaetzen. Les dégradés, pastels ou vifs, illuminent également le travail de la plupart des 21 élèves de cette seconde année.

En troisième année, le style se raisonne davantage. Le folklore, thème imposé, se teinte de couleurs écologiques, ou de fluos pops, d'applications de caoutchouc, de résilles et de fibres synthétiques sportives. On retiendra les empiècements en caoutchouc ultra fin (celui des préservatifs) découpés puis collés par Magda Siraj, les combinaisons et dessous sexy pour hommes de Filip Arickxx, ou encore le style fun-baroque en mousse colorée et fibre élasthanne de Nicola Vercraeye.

Les dix élèves terminant leur quatrième année exploitent des thèmes différents qui illustrent leur personnalité. L'écologie, le plastique Pop'Art et l'escalade baroque revue XXIe siècle trouvent ici des illustrations extrêmes. Un vestiaire de poupée *Barbie* en maille et nœuds kitsch chez Lore Ongenae. Combinaisons Bauhaus, en mélanges de jean et caoutchouc pour Dominique Dubois. Total looks de cosmo-girls, en plastique coloré et parfois strassé de Koen De Keyser. Tissus métallisés et satinés pour garde-robe ultra junior en perfecto strassé chez Hans De Foer.

La collection la plus applaudie et déjà très commerciale de Patrick Van Ommeslaeghe décline un vestiaire «Warhol» en mini-robes 60 blanches, en applications de badges motards sur tissus moulants et en imprimés trombones de bureau, colorés, géants, sur costumes masculins impeccables. Le tout au son d'une house-music tonitruante et plébiscitée par les nombreux amateurs belges de «vogueing».

Patrick CABASSET ●

Fausse fourrure et géométrie post-70 de Patrick De Muynek.

2 juillet 1990

27

《Journal du Textile》杂志

1990.7.2

○

| 安特卫普皇家学院训练出时尚精英

十位毕业生展示了他们不同的性格和其对于不同主题的探索。

帕特里克·范·欧姆斯拉赫和他商业度较高的系列获得了最多的赞赏。整个系列带有浓厚的“沃霍尔”色彩，包括60条白色迷你裙。

1990 － 德克·范·瑟恩在巴黎首秀，展示1990—1991秋冬系列。

—— － 吉塞弗斯·提米斯特担任Balenciaga艺术指导。

—— － 德克·范·瑟恩为Bartsons设计“Token”系列。

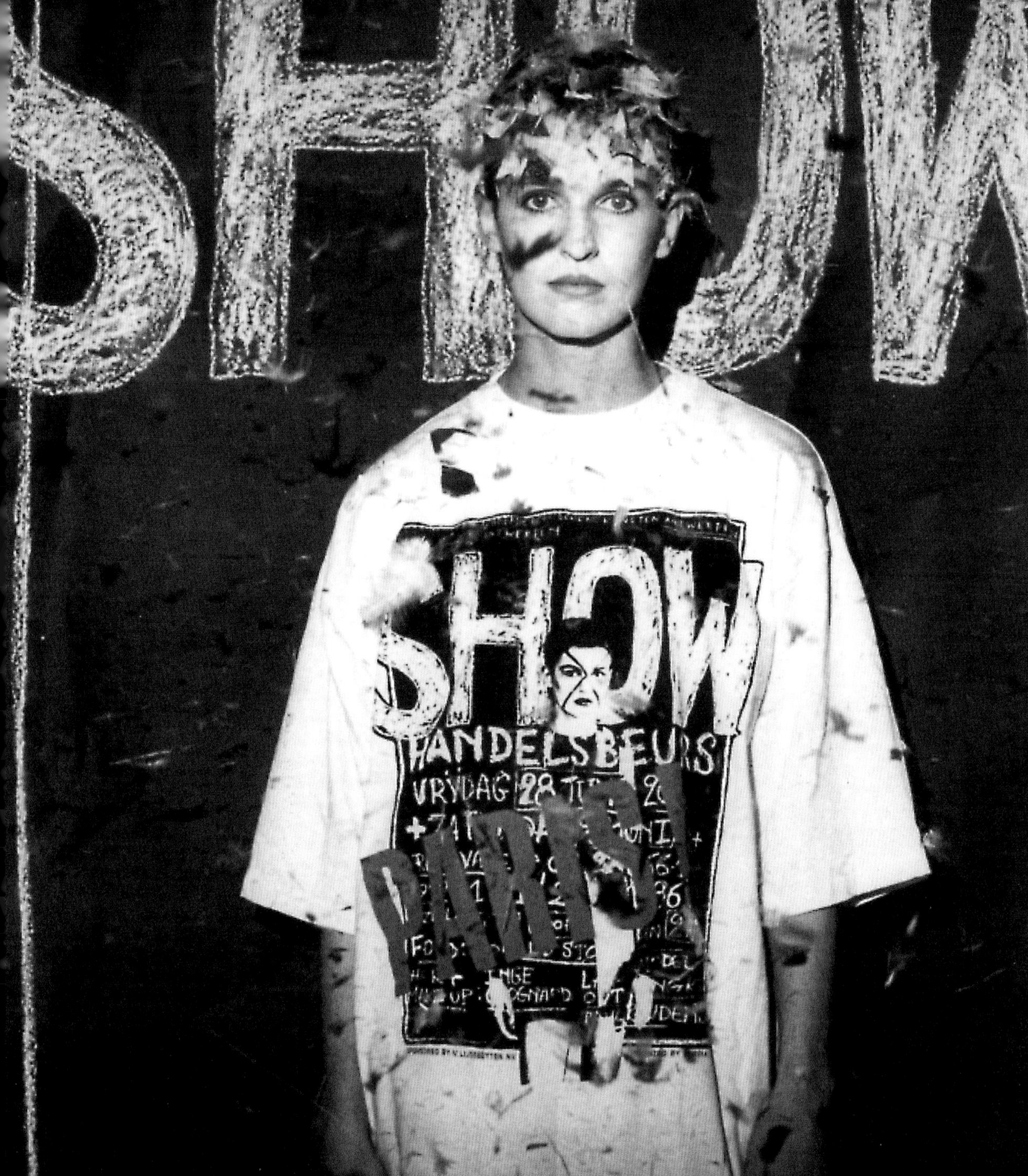

学院时装秀海报，巴黎，1991 年，平面设计：保罗·包登斯

《新报》
(*De Nieuwe Gazet*)
1991.10.22

| 安特卫普闪光巴黎

在 ITCB(比利时纺织时装协会)、比利时教育部、外交部、文化部的支持下，安特卫普学院的毕业时装秀在巴黎举行。

Antwerpen schittert in Parijs

Hij is er toch gekomen, de show van de Antwerpse academie in Parijs. Nadat de Franse modejournaliste Joy De Caumont het werk van de studenten van de modeafdeling op de eindejaarsshow in juni bewonderde, werd het hele raderwerk in gang gezet. Met een paar sponsors, met centen van het I.T.C.B., de ministeries van Onderwijs, Buitenlandse Betrekkingen en Cultuur werd het project op zeer korte tijd georganiseerd. Op de eerste rij zaten een paar oud-studenten die het al «gemaakt» hebben : Dries Van Noten en Sammy Tillouche. In de Franse hoofdstad spreekt men zelfs over «de nieuwe ontwerpers uit het noorden» die voor de opvolging moeten zorgen.

/ foto M. Daniels.

Blz. 11 : «De wonderbare visvangst»

1990 – 帕特里克·范·欧姆斯拉赫从学院毕业。
—— – 汤姆·福特（Tom Ford）担任 Gucci 的艺术指导。
—— – 里法特·沃兹别克（Rifat Ozbek）在伦敦展示“New Age”系列。
—— – 让·保罗·高缇耶为麦当娜（Madonna）设计“Blonde Ambition”巡回演出造型。
—— – 柯伦·戴尔（Corinne Day）启用凯特·摩丝（Kate Moss）拍摄的首个时尚摄影系列登上《The Face》杂志。（见上左图）
—— – 大卫·林奇：电视剧《双峰》（*Twin Peaks*）。
—— – 纳尔逊·曼德拉（Nelson Mandela）获释。
—— – 英法海底隧道开通—第一条连接英国和欧洲大陆的陆上通道。

《国际先驱论坛报》

[International Herald Tribune]

1992.3.21—22

○

| 比利时

丑小鸭的变身

经过十年的努力，比利时“革命”终于成功。在稀有的天才设计师们的集结下，比利时成为了当代时尚发展方向的指引者。

NAL HERALD TRIBUNE, SATURDAY-SUNDAY, MARCH 21-22, 1992 Page 17

Fashion / A Special Report

Ann Demeulemeester design, left; unisex gear from Walter Van Beirendonck (circle); Dries Van Noten, far right, and one of his designs, at left.

Belgium: How the Ugly Duckling Grew Up

By Alexander Lobrano

ANTWERP, Belgium — Ten years in the making, the Belgian Revolution is now fully dressed. This is a story of coats and dresses rather than guns, since it is through the work of an uncommonly talented assortment of young fashion designers that Belgium is now having a surprisingly major impact on the direction of contemporary fashion.

A short roll call of those designers who have made and are making the country's reputation includes Dries Van Noten, Walter Van Beirendonck, Ann Demeulemeester, Veronique Leroy, Dirk Bikkembergs, Chris Mestdagh and Martin Margiela.

Until the 1980s, the idea of Belgian fashion might have seemed like an oxymoron. Then, six years ago, six young Antwerp designers showed up at the London Designer Show and created a sensation with the audacity of their presentations — Walter Van Beirendonck, for example, dressed up as a gnome, sitting on a plastic toadstool — and the creativity of their clothing, exemplified by Dries Van Noten's perfectly finished, found-in-the-attic-of-Europe ensembles and Ann Demeulemeester's refined minimalism.

These fledglings also included Bikkembergs, today a well-known men's wear designer, and women's wear designers Dirk Van Saene and Marina Yee.

Meanwhile, everyone in London wanted to know, "Who are these people? Belgian? What's going on in Belgium?"

After a few more seasons in London, everyone knew what was going on in Belgium: A group of young designers, reacting to the country's domination by big French and Italian designers and to the unbending local bourgeois formula for elegance — conservative clothing decorated with obvious status symbols — had decided to clean out the country's closets.

Today, the results of this fashion fervor are seen in the window of the world's best shops and in the pages of the glossiest fashion magazines. Van Noten has 70 sales points in Japan alone and went from sales of $1 million in 1987 to $7 million last year. Trend-sensitive Fiorucci has just opened an in-store boutique at its Milan shop to showcase Van Beirendonck's antic unisex "Wild & Lethal Trash" line; and Demeulemeester is sold by Maria Luisa, L'Eclaireur, Galeries Lafayette and Kashiyama in Paris.

Speaking beyond their individual experiences, the Belgian designers have several ideas as to what specifically propelled their country to the front ranks.

"There's so much noise in a city like Paris, but here [in Antwerp] we don't hear anything about fashion, and this has been a big advantage for me since I need the purity and the isolation of living outside the world of fashion," says Demeulemeester.

"It was a matter of things coming together," says Geert Bruloot, an Antwerp jack-of-all-trades whose talent for publicity helped launch the Antwerp designers and who is today one of the city's most influential retailers with his shops Crocodrillo (shoes) and Louis (clothing). "It all started about 20 years ago when they first created a fashion department at the Akademie [the Antwerp art school where Rubens studied], and then 10 years ago the Belgian government started encouraging the fashion industry with small grants," says Bruloot.

Beyond the importance of the fashion-design program at the Akademie was the enormously cosmopolitan and unchauvinistic atmosphere of the country itself, the headquarters of the European Community and center of the world's diamond trade. Belgium is also comprised of two very different and often conflicting local identities — that of Flemish-speaking Flanders and French-speaking Walloons, and what this had led to is a psychologically avant-garde situation where many young Belgians see themselves as Europeans first and then either Flemish or Walloon afterward.

This subsumed national identity led to a lot of freedom. As Dries Van Noten explains, "Belgium is a very cultured country without many obligatory cultural references."

Often referred to not very accurately as a sort of European Ralph Lauren, Van Noten explains his approach to fashion: "Tradition is very important to me. I have respect for the past and it's reflected in my clothing. I don't try to do replicas of old clothing, though, but rather I use the old base as a point of departure, changing the proportions, colors and fabrics to something modern."

ALMOST as attentive to merchandising as he is to designing, Van Noten's handsome Euro-traditional look is sold at first-rate stores all over the world, though he is especially pleased to have recently added Harvey Nichols in London and Maxfield in Los Angeles. This new season in Paris is the end of his seasonal themes. These themes, British India and Rich Man/Poor Man among them, were important to making his reputation — he completely redecorated his studio and showroom to express the season's theme — but now he has dropped this concept.

Walter Van Beirendonck, 36, is the wild man in the Belgian pack and made his original mark with provocative and offbeat knits and separates for men. He is shrewdly sensitive to the way young people think, which is why Fiorucci's picked up his new line, Wild & Lethal Trash, a collection of vivid, often sloganed and mostly knit club and casual wear.

"Young people want to dress up a bit, to wear something more than the basics, but they want something that's easy, humorous and sexual," he says.

Exactingly idealistic, Ann Demeulemeester is the most successful of the designing women from Belgium. Six years after her London debut, she has earned a solid reputation as an creative designer who produces exciting but perfectly wearable clothing, which is probably why questions about her Belgian nationality exasperate her. Still, even though half of her collection is produced in Italy, she insists on working in Antwerp.

"I'm really more of an architect than a designer," she says. "My clothing is about emotions and contrasts, and this season I've worked with a cigarette silhouette to express the conflict between the poetic and pure and rebellious and wild. I'm not influenced by Paris or Milan and I don't want to be."

Although the success of the first Antwerp designers has inspired many to follow in their footsteps, the latest rising star from Belgium is not Flemish but Walloon. Vèronique Leroy, 27, is from Liège, the French-speaking steel and coal-mining city, and though she has lived in Paris for eight years, her hometown remains a strong source of inspiration. She explains her latest collection by saying that it is for "women who aren't afraid to make fun of themselves. For example, it's the story of secretaries who make a big effort to be elegant and sometimes end up being very maladroit, and in being maladroit they create something wonderful."

In many ways, Leroy's ugly duckling story very neatly sums up the evolution of Belgian fashion.

ALEXANDER LOBRANO is a journalist based in Paris.

—— – 安德里斯·塞拉诺（Andres Serrano）和罗伯特·梅普尔索普（Robert Mapplethorpe）在美国遭禁。

—— – 菲利普·斯塔克（Philippe Starck）为 Alessi 设计“外星人榨汁器（Juicy Salif）”。

—— – 凯斯·哈林（Keith Haring）去世。

1991 – 克里斯托弗·卡戎获得第六届“金纺锤大奖”。

—— – 洛儿·欧格纳在安特卫普开店“Loreley Rocks”。

—— – 德雷斯·范·诺登巴黎男装首秀，展示 1992 春夏系列。

—— – 菲利普·阿瑞克斯（Filip Arickx）和安·凡德沃斯特从学院毕业。

—— – 安·得穆鲁梅斯特巴黎首秀，展示 1992 春夏系列。

《标准报》

〔*De Standaard*〕

1992.10.19

○

｜比利时时装设计师的排行榜崛起

令人惊讶的是：安·得穆鲁梅斯特在一个由全球精品店组成的排行榜中获得第二名，落后于高缇耶。马丁·马吉拉是榜上的第二位比利时设计师，打败了拉夸、穆勒、吉利〔Gigli〕和沃兹别克。

Belgische mode-ontwerpers stijgen in hitparade

PARIJS — „Dit is erger dan een hardrock koncert", kreunde een Britse journaliste, en ze had nochtans de leeftijd om zoiets te appreciëren. Als Belgische mode-ontwerpers in Parijs hun nieuwe kollekties tonen, mag je „toestanden" verwachten: opstootjes, vechtpartijen, en vooral veel gegadigden die het spektakel moeten missen bij gebrek aan plaats. En of het dan ook de moeite loont? Tot spijt van wie 't benijdt: Ann Demeulemeester is na een enquête bij internationale boetiekhouders opgeklommen tot de tweede plaats op de hitparade van de beste kollekties. Ze wordt nog alleen door Gaultier overklast. Martin Margiela is de tweede Belg: hij verslaat namen als Lacroix, Mugler, Gigli en Ozbek.

Die schitterende plaats op de mode-hitparade heeft een keerzijde: honderden inkopers en journalisten raakten niet binnen op de Belgische defilés.

Bij Margiela wilde het ons wel lukken, al had die aanloop naar het defilé iets van de weg naar Golgota. De lokatie was typisch Margiela. Eerder vorige week had een journalist van „Le Journal du Textile" zich al afgevraagd in welk vies en ontoegankelijk oord hij zich dit keer ging verstoppen. Het adres stond op een grote kartonnen letter K die in ons hotel lag te wachten. Maar heel vreemd, sommige kollega's hadden een ander adres? De uitleg was nog potsierlijker dan gewoonlijk: de lokatie werd gevormd door twee afgedankte paviljoenen van een ziekenhuis, met net over het muurtje het kerkhof van Montmartre.

Margiela-defilé: nieuw en recyclage. (foto Marc Cels)

De K gaf, zo bleek later, toegang tot de „witte" happening. En dat had toevallig niets te maken met de wit vertrokken gezichten van de bezoekers die opstootjes, schoppen, wankele omheiningen en onzichtbare niveauverschillen trotseerden om binnen te geraken, maar met de kleur van de kollektie.

Koncept

„Binnen" is overigens een relatief begrip met stukken zoldering die naar beneden komen, maar gelukkig regende het net niet. In een ruimte, niet veel groter dan twee normale woonkamers waren twee gangetjes uitgespaard met bruin pakpapier, en daarop zou „het" gebeuren. Ik durf het nauwelijks hardop zeggen voor al de sukkels die weer buiten bleven staan, maar ik heb alles goed gezien. En genoteerd dat Margiela vasthoudt aan een koncept dat al jaren duurt en dat eerlijk gezegd aan enige verandering toe is.

Akkoord, hij heeft vóór alle anderen de comeback van de hippie-look aangekondigd en zijn diagonaal gesneden maxi-rokken zijn nog altijd het mooiste wat op de modemarkt voor veel geld te kopen is, maar moet het per se met uitgerafelde naden, met recyclage van stukken goudbrokaat die duidelijk van de vlooienmarkt komen? En wat is de boodschap van een riempje rond een grote teen, om nog te zwijgen van de plateauschoenen die er nog altijd uitzien als bokkepootjes?

Gefopt

Margiela is natuurlijk nog veel meer: de lange jasjes worden vesten en daar gaat een voile over, de rug heeft nieuwe nepen rond de schouders, de revers zijn uit gerimpeld brokaat en zelfs uit witte dierehuid, een veiligheidsspeld houdt jasjes bij elkaar die, zoals in overigens alle kollekties, zonder bloes of beha worden gedragen. Een trui met rolkraag heeft aparte, losse mouwen, en er kan een mofje aan iedere hand. Ronduit fraai zijn de gebreide topjes met halternek die op de rug worden vastgebonden. En toch voel je je na afloop gefopt. Want om het nog wat spannender, warmer en akeliger te maken, liepen de gelegenheidsmannequins met brandende aanstekers rond. Bij iemand schoot een stukje van de pruik in brand en we vreesden even voor de flapperende witte wimpers maar alles bleef beperkt tot verschroeide vingers.

Minder vlot verliep het op het „zwarte" defilé waar de kleren zwart waren, de verlichting miniem en de chaos groot. In een nabijgelegen kroeg zat de internationale modepers na afloop nog te foeteren en dure eden te zweren: nooit zouden ze zich zoiets nog laten welgevallen...

Lieve HERTEN

1991 – 沃特·范·贝尔道克开启副线"W.&L.T."（Wild & Lethal Trash）。
—— – 薇洛妮克·勒鲁瓦在巴黎首次展示1991—1992春夏系列。
—— – 维姆·尼尔斯的首个女装系列：1992—1993春夏系列。

—— – 丽芙·范·高普的首个配饰系列。
—— – 西西莉亚·迪恩（Cecilia Dean）、詹姆斯·卡里亚多斯（James Kalardos）和史蒂芬·甘（Stephen Gan）创立《Visionaire》杂志。

—— – 汤姆·福特的Gucci首秀，展示1991—1992秋冬系列。
—— – 卡拉·索萨尼（Carla Sozzani）在米兰创立10 Corso Como，一个包括画廊、书店、餐厅的多品牌店。

Ann Demeulemeester，1992 年春夏系列

《标准报杂志》
（*De Standaard Magazine*）
1993.6.18

○

| 最后的试装

玛莎·凡·立普特（Marathe Van Leemput）
告别安特卫普时装学院

在安特卫普艺术学院的时装学院任教三十年后，今天，凡·立普特迎来了退休的日子。明天她将最后一次指导学生的试装。

“我还记得琳达·洛帕那年只有三个学生毕业，之后的一年只有一个。”凡·立普特见证了成百的学生来来去去：有她记不起名字的，有和她成为好朋友的，也有成为知名时装设计师的。她非常为她们自豪，并且自己也会穿他们的衣服。她认为是这些学生造就了安特卫普时尚的成功。“我多次帮助学生们做他们的系列，比如说沃特（范·贝尔道克）。我先帮他洗了成堆的盘子，然后我们再谈衣服。我还记得他的第二个系列，好多拉链，太美了！还有我们一起去意大利采风。我总是在那儿，我希望能够让他们保持动力。”

MODE

Dertig jaar gaf ze les aan de mode-afdeling van de Akademie van Antwerpen. Ze was erbij toen ontwerpers als Walter Van Beirendonck en Ann Demeulemeester hun eerste historisch kostuum prezenteerden. Ze was er ook bij toen de huidige 'chef' van die afdeling, Linda Loppa, eindeksamen deed. Vandaag gaat Van Leemput met pensioen. En morgenavond ziet ze voor het laatst een defilé van haar studenten.

Veerle Windels

„HET is toch nog goed gekomen, met die studente", zegt ze stilletjes. Marthe Van Leemput (65) zit aan een lange tafel in het mode-atelier van de Antwerpse Akademie tijdens de laatste pas van de tweedejaars. Naast haar hebben de andere proffen van de mode-afdeling plaatsgenomen: Walter Van Beirendonck, Walda Pairon, Nellie Nooren, Mia Schneiders, Anne Kurris en Linda Loppa. Vijf inderhaast bijeengezochte modellen zijn op het kleine podium in het atelier geklommen. De studenten staan zenuwachtig in een hoek. Een kwartier hebben ze de tijd om het voltallige lerarenkorps een laatste keer vóór het defilé hun kollektiestukken te laten zien. Van plastic, van leder, van katoen, met of zonder slogans, en vooral met accessoires: kettingen en plateauzolen zijn de suksesnummers van dit jaar.
„Ze zijn niet vies van veel werk", zegt Van Leemput, terwijl ze met een half oog de kollektie van tweedejaars Florence Cattedou bekijkt. „Ze werken veel op pop, hebben eigenlijk weinig opleiding in coupe gekregen; zeg nu zelf, hoe zet je zoiets in patroon? (*wijst naar het podium*) Gelukkig weten ze zich te redden, zoals ze dat later in het leven zullen moeten doen. Het zou echter gelogen zijn te zeggen dat ze zich in dat tweede jaar allemaal zeker van hun zaak voelen. De eerstejaars wordt gevraagd een avondkostuum en twee toiles te maken. Maar in het tweede jaar is al sprake van een kollektie van vijf stuks. Niet evident. Van de 28 studenten die in september aan het tweede jaar zijn begonnen, blijven er nog 22 over."

Marthe Van Leemput heeft jaren lang de tweedejaars geholpen bij het uitvoeren van hun historisch kostuum en hun eerste kollektie. Daarnaast sprong ze bij in het derde jaar; vroeger ook in het vierde jaar. „Maar het gebeurde wel vaker dat ook vierdejaars binnenliepen met een of andere vraag. Ooit deed ik zelfs het eerste jaar nog, maar dat was veel vroeger, toen er nog maar weinig studenten waren. Ik herinner me het jaar dat Linda Loppa afstudeerde. Ze waren met z'n drieën toen, en het jaar daarop was er zelfs maar één studente."

Van Leemput heeft in haar loopbaan enkele honderden studenten zien passeren. Mensen van wie ze zich de naam amper herinnert, mensen die intussen vrienden geworden zijn, mensen die door het leven gaan als beroemde mode-ontwerpers. Ze is er trots op, draagt ook hun kleren, maar beseft ten volle dat ze het zelf hebben waargemaakt.
Van Leemput: „Je krijgt met zoveel verschillende karakters te maken, je moet je vaak aanpassen. Maar ik hou er goede herinneringen aan over. Vrienden ook. Bij sommige studenten sta ik heel dicht, maar ik heb geprobeerd een zekere afstand in acht te nemen, ook al was dat niet altijd even gemakkelijk. Dit is niet zomaar een school, soms kom je een gat in de nacht bij je studenten binnenvallen. Ik herinner me die Gouden Spoel-wedstrijden. Meer dan eens hielp ik bij de uitvoering van de kollektie van onze studenten. Om één uur 's nachts kwamen ze nog binnenlopen met dingen die dringend gestikt moesten worden. Ik zei: jongens, ik kan niet meer, ik stop ermee. Maar ik deed telkens door. Bij Walter (*Van Beirendonck*) op kot bijvoorbeeld. Het eerste wat ik deed was de vaat, daarna kwamen de kleren. Ik herinner me overigens nog zijn tweedejaarskollektie. Veel ritsen, prachtig. Ik herinner me ook die tocht naar Italië, in motorhomes, met enkele pas afgestudeerden en hun eerste kollekties. Ik was overal bij, ik wilde hen stimuleren. Of ik erin geslaagd ben, weet ik niet. Ik heb vooral getracht hen te helpen."
„Dat jaar, dat ik dan ook maar dat van De Antwerpse Zes zal noemen, was fantastisch. Talent te over: Walter, Ann (*Demeulemeester*), Martin (*Margiela*) en De Lange (*ze bedoelt Dirk Bikkembergs*). Zoiets is nooit te voorzien. Het was gewoon een sterk jaar. Punt. En waarom heeft de ene meer sukses dan de andere? Draait het om talent? Om gevoel voor zaken doen? Ik herinner me nog dat Ann een week voor haar 'jury' al klaar was met haar kollektie; Walter pas de dag zelf. Maar dat wil niet zeggen dat één van de twee beter was. Of is."

In de oorlog was Van Leemput naar de akademie gekomen om er te tekenen. Halve dagen. Later volgde ze modetekenen, in avondschool. Daarover is ze kort: het stelde weinig voor, een pop natekenen, in houtskool of in akwarel. Op haar 35ste wilde ze opnieuw naar de akademie. Ze was zelf nog studente toen ze door Mary Prijot gevraagd werd om te helpen in het atelier.
„Ik ben hier begonnen, zonder evenwel te weten dat ik hier dertig jaar zou blijven", zegt Van Leemput. „Met Mary klikte het meteen. Er is dikwijls gezegd dat ik door haar betutteld werd, maar dat is niet waar. Mary was een moeilijke, autoritaire vrouw, maar we waren vriendinnen. We gingen samen uit, wisselden zelfs onze garderobe uit. Mary had iemand nodig om haar te helpen bij de uitvoering van de silhouetten van de studenten. Het was de tijd dat de mode-afdeling weinig meer inhield dan modetekenen, dat er van shows geen sprake was. We kochten een naaimachientje, tweedehands, amper tweehonderd frank kostte het, maar toenmalig direkteur Mark Macken wou het niet vergoeden. Toon maar eens wat ge kunt, zei hij."
„Die eerste shows waren ongelooflijk. Zonder muziek. Zonder mannequins. In de refter. Ik was met Mary eens gaan kijken naar de Elisabethzaal, en leerde daar een zekere Vanhecke kennen, een man die in die tijd shows organizeerde en het Belgische mannequinwereldje goed kende. En zo is dat stilletjesaan gegroeid, van de refter naar de lange zaal. Bloedheet was het daar in de zomer; de mannequins waren drijfnat van het zweet. Tot overmaat van ramp kon er

Marthe Van Leemput neemt

DE LAA

Foto Patrick De Spiegelaere

DS *MAGAZINE* 18 juni 1993 — 24

1991 – 道格拉斯·柯普兰（Douglas Coupland）：小说《X世代》（*Generation X*）。
—— – 布莱特·伊斯顿·埃利斯（Bret Easton Ellis）：小说《美国精神病》（*American Psycho*）。
—— – Massive Attack 专辑《Blue Lines》。
—— – 阿莱克·凯西西恩（Alek Keshishian）：纪录片《与麦当娜同床》（*In Bed with Madonna*）。
—— – 海湾战争。
1992 – ITCB（比利时纺织时装协会）关闭。
—— – 沃特·范·贝尔道克：W.&L.T. 和 Mustang 合作。
—— – 鲁瑟拉勒媒体集团（Roularta）接手“时尚：这就是比利时”项目。
—— – 大卫·凡迪沃、彼得·德·波特（Peter De Potter）和朱利吉·帕森斯从学院毕业。
—— – 马克·雅可布为纪念佩里·埃利斯的 Grunge 系列。

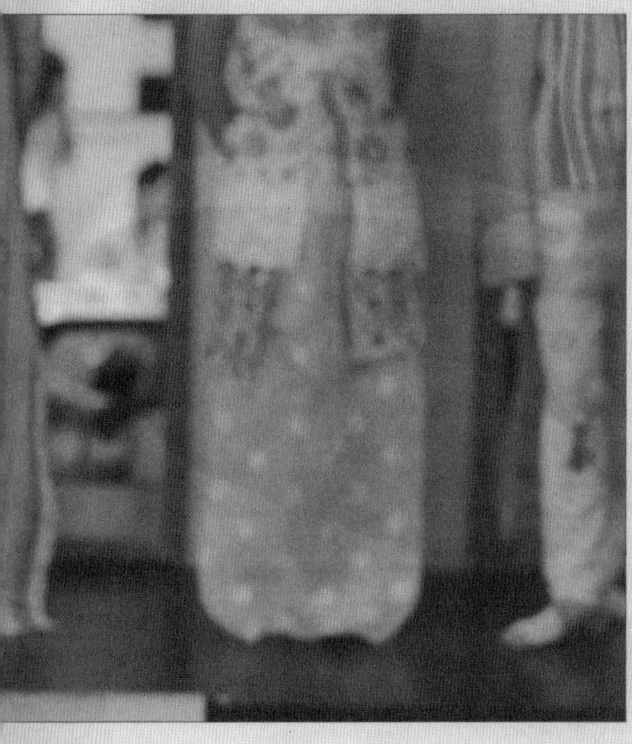

en daardoor is de afstand tussen mij en de studenten toch groter geworden".

„Maar het grootste verschil met vroeger is wel het grote aantal studenten dat de voorbije jaren mode is gaan studeren. En ze kunnen niet allemaal ontwerper worden. Na een jurering zijn we nooit volmaakt gelukkig. Ik blijf dat verschrikkelijk vinden — iemand laten zakken. Enkele jaren geleden hadden we maar liefst over de honderd inschrijvingen voor het toelatingseksamen. Zestig zijn er binnengeraakt, maar van die zestig zijn er nog gesneuveld. We zijn streng: zelfs in het tweede en het derde jaar is het mogelijk dat studenten zakken. Er kunnen moeilijk elk jaar twintig mode-ontwerpers afstuderen. Want waar kunnen die terecht? Het blijft knokken, ook al is er nu bij fabrikanten meer plaats dan vroeger. Anderzijds ben ik ervan overtuigd dat iemand die het aan een akademie niet maakt, toch nog kansen heeft in het milieu."

Even gaat het over de enorme druk die op de laatstejaarsstudenten rust. Nu Demeulemeester, Van Noten en Margiela het internationale modecircuit op zijn kop zetten, kan het niet anders of de hele wereld kijkt toe, speurend naar potentiële opvolgers. „Weten we", zegt Van Leemput, „maar worden in de meeste branches niet steeds

„WE ZIJN STRENG. ER KUNNEN MOEILIJK ELK JAAR TWINTIG MODE-ONTWERPERS AFSTUDEREN. WANT WAAR KUNNEN DIE TERECHT?"

ook maar vijfhonderd man binnen, het zat er steevast stampvol. Walter en Dries (*Van Noten*) gingen in die tijd al kijken naar de shows van de grote namen in Parijs. Onze defilés vonden ze allicht maar een boeltje. Een goede vijf jaar geleden konden we dan gaan defileren in de Handelsbeurs. En dat is onze vaste stek gebleven."

WAT de mode-afdeling van de Antwerpse Akademie vandaag is, heeft zeker en vast te maken met de entoesiaste stimulans van Van Leemput. Niet alleen was zij de drijvende kracht achter heel veel initiatieven; zij was het ook die onder meer Linda Loppa en Walter Van Beirendonck in huis haalde.

„Toen Prijot wegging, wisten we dat we er iemand bij moesten hebben. We wilden proffen die er meer van wisten dan wij. Mensen die het vak van de andere kant kenden. We dachten aan Fred Debouvry, de man die nu de mannenkollektie van Andres en Hampton Bays ontwerpt. Hij wilde het eerst wel doen, maar haakte uiteindelijk af. Daarna vroeg ik of Linda Loppa eventueel interesse zou hebben. Zij zei ja, maar haar vader was niet onverdeeld gelukkig: ze verkocht toen kleren in zijn winkel in de Quellinstraat, en hij wilde wel weten hoeveel uren ze in die akademie zou moeten spenderen. Van Walter wist ik dat hij het wilde doen. Toen Josette Janssens overleed, ben ik het hem onmiddellijk gaan vragen."

Er komen enkele mannequins het atelier binnengelopen. Ze laten hun fotomap zien aan Walter Van Beirendonck, die met hen de uren en de gages afspreekt. Intussen komt weer een tweedejaarsstudente haar vijf silhouetten voorstellen. „Het is toch afgemaakt", fluistert Marthe me in het oor. Ik vraag of de studenten nu kreatiever zijn dan vroeger. Of ze het vak met andere ogen bekijken. En hogere verwachtingen koesteren. „Is de jeugd veranderd? Ik zou het niet weten." Veel is er niet veranderd met de jaren, zegt ze, „ik ben verouderd, dat wel, hogere eisen gesteld? Ik heb ook vragen als ik mijn kleinkinderen zie opgroeien. Hoe zullen die later aan de bak komen? Anderzijds kan onze Akademie alleen maar veeleisend zijn om de toekomst van velen enigszins te verzekeren. Om die reden hebben we bijvoorbeeld het aantal silhouetten in het vierde jaar opgetrokken van acht naar twaalf. Maar er zijn studenten die vijftien of zelfs meer silhouetten maken. Dat doen ze dus zichzelf aan."

De fotograaf wil nog enkele portretten maken. „Geen close-ups", zegt Van Leemput verontschuldigend. „Daar ben ik te oud voor geworden." Ze lacht uitbundig. Dan, met een blik die boekdelen spreekt: „Het hele jaar al wordt me gezegd dat het nu de laatste keer is. De laatste pas. Het laatste defilé. Ik ben de enige die zich dat maar niet realizeert."

Het defilé van de mode-afdeling van de Antwerpse Akademie vindt plaats op vrijdag 18 en zaterdag 19 juni. Telkens om 20 uur, in het pakhuis Sint-Felix aan de Oude Leeuwenrui in Antwerpen. Een uitzondering op de traditie, omdat daar dit jaar in het kader van Antwerpen 93 mode-installaties te zien zijn.

☆

cheid van de Antwerpse mode-akademie

TSTE PAS

25

DS *MAGAZINE* 18 juni 1993

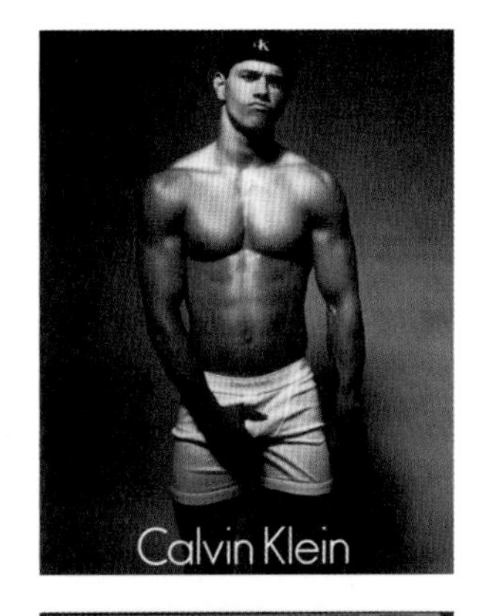

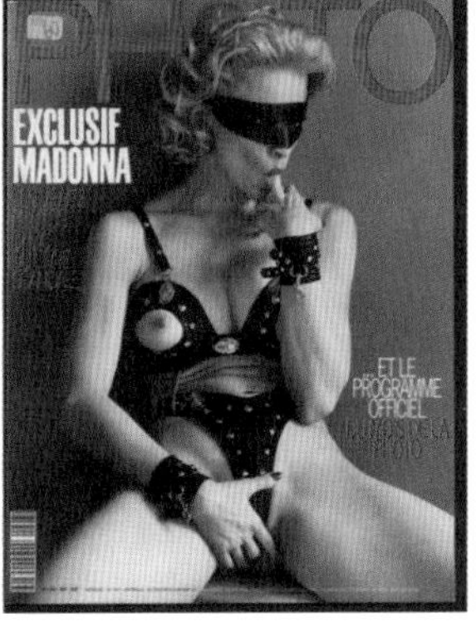

1992 – 马克·沃尔伯格（Marky Mark）为 Calvin Klein 拍摄广告。（见右上图）
—— – 彼得·林德伯格拍摄伊娃琳达·伊万格丽斯塔（Linda Evangelista）登上《Harper's Bazaar》杂志。
—— – 柯伦·戴尔与造型师梅拉妮·沃德（Melanie Ward）合作登上《The Face》杂志。
—— – H&M 登陆比利时。
—— – 渡边淳弥个人品牌 Junya Watanabe 在东京首秀。
—— – 麦当娜出版《性书》（*Sex*）。（见右下图）
—— – 艺术家达明恩·赫斯特（Damien Hirst）获得“透纳奖（Turner Prize）”。
—— – 电视剧《荒唐阿姨》（*Absolutely Fabulous*）在 BBC 首播。
—— – 扬·霍特策展第九届“卡塞尔文献展”（Documenta IX）。

Sunday, July 25, 1993

Styles of The Times

Coming Apart

A rebellion against the embellished 80's, deconstructionist fashion is poised to go mainstream. But its founders are looking beyond it.

No more gilt: In October 1989, Martin Margiela, above, changed fashion forever with the jacket at left. (Yes, it's ready to wear — the sleeve ties onto your arm.)

By AMY M. SPINDLER

THE wire hanger was vibrating like a sewing machine in with the jacket at left. (Yes, it's ready to wear — the sleeve ties onto your arm.)

By AMY M. SPINDLER

THE wire hanger was vibrating like a sewing machine in the trembling hand of Hans Schreiber. Dancing joltingly from it was a pearly transparent dress with swatches of fabric sewn to it like so many wads of cotton on shaving cuts.

After four years of studying cut, draping, anatomy, drawing, marketing and design at one of Europe's most prestigious fashion schools, the Royal Academy of Fine Arts in Antwerp, Belgium, Mr. Schreiber was presenting his pieces to a jury last month. The judges included Jean-Paul Gaultier, France's leading avant-garde designer, who is credited with discovering the academy's most notorious graduate, Martin Margiela.

Mr. Margiela is the reluctant leader of a revolutionary movement in fashion, deconstructionism, that has permeated everything from haute couture to street dressing.

The jury had not gathered only to see the work of Mr. Schreiber and his classmates. In the same building, there was a retrospective of 30 years of fashion design from graduates of the academy. Archives lie along the log-planked floors of the warehouse chosen for the show, a dank building with stone stairwells and iron pillars.

Fittingly, it looks like a place where fashion might crawl to die.

The academy was the training ground for deconstructionism — the end of fashion as we know it — and three of its graduates, Mr. Margiela, Ann Demeulemeester and Dries van Noten, were the star pupils. Mr. Margiela graduated first, in 1980, followed the next year by Ms. Demeulemeester and Mr. van Noten. Their subsequent successes ruptured the close-knit cabal of the fashion

Continued on Page 9

WHAT IS DECONSTRUCTIONISM, ANYWAY?

ORIGINS: The term first described a movement in literary analysis in the mid-20th century, founded by the French philosopher Jacques Derrida. It was a backlash against staid literary analysis, arguing that no work can have a fixed meaning, based on the complexity of language and usage.

SO WHAT DOES THAT HAVE TO DO WITH FASHION? The Oxford English Dictionary defines deconstruction as "the action of undoing the construction of a thing." So not only does that mean that jacket linings, for example, can be on the outside or sleeves detached, but the function of the piece itself is reimagined. The term as applied to fashion was first coined by Bill Cunningham in Details magazine in 1989, and, he said, "it stuck."

PIVOTAL MOMENT: Martin Margiela's show in a vacant lot in Paris in October '89 for spring '90. It was the cusp of the new decade, and he saw such relevance in that moment that he plastered "90" on his fashion pieces. With that clear statement, finally, press and buyers fully understood

Continued on Page 9

BANDA TILL YOU DROP
In Los Angeles, the strong Mexican beat of banda, with its big-band music and industrial-strength dancing, is even sweeping gang members to their feet.
PAGE 5.

EH?
The overt covert earphone is the Secret Service lifeline. Batteries and whisper not included.
THING, PAGE 8.

MORMON SECRETS
Deborah Laake says she didn't mean to hurt the church, but her memoir has created an uproar.
PAGE 8.

THE NEW YORK TIMES, SUNDAY, JULY 25, 1993 V 9

Coming Apart

Continued From Page 1

establishment in Paris, shoving Antwerp — and the academy — into the forefront.

Deconstructionist designs, with their unfinished seams and practiced plainness, were initially considered antifashion, a satire of couture values.

They're a bit more complicated than that. Antwerp's fledgling designers would scurry to Paris during runway seasons, begging, borrowing and copying invitations to get into the shows and see what the future held for them. They witnessed the emergence of Mr. Gaultier and the rise of Rei Kawakubo and Yohji Yamamoto.

And they saw every excess of the '80s played out on runways and in the streets of Paris. The power suits. The gold buttons. The designer logos plastered on everything. The whole haute couture opera, with Brünnhilde trussed up in embroidery, clacking beads and drapery velvet. And the international press, running around with thesauruses to find one more word synonymous with gilt.

A satire would have been redundant. If that was the future of fashion, few of the academy group wanted it.

As a backlash against established 80's excesses — and tempered by the influence of Mr. Gaultier and the Japanese designers — a new style was born. It was one that offered a sort of asbestos suit against the bonfire of the vanities.

Still, it owed much of its success to a decidedly 80's phenomenon: marketing. The Antwerp designers emerged when the Belgium Government wanted to push its fashion industry and helped finance showings of the school's work in places like Brussels, Paris, Tokyo and London.

WITHOUT abandoning any of their rigorous training, the three young designers set about creating clothes that would not overwhelm the wearer. Clothes that didn't seem oblivious of the realities of an often unhappy world.

Each of the Belgians pursues that end in a different way: Mr. Margiela with a vengeance, Ms. Demeulemeester with femininity and Mr. van Noten with studied simplicity. And now, right when the civilized world is ready to embrace the Belgians, the founders of the movement have tired of the association. (It's even been parodied in a magazine produced by one of their classmates in which the group is called the Antwerps.) The Belgian movement is dead, its founders say emphatically; they want to be considered as individuals.

Yet, the unspoken question hovered over the jury room in Antwerp: Could the round-spectacled Mr. Schreiber lead another uprising?

The 15 jury members included representatives from three of fashion's most influential stores — Amanda Verdan of Harvey Nichols in London, Maria Luisa Poumaillou of Maria Luisa in Paris and Barbara Weiser of Charivari in New York.

Charivari is selling more Belgian fashion than Italian. "What's important to the movement is that it's a change of consciousness of what is appropriate and what constitutes an outfit," said Ms. Weiser, who has been buying it from the outset. "Maybe it has to do with women no longer having to define themselves in terms of work models. It's not a question of a particular trend, or identifying with a particular social group."

What drew these high-powered retailers to Antwerp is partly a search for the roots of Mr. Margiela's complex movement and partly the hope that if the last revolution started here, the next might as well.

It was a revolution. And a bloody one at that. Mr. Margiela's first show was in a Paris parking garage. Models had blackened eyes, wan faces. They walked through red paint and left gory footprints across white paper. Mr. Margiela used the footprinted paper to make his next collection.

In his anger against what too much money and too little imagination had done to his art form, Mr. Margiela recycled thrown-away clothes, disemboweled his perfectly cut jackets and wrapped bright blue garbage bags around the clothes he made.

"Instead of killing fashion, which is what some thought he was doing," Ms. Poumaillou said, "he was making an apology."

Before Mr. Margiela, Ms. Demeulemeester and Mr. van Noten emerged from the Royal Academy, Belgium was for chocolates.

"In every era," Ms. Verdan said, "there is a right look of the moment that comes from a different place. In the 70's, Italy had Missoni, Krizia and Versace. In the 80's, Paris was for the power suit with Chanel, Mugler and Montana. A fashion movement is a mutation. Why Antwerp? Who knows? Like the Cubist movement, which affected all the painters in Paris, was it something in the air?"

ABOVE Martin Margiela's transparent, pieced dress, above, from his pivotal 1989 show, held among the ruins of a demolished building.

What was in this air was mostly the demand for discipline from one exceptional teacher, Mary Prijot, the stern Miss Jean Brodie figure who founded, fought for and ruled the academy's fashion program for most of its life. She retired in her prime, the year after her star pupils graduated, in 1982. "I must say that was the best group I ever had," she said. "Sorry for the others, but I'm talking about the group."

Her Antwerp apartment, in a 16th-century Flemish building, is a private archive of her protegés.

A sketch Mr. Margiela made of Mrs. Prijot is framed on the wall. His rolling script highlights details that are present today: antique Ethiopian ring. Red lipstick. Silver hair. Gold chain. Nail polish.

"Belgium is a great exporter of fabric," Mrs. Prijot said, "and I said, if we make it, we can use it." Her imprint is visible in her students' work, in the meticulous, flawless cuts she demanded. "You've got to know the traditional before you can play with it," she said. "You must know your ABC's. When a costume isn't good, I see the faults. Of course, it begins with talent. You must have a gift, a vision of things. Martin was strong from the beginning. Dries had many qualities you could feel. Ann was a very good drawer. One day she said, 'You're always criticizing,' and I said, 'Yes. It's my job.'"

Mrs. Prijot's ideal is the work of Coco Chanel. "Chanel invented fashion," she said. "Everything she did was perfect, the lines, the proportions, the equilibrium of the clothes. All is in place."

Mr. van Noten said: "Madame Prijot thought there was only one good designer, and that was Chanel. And only one nice haircut, and that was a chignon." When Ann Demeulemeester would come to class with her hair down, Mrs. Prijot would send her to put it up. "I think that was a big part of our creativity, later," Mr. van Noten said, "fighting against her strength to do what we believed."

He is the only one of his classmates to serve on the students' jury, and there is a prophet-without-honor-in-his-own-country aspect to the way the boyish designer is treated at home. In Paris, groupies throng his shows. Here, it is Mr. Gaultier who is asked for autographs.

Mr. van Noten's style has been called Amish. Going from Jesuit school to the academy, he has strong personal reasons for that austerity. But he finds a historical one as well. "Fashion 12 years ago had a completely different attitude," he said. "We came out of school in 1981, with Montana and Mugler. Fashion was all about glamour. It was a completely different world, with bigger shoulders."

He considered for a moment, then added: "There was this feeling that it had to stop at some point. Something real had to happen."

When Ann Demeulemeester was 16, she and her small-town sweetheart, Patrick Robyn, a photographer, fell in love with a house in a suburb outside Antwerp and through a magical series of events bought it soon afterward. It was designed by Le Corbusier, and the private, introspective Ms. Demeulemeester loves it in spite of that high-profile image. It is one of the reasons she stays in Antwerp, as does Mr. van Noten. But she fights against being labeled an Antwerp designer.

"Now everyone is trying to develop his own thing," she said. "Our tastes are very different, in fact. I never see the others. I have nothing to do with the academy. I am an individual. My house is here, and I feel protected."

A tree grows in her studio, which was an artist's atelier when it was built. When Ms. Demeulemeester and her husband first moved in, rain leaked through the roof. "I didn't care," she said. "A beautiful design makes a beautiful ruin. It's the same thing for clothing.

"You never get anything for free. Coming from this country, with no fashion tradition, we had to prove a lot. It's really a miracle that we're here. The problem now for the new students may be that after Martin, Dries and I, people expect to find a certain level of design here."

That is an understatement. And it is the sort of association with Antwerp that Mr. Margiela hoped to sever, from the time he got up nerve to contact Jean-Paul Gaultier for work in Paris. Mr. Gaultier had judged a student contest Mr. Margiela had entered.

Mr. Gaultier hired the young designer as a design assistant. "I didn't need a design assistant," Mr. Gaultier said. "And he said, 'I don't care, I'll be your secretarial assistant.' He became in charge of the commercial collection. I could see his strength. And I said, what are you doing here, you could do something incredible."

IN his workroom in Paris, surrounded by racks of his clothes covered by white muslin, Mr. Margiela talks quietly over the constant tapping of a sewing machine. This is not the typical designer's lair, papered with pictures of faraway places for inspiration. He does not mine other cultures for inspiration; he mines fashion.

But he does have an archive, a plankboard closet stuffed with clothes: the severed sleeves from his first season, each tiny button at the medieval cuffs unique. The jacket that is now his signature, with its tidy puckered sleeve molded to the shoulder. The first crisp cotton shirt tied with linen laces. His history is stored in boxes of photos, meticulously marked with the year and season. The models, hair parted like drawn drapes, look as if they could pose for tarot card illustrations.

"I'm interested in the entire culture of fashion," he said. "But I'm not interested in taking one moment of history and copying it. Commercial stuff is always in themes. That was one of the details no one could understand in the beginning. There was no theme. And they'd ask, are those long dresses for evening?"

There are those who liken the effect Mr. Margiela will eventually have on cut and shape to that of Chanel's effect in her day.

"Madame Prijot had certain ideas, and I had others about this thing called fashion. I don't know what she said to you about me, but I know she doesn't think much of what I'm doing."

In fact, she had said she thought Mr. Margiela would someday return to the style of Chanel and stop following the "siren song of publicity." But, she added, "He succeeds, because he dares."

Mr. Margiela and his partner, Jenny Mierens, spent a year developing what would be "Margiela," from the blank white labels on the clothes to the urban combat zone locations of the shows.

He met Ms. Mierens when she was organizing shows for Yohji Yamamoto and Comme des Garçons in Brussels. And he leaves no doubt that nothing in his career has been accidental, or luck. "It was very important to come to Paris," he said, "because here, I could feel free. Belgium is a small country. I felt that I needed a bigger space, and distance. Someplace to work alone and express myself without barriers. I wanted to detach from Belgium and all the good and bad things that happened there."

He said that the first show brought strange reactions, or no reactions. "We were working one year, and wanted a concept," he continued. "It's a big word, but if you see what happened afterward, after five years, I think we can call it that."

What Mr. Margiela brings from the academy more than anything is his cutting technique, which is legendary among his teachers. And what has he left behind for the academy? The same thing that Mr. van Noten and Ms. Demeulemeester have left: the intimidating specter of their success.

Back in Antwerp, in the jury room, points are being given to the students. Mr. Schreiber is on the verge of something called Highest Honors. A few points extra, which the jury can award, will win him that.

"What is this high honors?" Mr. Gaultier said to the other jurors. "Look, Martin never had it. Dries never had it. Ann never had it. Should he have what they never had?"

The vote went against Mr. Schreiber; none of the students was granted Highest Honors.

Perhaps no one leaving the academy will be allowed to surpass the level set 12 years ago. And Mr. Margiela, Ms. Demeulemeester and Mr. van Noten have become the new icons to rebel against. They are the Chanel standard, for future graduating classes.

ABOVE Dries van Noten at the Royal Academy of Fine Arts student runway show, where he served on the jury.

LEFT A tattered-hem skirt from Mr. van Noten's collection shown in Paris in March.

ABOVE Ann Demeulemeester, left, with a model at her 1990 Paris show.

LEFT Crinkled fabric and linen laces close a crisp, long white shirt from Ms. Demeulemeester's March 1993 collection.

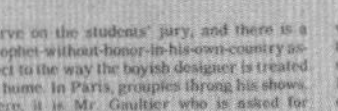

Photographs by Bill Cunningham for The New York Times

DECONSTRUCTIONISM: ALTERATION REQUIRED

Continued From Page 1

that deconstructionism had arrived.

SARTORIAL FAMILY TREE: Comme des Garçons' Rei Kawakubo is mom; Jean-Paul Gaultier is dad. Mr. Margiela is the favored son. And Coco Chanel is that distant relative everyone dreads a visit from, but once she's in town, realizes they have a lot in common after all.

WHAT TO LOOK FOR: Linen laces to close jackets and to cinch waists. Crisp white shirts. Asymmetrical cuts. Unfinished hems. Ad-hoc empire waistlines, made with thin belts. Recycled pieces. Perfectly fit shoulders, but loose in form. Elongated sleeves or trouser legs. Exaggerated cuffs. Fabrics that are crinkled, folded, fringed or pulled apart.

SEX QUOTIENT: Singularly noncommittal. Not loose, not tight, not androgynous, not studiously sexy, not even studiously monastic. The wearer brings the attitude.

GEOGRAPHY: Born in, raised in and rebelling against one place: Belgium. Mr. Margiela believes a link is that all the designers are from the north. "We're completely different from Italian and French designers."

WEIRD CYCLICAL NATURE OF FASHION: Karl Lagerfeld borrows from deconstructionism for his haute couture collection, leaving the ladies feeling breathlessly avant-garde with a bit of tattered tulle. This, in turn, leads to new respect for the Belgians.

PARALLEL MOVEMENTS: In art, the heavy social critiques in this year's Whitney biennial. In theater, Peter Sellars's direction of traditional works. In dance, Saburo Teshigawara's noise dance at the Brooklyn Academy of Music. In architecture, "The Decon Seven": Peter Eisenman, Frank Gehry, Zaha Hadid, Rem Koolhaas, Daniel Libeskind, Bernard Tschumi and the Coop Himmelblau firm.

《纽约时报》

(The New York Times)

1993.7.25

▢

| 大厦的崩塌

这群初出茅庐的安特卫普设计师们之前会在巴黎时装季四处奔走，使尽浑身解数，用尽祈求、借用或是复制的办法，只为求得一张邀请函，得以一窥时尚的未来。他们亲眼见证了高缇耶、川久保玲、山本耀司的崛起，以及 20 世纪 80 年代不管是在伸展台还是在巴黎街头浮夸时尚的沉浮。

一方面他们极力反对 20 世纪 80 年代浮夸的时尚，另一方面在高缇耶和日本设计师们的影响下，他们创造了一种新的风格。他们通过回归质朴来反抗时尚的虚荣。

Style rides the crest of a New Wave

Northern Europe is now the breeding ground for imaginative designers, writes **Seta Niland**

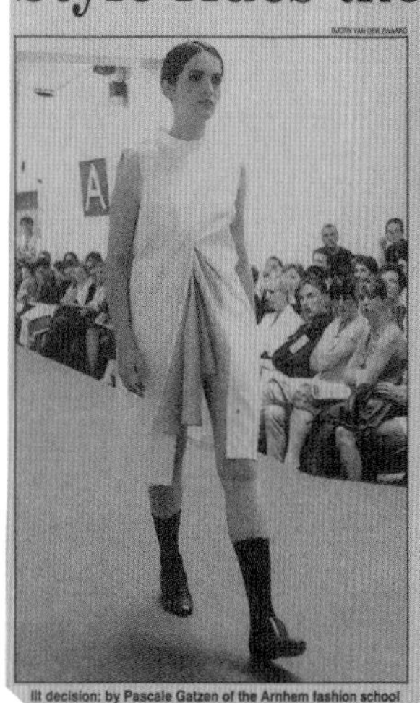

...lit decision: by Pascale Gatzen of the Arnhem fashion school

THE names that appear on the judges' panel read like a *Who's Who* of the fashion world — from Paris' perennial bad boy, Jean-Paul Gaultier and rising Belgian star Dries van Noten, to top-notch fashion retailers such as Maria Luisa of Italy and Charivari of New York. This eclectic bunch will converge on Antwerp at the end of this month for the graduate fashion awards of the city's Royal Academy of Fine Arts.

The stature of the Antwerp Academy is at an all-time high. Students hoping to enrol in its prestigious fashion degree course are put on a growing waiting list before they take rigorous entry tests. Its most famous ex-students, Anne Demeulemeester, Martin Margiela, Dirk Bikkembergs and Dries van Noten now command centre stage in international fashion.

It is primarily this cluster of designers which has so far provided a fresh initiative for 1990s style when all else appeared bankrupt.

Heralded by buyers and press as the hotbed of European talent, Antwerp is the blueprint for fashion training today.

The rise of previously unknown countries like Belgium, Holland, Germany and Austria marks a turning point for the industry.

In fashion terms it is known as the North European New Wave and its success amounts to a mix of talent and training. Linda Loppa, fashion director at the Antwerp Academy says: "We focus totally on creativity."

Fashion, according to Loppa, is an art before it is a business. Her philosophy is shared by the rest of Europe's leading fashion colleges.

At the Hoogeschool in Arnhem, Holland, students pursue a vigorous exercise in fashion aesthetics for four years. Alongside the rudiments of design like pattern cutting, students study European art history, language, and visit costume museums such as Kensington Palace in London. A mandatory year out of the four-year degree course gives students an opportunity to experience the realities of large organisations.

Some colleges, like the Rijkshoogeschool in Maastricht, insist on a completed apprenticeship in commerce.

The primary aim, however, is to train students to produce fashion collections from a cultural and artistic viewpoint. Most fashion schools feel that the way to achieve this is to involve successful working designers with the teaching process.

Avant-garde British style guru Vivienne Westwood joins German menswear designer Wolfgang Joop at the Berlin School this month for a series of lectures. Joop is also sponsoring the MA Menswear degree at the Royal College of Arts, London.

British designers are particularly popular with the best of Europe's fashion colleges. Linda Loppa of the Antwerp Academy says: "Most of our students identify closely with British designers like Westwood.

"They, more than the Italians or the French, refuse to compromise their designs and, like us, they do not receive substantial government funding for fashion training."

Another avenue that many European colleges are keen to support is the inter-design exchange programmes across Europe.

The Ecole des Arts Appliqués Duperre in Paris is twinned with London's St Martins. The Hochschule Der Kunste in Berlin has just initiated an exchange system known as The Erasmus Programme, with colleges in Belgium, Britain, France, and Italy.

Walter van Bierendonck, eminent Belgian avant-garde designer, and a lecturer at the Antwerp Academy, describes the new breed of 1990s fashion graduate: "You have to be able to operate on all creative levels. Graduates realise that to succeed today you have to have many fingers in the fashion pie. It helps your work to be able to see all the layers of fashion."

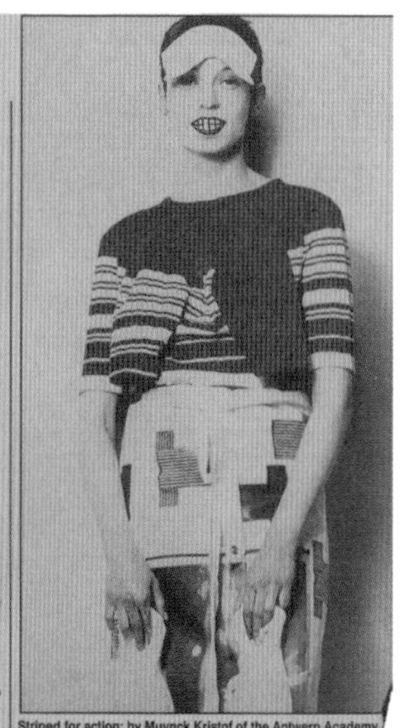

Striped for action: by Muynck Kristof of the Antwerp Academy

《The European》杂志
1993.6.4

○

| 时尚登上新浪潮顶端

巴黎“坏小子”让·保罗·高缇耶和比利时新星德雷斯·范·诺登是时下时尚圈中最炙手可热的名字，得到包括意大利 Maria Luisa 和纽约的 Charivari 等全球零售商的追捧。而现在所有人都非常关注这个月底即将在安特卫普皇家艺术学院举行的毕业时装秀。

这群来自欧洲的青年才俊受到世界各地买手和媒体的追捧，这也让安特卫普成为时尚专业训练的未来。而像比利时、荷兰、德国和奥地利这样从前在时尚界默默无闻的国家的崛起，标志着这个行业的一个重要转折点，在时尚圈里，人们称之为“欧洲新浪潮”。而这股新浪潮的成功无疑是才华和训练的结果。安特卫普艺术学院时尚学院院长琳达·洛帕表示：“我们把重点完全放在创造力上。”

1993 －“安特卫普’93”：欧洲文化首都：安特卫普学院毕业时装秀、毕业展览、《Lux》杂志。
—— －德雷斯·范·诺登的首个女装产品线：1994 春夏系列。
—— －德克·毕盖帕克设计女装系列：1993—1994 秋冬系列。
—— －时尚协会“Modo Bruxellae”成立。
—— －奥利维尔·里佐、彼得·菲利普、艾瑞克·费尔东克、萨拉·蔻瑞尼和芙烈达·狄盖特从学院毕业。
—— －荷兰设计师 Viktor & Rolf 获得法国“Hyères”时装竞赛大奖。

Dries Van Noten，1994 春夏系列

10 Zaterdag 28, zondag 29 augustus 1993 — MODE

Stapelhuis omgetoverd tot modekatedraal

Walter Van Beirendonck viert einde van modeprojekt Antwerpen 93

Van onze verslaggever

Met Isabelle A en The Dinky Toys in exuberante outfit van Walter Van Beirendonck werd donderdagnacht het modeprojekt van Antwerpen 93 uitgefuift. Van Beirendonck (36), de rebel van de wereldbefaamde Zes van Antwerpen, mocht het Sint-Felix Stapelhuis nog eens omtoveren tot een katedraal van mode. Licht, kleur, lef en filozofie stuurde hij in een wervelende, ritmische tocht over de catwalk.

De lange wachttijd aan de ingang van het beschermde stapelhuis aan de Oude Leeuwenrui in Antwerpen nam wat te veel Parijse couture-allures aan, maar dat kon het feest niet bederven. Want niet alleen de schreeuwerige „fashion victims", de herkenbare slachtoffers van trends, maar ook fans en nieuwsgierigen wachtten geduldig op een rondleiding door Walter's Wondere Wereld!.

Het werd een drukte van jewelste op alle verdiepingen van het stapelhuis dat door licht- en andere effekten op een katedraal ging lijken. Op de tweede verdieping kon men nog eens de tentoonstelling van de dertigjarige mode-afdeling van de Antwerpse Akademie en de andere „installaties" bekijken.

Op de eerste verdieping had Walter Van Beirendonck zijn Wondere Wereld geïnstalleerd: „Souvenirs of the World", de truien (in grote ballons) van de winterkollektie 1993-'94, en „Robinet d'Amour-/Labours of Love", de zomerkollektie van 1994. In de coulissen nam modefotograaf Ronald Stoops „live" foto's van de mannequins die zich opmaakten voor het defilé.

Een „gewone" mannequin.

De outfit begint bij de fraaie schedel.

Wonderlijk

Dat defilé was het hoogtepunt van de avond. Op de eerste verdieping van het negentiende-eeuwse pakhuis kreeg de stoere houten vloer een blanke catwalk aangemeten en de muziek en de belichting deden de rest. De bezoekers werden ondergedompeld in een aangename, warme sfeer, die het midden hield tussen een gezellige Kerstmis binnen terwijl het buiten sneeuwt en een diskoteek uit de jaren zeventig. Walter's Wondere Wereld!, inderdaad.

Pas goed wonderlijk werd het toen de „mannequins" zich tussen het publiek waagden. „Mannequins", mét aanhalingstekens, want Walter Van Beirendonck selekteerde deze „gewone" mensen vorige week tijdens een auditie met een 250-tal kandidaten. Het was verfrissend te zien hoe zij de kleren de nodige sympatieke draai gaven.

Alle maten, gewichten, kleuren, rassen, leeftijden en geslachten (het leken er meer dan twee) waren er. Echt zwanger of gewoon dik. Bodybuilders en efeben. Jongens, vrijgezellen, papa's en opa's. Meisjes, dames, mama's en oma's. Kinderen en de hond. Allemaal werden ze door Van Beirendonck in lekker opzichtige en geschifte kleren gestopt.

In minder dan een uur showden ze de zomerkollektie 1994 van Wild And Lethal Trash, kortweg W.&L.T.!, een prijsvriendelijke, commerciële lijn voor het jonge publiek die Van Beirendonck nu voor het eerst samen met jeansfabrikant Mustang Italia produceert. Mustang zorgt voor de distributie in Europa.

De inspiratie haalt Van Beirendonck in India, niet de softe look van de Engelse kolonialisten ter plekke, maar het kitscherige India van prints en filmprenten. En voor de rest: „knalharde muziek, lekker doorzakken, tattoo-kultuur, piercing, body-painting en make-up en vooral een grote dosis lef".

Dat geeft schitterende resultaten: luide kleuren overdadig gekombineerd, t-shirts met al even luide boodschappen (F*** the PAST, kiss the FUTURE! of Take me tiger), overalls, petten en mutsen, collants, wikkels over eigenzinnige jeans, sigarenbanden en kleine Elvisjes, ingewikkelde truien, bizarre accessoires.

Te kombineren met etnische kledingstukken, leger- en werkkledij. De body-painting nam merkwaardige vormen aan: blauwe gezichten, een nek en een stoere borst van bladgoud of -zilver, een groene oorrand, tot drukke t-shirts met een doorkijk op een druk beschilderde borst.

Van Beirendonck was de perfekte uitsmijter voor het modeprojekt van Antwerpen 93, want het feest nadien volgde gestroomlijnd uit wat op de catwalk werd getoond. Een deel van Walters filozofie in de praktijk gebracht. The Dinky Toys, die Van Beirenonck dragen, gaven een live-optreden weg en Isabelle A was hun gast, zoals ze ook even in het defilé tussen de andere „gewone mannequins" kwam wandelen.

Peter JACOBS
Foto's: Marc CELS

Terug naar school in zelf gekozen kleren

《标准报》[*De Standaard*]
1993.8.28—29

○

| 仓库变身时尚大教堂

沃特·范·贝尔道克在"安特卫普'93"时尚项目闭幕式

1993 – 萨拉·蔻瑞尼设计个人系列，在巴黎展示。
—— – 渡边淳弥在巴黎首秀。
—— – 缪西亚·普拉达（Miuccia Prada）创立第二品牌 Miu Miu。
—— – 胡塞因·查拉雅（Hussein Chalayan）从中央圣马丁艺术与设计学院毕业。
—— – Dolce & Gabbana 为麦当娜巡演设计演出服。
—— – 简·坎皮恩（Jane Campion）：电影《钢琴课》（*The Piano*）。
—— – 昆汀·塔伦蒂诺（Quentin Tarantino）：电影《落水狗》（*Reservoir Dog*）。
—— – 比尔·克林顿（Bill Clinton）当选美国总统。
—— – 瑞凡·菲尼克斯（River Phoenix）去世。

Vrijdag 23 april 1993

Dertig jaar mode op negentiendeëeuwse zolders en enkele van de tientallen poppetjes van Anna Heylen / Doc.

Vlaamse mode aan de top

INGRID VANDER VEKEN

ANTWERPEN — Anne de Meulemeester wordt door «Vogue» geklasseerd bij de topontwerpers, schoenen van Dirk Bikkembergs kan je kopen in New York en Parijs, in Japan doet Dries Van Noten gouden zaken…

In amper dertig jaar heeft de mode-afdeling van de Antwerpse Academie Schone Kunsten zich opgewerkt tot aan de internationale top. Met de bewuste Antwerp Six, maar ook met namen als Martin Margiela, Kaat Tilley, Jo Wijckmans of Peter Coene. En met Linda Loppa, die nu de befaamde modeschool leidt.

Op de negentiendeëeuwse zolders van het prachtig gerestaureerde Sint-Felix-pakhuis brengt Antwerpen '93 hulde aan deze ongelauwerde Vlaamse Culturele Ambassadeurs.

Eén zolder geeft een overzicht van de voorbije dertig jaar. Met foto's en krantenknipsels, maar vooral met tekeningen en kleren. Naarmate de jaren vorderen zie je de ontwerpen professioneler en zelfzekerder worden. Doodjammer, dat niet meer bewaard is gebleven.

De agressieve sexy look van een Jean Paul Gaultier vond hier zijn weg voor Madonna hem ontdekte, de armoede-look deed zijn intrede voor textielfabrikanten dat idee overnamen van Japanse ontwerpers. Eén leerling ontwierp zowaar in 87 al een EHBO-uitrusting voor de Kempense Steenkoolmijnen…

Op een andere zolder hebben ontwerpers mode-installaties gemaakt. Onder de titel «Voodoo me» exposeert Lore Ongenae haar kleren in een toverachtige tempel vol dierenhuiden en primitieve beelden. In een glazen schrijn hangt Anna Heylen tientallen, allemaal anders aangeklede poppetjes op. Tussen kisten met noten, fruit en kruiden legt Rika Bauduin van natuurvezels gehaakte truien…

Overal: diezelfde zorg voor details — van elk knoopje tot elk kleurtje — en voor de presentatie. Loop je over de loopbrug van de ene zolder naar de andere, dan kijk je in de diepte neer op een gigantisch patchwork. Van kleren, uiteraard.

Want behalve een mode-expo is dit ook de ontdekking van een stukje industriele archeologie.

Vanaf 14 mei komt er ook nog een expositie van modefotografen. En ook het jaarlijks mode-défilé van de Academie zal hier worden gehouden.

T.e.m. 29/8, Oude Leeuwenrui 31, do, vrij, za en zo van 11 tot 17.30 u. Toegang gratis.

来源不明

1993.4.23

| 弗拉芒时尚登顶

当代弗拉芒时尚展览在圣菲利克斯仓库举行，作为“安特卫普’93：欧洲文化首都”项目之一。

1993 – “Act-Up”组织在巴黎协和广场方尖碑上套上避孕套。
—— – 雷切尔·怀特里德（Rachel Whiteread）获得“透纳奖”。
—— – 奥黛丽·赫本（Audrey Hepburn）去世。

1994 – 伊内兹·冯·兰姆斯韦德（Inez van Lamsweerde）和维努德·玛达丁（Vinoodh Matadin）拍摄薇洛妮克·勒鲁瓦的系列登上《The Face》杂志。（见上图）

—— – 比利时首个精品二手店 Francis 在安特卫普开业。
—— – 克里斯托弗·布罗奇（Christoph Broich）和史蒂芬·施耐德从学院毕业。
—— – 史蒂芬·施耐德在巴黎展示第一个系列。
—— – 安·莎伦斯去世。

《Esquire》杂志
1994 春季

▢

| 比利时人来敲门

他们的名字让你的舌头打卷，他们的想法让传统时尚观念皱眉：马丁·马吉拉、德雷斯·范·诺登、德克·毕盖帕克、沃特·范·贝尔道克和安·得穆鲁梅斯特，这群比利时设计师正站在欧洲前卫时尚的最前沿。从 20 世纪 80 年代开始慢慢蓄力，直到这几年，他们的重要性终于显露出来。他们的想法影响了来自东京、巴黎、纽约的设计师们，记者们也都纷纷试图寻找他们成功的原因。而一个最令人不可置信的时尚之都诞生了：安特卫普。

Report from Antwerp: William Middleton

Belgians at the Gate

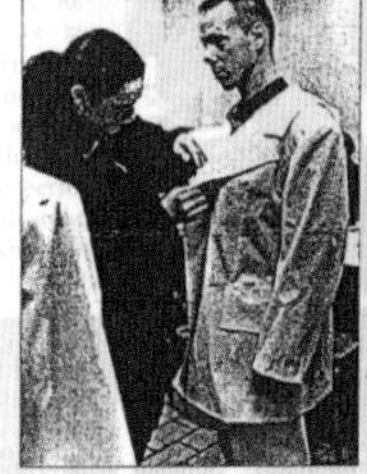

Deconstruction site: Flemish architecture (top left) and chic pedestrians (above) add to Antwerp's burgeoning image as a fashion capital. Linda Loppa (left), director of fashion at the Royal Academy of Fine Arts. At far left, a student at the academy fits a model for a show. Below, an exhibit of student drawings.

THEIR NAMES trip up the tongue, and their ideas challenge the refined notions of fashion traditionalists: Martin Margiela, Dries Van Noten, Dirk Bikkembergs, Walter Van Beirendonck, and Ann Demeulemeester, the Belgian designers currently at the forefront of the European avant-garde.

Starting rather slowly in the '80s, their importance has built through the first few years of this decade. Their ideas have influenced designers in Tokyo, Paris, and New York. Journalists have been sent scrambling for explanations. And a most unlikely new fashion capital has been born: Antwerp.

The city has not been such a hotbed of creativity since Rubens was painting here at the beginning of the seventeenth century. With its gilded Flemish architecture, charming cafés, and cobblestone streets, Antwerp is surprisingly sophisticated small town. The second largest port in Europe and a center of the world diamond trade, it is a jumbled mixture of history, nationalities, and languages. Local television is in Dutch, English, German, Spanish, French, and Italian. "It's not a city, it's more like a village," explains Dries Van Noten, who has designed his own men's and women's lines since 1986 and whose first women's show in Paris last fall was one of the hits of the collections. "But there's a tremendous mix of cultures, all in this small village."

Antwerp is a half-hour flight from London, an hour's drive from Amsterdam, and a four-hour train ride from Paris. "It's interesting because Antwerp is close to all these places, but it keeps its distance," Van Noten points out. "We look at everything that happens in the fashion world with a certain detachment."

The city's fashion movement can be traced to the late '70s, when all these designers were students together at Antwerp's Royal Academy of Fine Arts. The academy, a run-down old building filled with ideas, functions like a fashion think-tank. "What's really different here is our analysis," explains Linda Loppa, director of the fashion program. "At other schools, students draw something and they're happy. We try to be more aware of the meaning of our work. We analyze."

The academy also puts fashion into perspective by requiring the study of fine arts—a difference Van Noten believes is critical: "I think you need the big view. The problem with a lot of people in this field is that fashion is their only vision."

After graduating from the Royal Academy in 1981,

ANTONIN KRATOCHVIL

ESQUIRE GENTLEMAN : SPRING 1994 63

cKbe.
The fragrance for people. Calvin Klein.

1994 – Calvin Klein 推出香水 CK One。（见上图）

—— – COMME des GARÇONS 推出香水系列。

—— – 弗兰科·莫斯基诺去世。

—— – Prada 推出男装系列。

—— – “神奇胸罩”（The Wonderbra）问世。

—— – 罗伯特·奥特曼（Robert Altman）：电影《云霓风暴》（*Prêt-à-Porter*）。

—— – 昆汀·塔伦蒂诺：电影《低俗小说》（*Pulp Fiction*）。

—— – Portishead：专辑《Dummy》。

—— – 雷夫·波维瑞去世。

—— – 科特·柯本（Kurt Cobain）去世。

—— – 杰奎琳·肯尼迪（Jackie Onassis）去世。

—— – 电视剧《六人行》（*Friends*）首播。

安特卫普学院，史蒂芬·施耐德的毕业系列，1994 年

Raf Simons，1998 春夏系列

安特卫普的时尚身份就是这样

凯茜·霍林（Cathy Horyn）

有一群让人念不出名字的设计师决定组合在一起，成为了“安特卫普六君子”。从那天开始，比利时设计师对于时尚界来说就成了“问题儿童”。在时尚圈，我们总是特别容易就对一个人无端地崇拜，然后当我们发现她或他没有我们想象中的那么好的时候，会觉得被背叛。而对于这群来自北方的男男女女——我指的是“六君子”和在他们之后的人们——我们完全束手无策。如果他们不那么开放和直白，如果他们的独立和力量没有被导向正确的方向，不管是对工作、生活，还是身份认同，对于我们来说，一切就简单多了。不过幸运的是，这些比利时人似乎特别喜欢被误解。

在“安特卫普六君子”——德雷斯·范·诺登、安·得穆鲁梅斯特、沃特·范·贝尔道克、德克·范·瑟恩、德克·毕盖帕克和玛丽娜·易——刚出道的那十年，我还是时尚报道的新手。一切对于我来说都太突然了，我无法找到自己的观点去评论 20 世纪 80 年代末到 90 年代初的那些沸腾的事件，所以那个时候的我也并不知道怎么去欣赏这群比利时人，不管是作为个人还是团体，在巴黎投下的这颗“炸弹”。

我还记得和我的时尚姐妹们在一家到处都是待维修的家电的“救世军二手店”①里，坐在一台洗衣机上，看着马丁·马吉拉展示他伤感又迷人、用回收的塑料袋做出的衣服。“解构”在当时还是一个相对新潮的观念，可想而知我像恶狗一样往上扑，并大肆报道（当时我还在给《华盛顿邮报》写稿）。我用了很多听起来非常专业与学术的华丽辞藻来表达我的激情，却没有往马吉拉的创意和背后的道德堡垒深挖。我也还记得在安·得穆鲁梅斯特秀上，鞋跟走过巴黎蒙马特爱丽舍音乐厅台阶的声音，却在很长一段时间内不能理解她真正能量的来源。我非常肯定在当时的报道中我没有用到“反叛”这个词，想起来也是太不敬了。

20 世纪 90 年代后半叶，第二波安特卫普设计师——拉夫·西蒙、朱利吉·帕森斯、薇洛妮克·布兰奎诺、安·凡德沃斯特和菲利普·阿瑞克斯（A.F. Vandevorst）、本哈德·威荷姆、安吉洛·菲古斯——来袭的时候，我的报道中心从巴黎秀场转向好莱坞。1995 年至 2000 年对于时尚是非常关键的五年。一方面，像 Gucci 集团和 LVMH 集团这样竞争巨头的出现，试图在设计师中建立起一个明星系统；另一方面包括奥利维尔·泰斯金斯在内的第二波比利时设计师们，挑战了办秀的方式，最终挑战了大集团所钟爱的商业模式。他们不仅相信人们可以创造一个基于个人经历与价值观的民主世界，更将此视为自己的责任。拉夫·西蒙曾对记者乔安·弗尼斯 (Jo-Ann Furniss) 说过：“我们并没有生活在巴黎或米兰的伸展台世界里。逃避，然后创造一个美丽的空壳，我认为这不是一个明智的做法。而我的想法完全与之相反，我有责任去展示时尚本身的样子，我希望人们能更多地思考和讨论。”

1999 年之后我开始报道包括西蒙、威荷姆在内的设计师们。在我 2003 年之后的专栏中，

右：Jurgi Persoons，1999—2000 秋冬系列

下：Angelo Figus，2002—2003 秋冬系列

文章的语气和对事情的理解都产生了很大的变化，其原因在于，我开始定期前往安特卫普。我认识的比利时设计师从来不提他们和这个城市之间的关系，最多就是说这是一个很适合居住生活的地方。或者，像范·贝尔道克曾有一次跟我说的，“在安特卫普，你可以通过工作和时尚之外的一点点东西来展示你自己”。虽然我们并不能说法国设计师对巴黎尤为喜爱，同理日本的设计师之于东京，因为在全球化背景下的今天，这么说实在是太过时了。可是我认为，就比利时设计师来说，他们之所以这么特别，正是因为他们住在安特卫普。

范·诺登、西蒙、安·得穆鲁梅斯特、范·贝尔道克，他们的设计都带有强烈的个性与极具代表性的身份特征。如果我们想要找出和他们情况相似的人物——那些和他们的国家或城市有着绝对联系的人物，我们可能需要走进时尚之外的世界，比如说，文学：作家詹姆斯·乔伊斯（James Joyce）和托马斯·曼（Thomas Mann）。虽然乔伊斯和曼在写作的时候，更专心于研究相对宏观的历史，以及他们分别在都柏林和吕贝克的生活。可是我认为，离巴

左：Bruno Pieters，2002
高级定制系列

下：Haider Ackermann，2003—2004
秋冬系列

黎、米兰如此遥远的安特卫普，就像都柏林之于乔伊斯，吕贝克之于曼一样，在设计师的审美判断中扮演了重要的角色。安·得穆鲁梅斯特的家宅坐落在高速公路立交桥旁的一块空地，是一栋之前由勒·柯布西耶（Le Corbusier）设计的极简主义建筑。从中不难看出她美学中所展现出的孤立：不仅在物理上孤立于安特卫普的其他地区，还在创作上孤立于已有的时尚规则。她最近跟我说："当下的时尚一天一个样子，但是我从来不觉得困惑，因为我只跟随自己的方向，然后往前走。"

2004 年春天的一个下午，我在范·诺登水滨的工作室里浏览着他的灵感来源。我在想，是什么能让一张哈瓦那的旧照片、一幅天真的花卉画和一打英国粗花呢走到一起。然后我看向窗外，水边的港口，以及在那之外被安特卫普独有的柔软黄色光线轻拂着的城市。港口虽然每天都很繁忙，但整个城市却有一种惊人的安静与素雅。你觉得她无所不知，或者即将揭露什么惊人的秘密，或者纯粹就是对这个世界的来来往往不感兴趣——这正是范·诺登设计里带有的氛围。即使他的工作要求他更加偏重个性的表达，作品坚固不变的质量也会给他战胜时尚的绝对力量。他说："作为一名设计师，我曾有一段时间生存得非常艰难，我总是担心自己不够时尚。现在我最大的关心是我做什么，我自己喜不喜欢，人们会不会想要它。至于时髦的造型师们喜不喜欢，我也不在乎了。"

同一年，我为了《纽约时报》的一个专题联系了西蒙。我从1999年开始报道了他所有的时装秀，但是我并不认识他。我任性地觉得，如果一个人可以如此清晰地表达一代年轻人的想法和态度，那这个人肯定挺可怕的。因为我自己这种卑鄙的想法，我一直避免和他一对一见面。2004年的7月，西蒙刚展示完一个名为"History of the World"的系列。在该系列展示的邀请函上列举出了改变现代世界重要的人物和事件，其想要传达的意义在于，只要我们相信自己的能力，我们每个人都能够改变世界。系列中的科技面料与优雅的剪裁，预示了我们今天随处可见的未来主义。于是我想，到底是什么样的一个人才能作出这么果敢的决定？而在这样一个冷漠的年代，还有多少人发得出道德宣言？

我和西蒙在安特卫普见面，然后开车去韦斯滕德。在那里海边的一座20世纪70年代塔楼里，他有一间小公寓。在我们第一次通话的时候，他用"蹩脚"来形容这个地方。不知道为什么，我立马就非常喜欢这个人。他说，在韦斯滕德只有无聊的灰色住宅楼，混凝土步行街和广场，几家商店和餐厅。除了一边听着欧洲流行歌，一边吃着炸虾喝着啤酒，没有别的事情可做。那个时候他即将前往Jil Sander担任艺术指导——一个后来给他带来巨大关注的职位。就在那一天，我意识到了他或者说比利时设计师们，创意能量的来源。不管人们怎样试图将他们的设计方法学术化，但他们自己在看待任何事情的时候都极其简单和直接。特别是西蒙，他从来没有试图去创造"超人"——因为他更喜欢他能看到的、身边平凡的例子。没有人会否认他在作品中展现出的超人远见，而正是他远见中的直接，让他与众不同。他的24场时装秀和视频装置，就像一个极限青春的目录，从安特卫普这个小窗户眺望出去，然后淡淡地说："就是这样。"

也许因为大多数20世纪80至90年代的比利时设计师们都经过了安特卫普艺术学院的严格训练，比起巴黎和米兰的同行们，他们要实际得多。"我们只是一群来自乡下的天真男孩女孩"，帕特里克·范·欧姆斯拉赫说。范·欧姆斯拉赫于1990年从学院毕业，之后在巴黎为Balenciaga工作，同时也为自己的品牌设计系列，直到加入Jil Sander。他说："那个时候我们很怕那些教授，可是在一定程度上，是他们塑造了我们，让我们完全独立。我们完全被他们打败：要么上天，要么下地，但是这也是我从学院里学到最好的事情。"

20世纪90年代末，很少有设计师能够像薇洛妮克·布兰奎诺一样，拥有对于女性生活和情感的现代观点。我总是认为，在某个层面，布兰奎诺之于她的时代，就像琼·贝兹（Joan Baez）之于20世纪60年代——用琼·迪丹（Joan Didion）[②]在1966年的一篇文章中的话来说，就是"愤怒的麦当娜"。布兰奎诺早期设计的灵感非常多样——彼得·威尔（Peter Weir）的《悬崖下的野餐》（*Picnic at Hanging Rock*）；大卫·汉密尔顿（David Hamilton）的芭蕾摄影；达里奥·阿金图（Dario Argento）的经典恐怖片《阴风阵阵》（*Suspiria*）（也影响

Bernhard Willhelm，2006 春夏系列

Haider Ackermann，2006 春夏系列
蒂尔达·斯文顿［Tilda Swinton］身着该系列，《Purple》杂志，2006 年

了尼古拉·盖斯奇埃尔在 Balenciaga 的设计）——但是却藏不住她强烈又难以捉摸的个性特征。她曾说过："我的设计总是关于某件事物的吸引力，然后如何去抵抗它。"我认为在她的设计中最令人震惊的是，不管简洁工整，或是忧郁凌乱，她都能传递一种高度现代感的性紧张[③]。我想，如果有一天，在合适的时候，给她一个像圣罗兰这样更大的平台，她将成为一个为现代女性设计终极制服的女设计师。

设计组合 A.F. Vandevorst 从医院、学校体育馆或苏联红军中找寻灵感。他们非常实验性

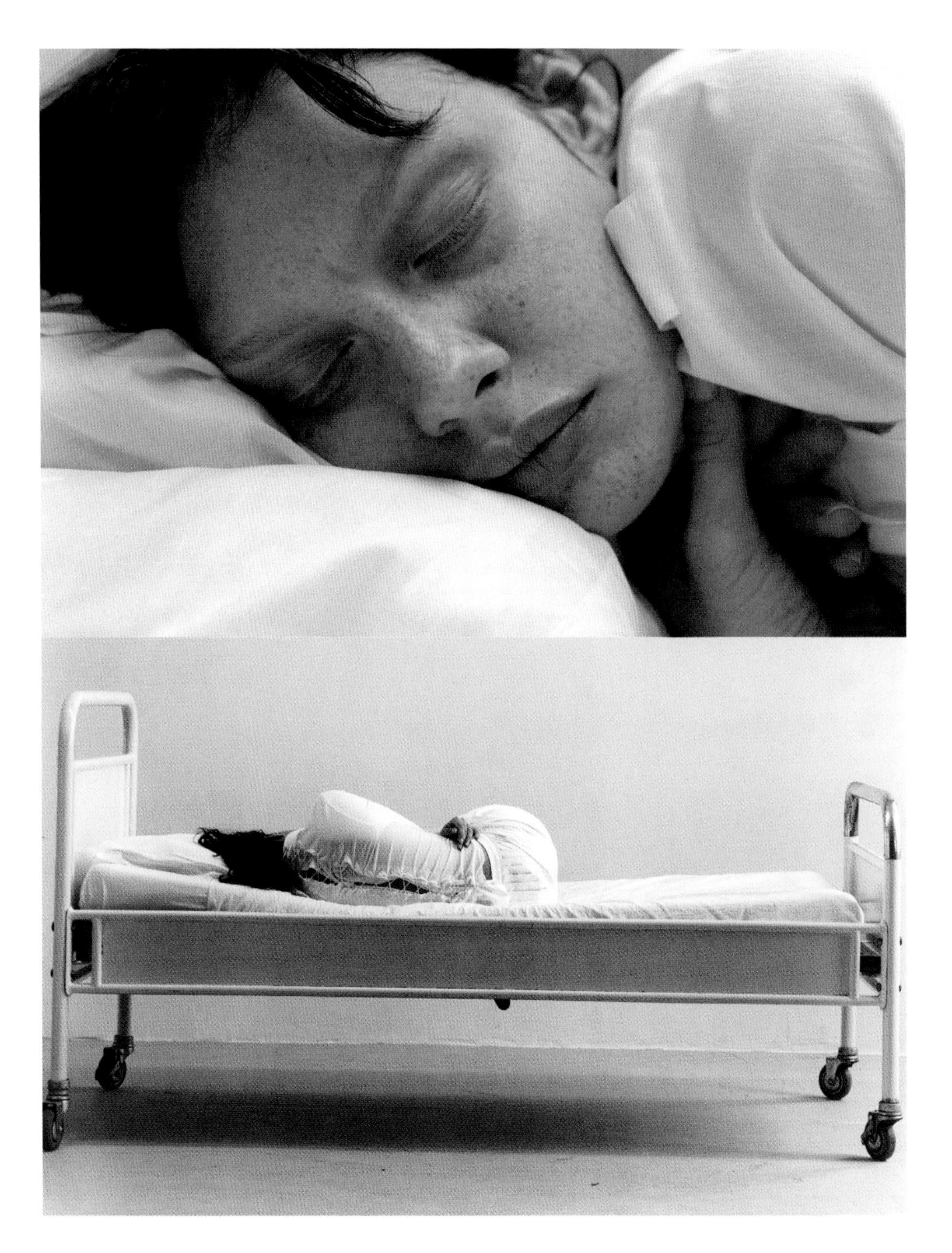

A.F. Vandevorst，1999 春夏系列

地运用了皮革和皮草、军队制服、皇室华服和老式内衣等元素，创造了一种奇妙的后现代主义美学，结合了生死、疼痛、美丑、荒诞的各种特征。英国记者萨拉·摩尔曾指出："他们设计的背后往往都有缜密的思考，既充满象征性又不失私人化的情绪。但最吸引我的一点是，不管他们俩的设计有着多么玄秘的概念，这些衣服却从不只停留在艺术的层面上。有一次他们展示燕尾服的时候，让模特将衣服反穿，这件燕尾服带着一点马格利特式的比利时超现实主义。但是你能清楚地看到，如果正着穿，它也是一件完美的燕尾服。"

回首过去的七八年，人们无法对比利时设计达成共识。我想这一方面反映出竞争日渐白热化的经济环境，另一方面，也反映出人们正在服装中找寻更多的独特个性。有时候我特别担心，对于个性的盲目追求可能会产生一种装腔作势的假聪明，让我们更加不容易根据实际情况本身去看清或判断事物。本哈德·威荷姆的设计风趣、怪诞甚至吓人，但是从不拿腔拿调。他无边的想象力自由穿梭于史前的非洲沙漠，蓝精灵山海对面的王国，或是巴伐利亚少女的格子布围裙之间。我还记得他在一个灵感来源于圣甲虫食粪仪式的系列中的埃及无袖短衫、裤子和原创印花。它们让我深深感受到，就像韦斯·安德森（Wes Anderson）在电影中，约翰·柯林（John Currin）在他充满争议性的露骨性爱画作中一样，威荷姆想要的只是让我们进入他的世界，不带有任何的分析和评断。也许有人会把他的作品解读为对时尚的结构及其所带来的形式主义的反抗咆哮，大声告诉世界，其实并不需要做出一个大品牌。但我认为，他的初衷比这要单纯得多，诚恳得多，就好像在问我们，是不是我们变得连对自己来说都太复杂老练了。

尽管他们过早地中断了自己的事业，但安吉洛·菲古斯和朱利吉·帕森斯都曾是天生的带有无边想象力的设计师。我曾在巴黎蓬皮杜艺术中心的地下停车场观看过帕森斯的一个系列，模特们穿着别出心裁的粗花呢短裙和朴素的纯棉衬衣，躺在18面倾斜的镜子上。就像他们的比利时同行一样，菲古斯和帕森斯都能在最平凡的地方发现最新奇的想法。

布鲁诺·皮特斯、让·保罗·诺特（Jeahn-Paul Knott）、克里斯蒂安·崴楠茨、克里斯·万艾思，他们都是来自比利时并且站上国际舞台的最新一代。而近年最被看好的设计师海德尔·阿克曼被评论认为，他的衣服既带有浪漫情怀，又怀着流浪的忧伤。对于我来说，这就是现代。他在巴黎展示的2007年春夏系列中，用流畅的民族风裤子、褶皱的上衣、针织的裙装、剪裁干练的外套表现出了他自己版本的未来主义，十分令人信服。阿克曼对我说："在安特卫普，设计师们都很务实，他们只做衣服。他们一般都在想，'一个女人在街上怎么才能做自己？她的日常穿着打扮是怎样的？'这种想法和巴黎就很不一样。"

因为这过去的20年，有人认为比利时和安特卫普学院会不断生产出更多拥有独立见解的设计师，但是未来的事情谁都不能确定。帕特里克·范·欧姆斯拉赫说："新一代年轻人的心态已经完全不同了。现在他们获取信息的渠道太多，特别是因为网络，他们几乎都不再设计了。坐在电脑前，你就能看到所有的系列，细致到一双鞋，一条袜子。这让你的大脑失去知觉，而正因如此，你不再需要创造一个属于你自己的世界。"

现在，学院里有很多来自比利时之外的学生：百分之九十的学生都是外国人，而这是所

Veronique Branquinho，2005 春夏系列

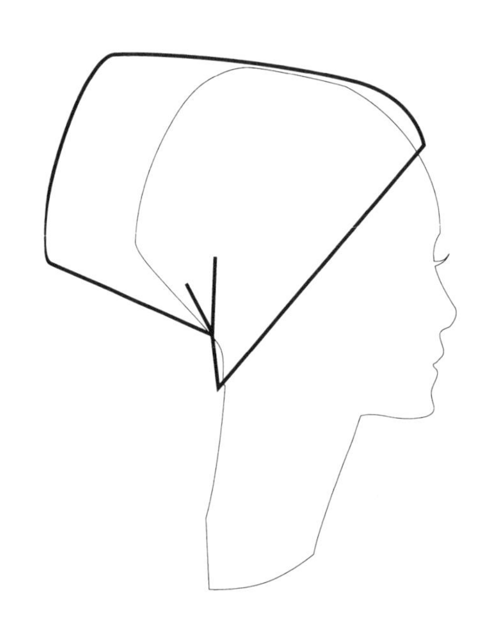

有其他行业，或者整个世界的一个缩影。基尔特·布鲁路特谈到说："我们不能再说安特卫普风格了，它已经过去。现在是一个更加国际化的风格。今天，学生们更想成为你在网上能找到的国际风格中的一部分。"

矛盾的是，比利时人从来没有像今天一样拥有这样的影响力，备受追捧。你只要去感受一下这几季的安·得穆鲁梅斯特系列的力量，或者德雷斯·范·诺登掀起的狂潮就能明白我的意思。如果拉夫·西蒙没有创造出只属于他自己的世界，没有坚守自己的信仰，他又怎会走上像 Jil Sander 这样的舞台？他现在会对我们产生更大的影响吗？而比利时时尚革命背后的秘密其实很简单。他们只是一群有着强烈身份认知的人们，热爱平凡生活的人们，和有着无法动摇个性的人们。

[译者注]

① 救世军二手店（The Salvation Army）："救世军"是一个 1865 年在伦敦成立的国际性基督教及慈善的公益组织。旗下的商店接受来自社会的物资捐助，在经过处理后将物资以极其低廉的价格卖给生活相对拮据的人们。

② 琼·迪丹（Joan Didion）：1934 年 12 月 5 日出生，是美国著名记者、作家和编剧。20 世纪 60 年代步入文坛，在小说、纪实文学和剧本写作上颇有成就。她长期为《纽约书评》和《纽约客》撰稿，并与丈夫约翰·格列高利·邓恩（John Gregory Dunne）一同编写剧本。她的作品多角度展现了新新闻主义、女权主义和后现代主义。

③ 性紧张：性紧张是一种社会现象，它指的是因感觉或性幻想产生性欲望，积累到一定程度，渴望进行性接触的身心状态。性紧张反应既受社会环境的影响，又受个人心理素质、思想道德的约束。

Patrick Van Ommeslaeghe，1999—2000 秋冬系列

Patrick Van Ommeslaeghe，2000 春夏系列

Patrick Van Ommeslaeghe，2000—2001 秋冬系列

Patrick Van Ommeslaeghe，2001 春夏系列

Bernhard Willhelm，2005—2006 秋冬系列

1995—2006

《时代周刊》
1995.10.9

| 如果时髦，定是比利时

If It's Chic, It Must Be Belgian

RUE DU FAUBOURG ST. HONORE. VIA DEL CORSO. MADISON AVENUE. Huidevettersstraat. Pardon? The chic Antwerp street with the unwieldy name rarely strikes a bell with even the most devoted readers of *Vogue*. But the Huidevettersstraat is poised to gain greater recognition on the fashion map. The street lies at the center of the exclusive Meir shopping district in Belgium's bustling port city, now increasingly recognized for having more than its fair share of style sense and designer flair.

During the past years, Antwerp, home to breweries and sugar refineries, has churned out a cadre of talented designers who, like Calvin Klein and Jil Sander before them, understood the value of simplicity long before the rest of the fashion universe caught up. Designers like Dries van Noten, Ann Demeulemeester, Martin Margiela and Marcel Gruyaert of Anvers (Antwerp in Flemish) have had a huge following in Belgium for the past few years, but now they are finding devotees worldwide, filling the racks of swank shops in Paris and New York City and forging a distinctive Belgian style.

That look is marked by a penchant for spare lines, dark color palettes and sexy, interesting fabrics, such as jersey and silk knits. The outré and retro references that have overtaken so much of fashion in recent seasons are virtually nonexistent in the collections of these lean designers. Instead you will find sleek suits, butter-soft leathers and muted satins—clothes that are wearably attractive. "I like to make nice little shapes, and that's it," says Van Noten, who presides over every aspect of his 10-year-old business from design to marketing and public relations and whose clothes are now available in more than 500 large stores and boutiques around the world, including 160 in Japan alone. "We Belgians are very practical. Clothes have to be very direct. People are a little fed up with fashion and designers' rules—they don't like that anymore. They just want a nice shirt."

Lean, sleek and muted embody the national style

Van Noten, Demeulemeester, Margiela and Gruyaert all studied at Antwerp's Royal Academy of Arts, where their taste for minimalism was coupled with an aversion to the fashion industry's self-aggrandizing self-consciousness. When the group studied together during the '80s, "fashion became serious," notes Van Noten. "And it is not really something to be taken that seriously." Certainly no one could accuse the Belgians of publicity mongering. Demeulemeester rarely speaks to the press; Margiela refuses to be photographed.

They let their clothes speak for themselves. And for the most part the clothes convey an elegant hipness. In his latest collection, Van Noten offered sheaths in quiet, never dowdy prints and suit jackets whimsically buttoned on the diagonal. Demeulemeester paraded cold, chic mod cuts in her fall collection, while Anvers served up rich, pony-skin minis.

Margiela, who worked for Jean-Paul Gaultier before launching his own collection in 1988, bears the least similarity to his peers. His unconstructed shirts and skirts often use recycled fabrics and display outward stitching. His clothes never carry a label. "When we first started out in 1988, it was the biggest moment for labels," he explains. "I want people who don't know who made one of my garments to first say this is nice, then the salesperson can tell them who made it. If you see something in the cloakroom in a restaurant, then you will never know who it's by, but I don't care."

Talk softly, and carry off a big sense of chic: call it Belgium's fashion diplomacy for the '90s. The rest of the world is listening. —*By Ginia Bellafante. Reported by Dorie Denbigh/Paris*

1995 － 拉夫·西蒙在米兰展示首个系列：1995—1996 秋冬系列。
—— － 丽芙·范·高普：首个女装系列。

—— － 泽维尔·德尔考（Xavier Delcour）在巴黎展示首个系列：1996 春夏系列。
—— － 德雷斯·范·诺登担任佛罗伦萨男装展访问设计师（Pitti Immagine Uomo）：1996 春夏系列。
—— －《Street Magazine》杂志马丁·马吉拉特辑。

Dries Van Noten，1996—1997 秋冬系列

—— - Calvin Klein Jeans 推出极具争议性广告。（见左页左图）

—— - 大卫·拉切贝尔（David LaChapelle）掌镜 Diesel 广告。

—— - 亚历山大·麦昆（Alexander McQueen）的传奇“但丁”系列：1996—1997 秋冬系列。

《晨报》（*De Morgen*）
1995.2.22

○

| 时尚的明日之星

安吉利克·拉文（Angelique Raven）、马汀·兰巴赫（Maarten Lambach）、吕克·帕兰（Luc Parein）、安娜－苏菲·德·坎波斯（Anne-Sophie De Campos）、阿娃·施密特（Ava Schmitt）、薇洛妮克·布兰奎诺、德莎·皮蒙特尔（Tessa Pimontel）、丽芙·赫里茨（Lieve Gerrits）、艾伦·蒙斯特利（Ellen Monstrey）

距离“安特卫普六君子”毕业已经过去十年了。很快，安特卫普艺术学院就会为多彩的时尚世界输送新一代的设计师。早期的毕业生们今天已经成为响当当的名字。对于新一代的设计师来说，情况并没有因此变得更容易，时尚的发展已经连续几年停滞不前。

DE MODEMAKERS VAN MORGEN

Goed tien jaar nadat de *Zes van Antwerpen* met hun diploma buiten stapten, stuurt de Koninklijke Akademie van Antwerpen binnenkort een nieuwe generatie ontwerpers de bonte modewereld in. De afgestudeerden van toen, of althans sommigen, zijn intussen beroemde namen geworden. De kollekties van Bikkembergs, Demeulemeester, Margiela, Van Saene, Van Beirendonck en Van Noten – *the Antwerp Six* – vind je achter winkelramen in New York tot Tokyo en in de kleerkast van vedetten als Mick Jagger en Madonna.

Maar het ziet er naar uit dat de nieuwe lichting het niet makkelijk zal krijgen om in de voetsporen van haar illustere voorgangers te treden. Het is immers al jaren volledig windstil in modeland. Er gebeurt haast niets nieuws en je kunt je evenmin spiegelen aan de trend-shows van de grote modehuizen, want die grijpen – meer dan ooit – terug op vroegere jaren. Kortom, de mode ligt op haar gat en je moet al superbegaafd zijn, wil je nog met iets of wat originele dingen voor de dag komen.

We zijn gaan praten met de negen laatstejaars in hun oubollige schoolatelier in Antwerpen en vroegen hen: wat nu gedaan? De modemakers in spe vertelden ons wat ze denken over de mode van nu en verklapten wat ze van plan zijn. En terwijl je hun portretten bekijkt in *DeMix*, zijn zij opnieuw aan de slag voor wat hun eerst grote wapenfeit moet worden: hun kollekties op de driedaagse modeshow van de Akademie op 15, 16 en 17 juni. *(MLS)*

Angelique Raven:
Tegen het 'Amerikaanse Supermodel'

Maarten Lambach:
bier is de mode

Luc Parein:
Eén subtiel pleitje is genoeg

Anne-Sophie De Campos:
De stad in de sixties

Ava Schmitt:
Het Generation X-gevoel

DEMIX 8 Woensdag 22 februari 1995

MODE

Lee : vleeskleurig
semi-transparant hemd,
jas met satijnen
smokingkraag,
cool wool broek.

Nico : roze katoen-lycra
Sound Berlin T-shirt
van Raf Simons.
Eigen onderbroek
en voetbalsokken.

Raf Simons，造型师：奥利维尔·里佐，《Knack》周刊周末版，第 13 期，1996 年 3 月 27 日—4 月 2 日

Nico : zwart katoen-lycra Bowie T-shirt en zwarte wollen broek.

Lee : grijs Bowie T-shirt, grijze cool wool broek en zwarte satijnen blouson met lichtblauwe bies.

Raf Simons，1997—1998 秋冬系列

《The Face》杂志

1996.6

○

| 平民时尚

比利时究竟是如何孕育出如此不同的设计师的？安·得穆鲁梅斯特、马吉拉和范·诺登之后，朱利吉·帕森斯带着他洒脱的设计来到人们面前。他流畅的男女装系列值得任何人驻足停留。

1995 – 胡塞因·查拉雅在伦敦首秀。
—— – Bless 成立。
—— – 约翰·加利亚诺成为 Givenchy 艺术指导。
—— – 毛里齐奥·古姿（Maurizio Gucci）遇害。
—— – 罗斯维尔事件。
—— – 伊丽莎白·沃策尔（Elizabeth Wurtzel）：自传《我的忧郁青春》（*Prozac Nation*）。
—— – 《Self Service》杂志创刊。
—— – 《Purple》杂志创刊。
—— – Windows 95 问世。
—— – Playstation 游戏机问世。

Grass Roots What is it about Belgium that breeds such downright distinctive designers? Tip-toeing in the footsteps of art-house Antwerpians Demeulemeester, Margiela and Van Noten comes Jurgi Persoons, designer of feckless, fluid mens and womenswear that's well worth a second glance. Sadly, unless you venture to the prestigious Louis store in Antwerp, you won't be able to cast an appreciative eye over it, because no British buyer has snapped Persoons up – yet. With his gift for combining unusual fabrics (lace, tartan) and cutting a tailored dash, it won't be long before the Bursteins and beyond are phoning through their orders. *LC*

Crochet butterfly dress £325; red leopard-print dress £542, both by Jurgi Persoons, enquiries 00 323 237 0205. Loafers by The Natural Shoe Store, 21 Neal St, London WC2

PAGE 20 INTERNATIONAL HERALD TRIBUNE, SATURDAY-SUNDAY, JANUARY 25-26, 1997

MEN'S FASHION / A SPECIAL REPORT

At left, urban separates with schoolboy and vintage references from the Belgian designer Raf Simons; at right, jazzy patterned shirt and slim pants from Christophe Lemaire who showed his first full men's line on Friday.

Beyond the Beret and Baguette: Designers Display Contrasting Styles

By Rebecca Voight

PARIS — "French men'swear is elegant, but relaxed. There is always a play of contrast," says José Lévy, the young designer whose label José Lévy à Paris leads the pack of boisterous, up-and-coming names here.

Lévy illustrates his point in a strict hunting green jacket with a scrappy sheepskin collar for fall from the collection he will show on Saturday. "I was thinking of an unlucky hunter condemned to resemble his prey," he says with a twinkle in his eye.

Lévy is one of the few in France who has been able to give classic menswear a humorous punchline and stay entirely away from the color black. For next winter he has taken a leaf from French forest rangers, hunters and imaginary animals. His game is in the details, like gold blazer buttons with charade messages. This is done in established tweeds, camels, moss greens and navys. It's only on closer inspection that a prim tweed reveals rubber backing and camel wool pile.

The Romanian-German designer Udo Edling who works here and will present his third show on Friday is also into paradoxical menswear. "I like hidden details," says Edling, "like invisible hand stitching on a nylon shirt collar instead of vulgar topstitching. I want to put luxury in places you would never expect to find it."

Edling's quiet luxury generated comparisons to Jil Sander, but he insists his style is much more French, closer to the body and more tailored. Last fall, his black nylon jacket came lined in cozy cashmere. "I don't think I could design anywhere else but here now. The city has a certain magnetism," he says.

Good vibrations or not, Paris the fashion capital has suffered from an identity crisis of late. "France cannot sit on its style laurels anymore," says Lévy. He and six other young French designers will be featured in a group presentation by Promas, the international promotional arm of the F.M.F. Mode Masculine Française (French menswear federation) at Paris's men's fair SEHM this weekend. This is the first show the globe-trotting Promas has held in France and it will inaugurate SEHM's new fashion show space. Two Paris menswear showrooms will debut this week as well. Carole de Bona, whose Espace, around the corner from Place des Victoires, is a hunting ground for new talent during Paris's women's collections week, will feature seven young men's collections, including Udo Edling and Beaudoin-Masson, both also holding shows there.

Nearby, at the Bourse de Commerce, Tranoï, another established women's showroom, opens its doors with a dozen men's collections, including the hip shoemaker Rodolphe Ménudier and France's Moritz Rogosky.

Christophe Lemaire, who has a successful women's collection, has been showing a limited edition men's line for the past three years and will hold his first men's show this season. Inspired by the cool, minimalist style of jazz musicians in the '60s — Serge Gainsbourg, Jacques Dutronc and beatniks — Lemaire describes his look as "sharp dressing with liberty and definitely not dandy."

On a similar wavelength is fellow French women's designer Jérôme l'Huillier whose men's collection has grown out of his method of designing clothes in terms of couples. L'Huillier has a Frenchman's fascination for American heroes like the filmmaker Nick Cassavettes and the Kennedy brothers. But he leaves the American '60s far behind in his liberal use of color.

Men's designers here, like their women counterparts, are increasingly depending on Asian orders to bolster their fragile businesses. Lévy sells to a score of Japanese stores and recently signed with a top importer there. "The Japanese are the world's most avid fashion consumers," he says. "They don't just buy labels, they're interested in new style."

ALTHOUGH he works at home in Antwerp, the Belgian designer Raf Simons is another Paris enthusiast who has been coming here for the past several seasons to promote his collection with video presentations at galeries. "I like to combine art and business," says Simons, who will hold his first show with a full crew of models which he is busing in from Antwerp this season.

His provocative look is full of vintage menswear details, references to English schoolboys and most recently '80s punks. Simons shirts are in Swiss cotton, but he never makes a suit that matches and he favors old gray *"clochard"*-style wools for coats. His hand-assembled, machine-knit sweaters look like a hybrid of rich and poor.

"Raf has a very special energy because he's still hungry and not pretentious," comments Nina Garduno, vice president of menswear at Ron Herman Fred Segal, the Los Angeles specialty store that mixes European designers and casual style. Although the collection is only in its third season, Garduno has had it in the store for the past two.

Another marginal mover and shaker is Moritz Rogosky who for his fourth collection has played with the kind of flashy eveningwear favored by magicians and the heroes of French police novels like Arsène Lupin. "I was intrigued by the combination of black and purple," he explains. A few days before the show that he will stage in a 1930s restaurant, Rogosky was still searching for white patent leather shoes. Perhaps the best overview of French menswear now is at Panoplie, a small store close to Place des Victoires. Jean-Louis Beamont sells a great deal of Helmut Lang and Dirk Bikkembergs at Panoplie which he mixes with José Lévy, Udo Edling, Christopher Lemaire, Jérôme l'Huillier and other French collections.

"I'm very *cocorico* (French slang for patriotic)," says Beaumont. The store has a theme for each season and this spring it's the stiff, quietly eccentric style of the men in the film director Jacques Tati's surrealist comedies from the 1960s.

Beaumont offers no precise definition of French menswear although he says there is a common denominator in the French collections. "Perhaps it's a good thing that French men's style isn't easy to pin down," he ventures. "I don't walk around Paris wearing a beret and a baguette under my arm," says Beaumont, "but there is something very everyday elegant, but very much a part of the street that is typically French."

REBECCA VOIGHT is a journalist based in Paris who specializes in fashion.

《国际先驱论坛报》

(International Herald Tribune)

1997.1.25—26

○

| 贝雷帽与法棍之外

设计师们展示多种风格

拉夫·西蒙虽然工作和生活在安特卫普，但这个比利时设计师显然对巴黎情有独钟。在过去的几季里，他都来到巴黎结合视频影像在画廊展示他的系列。他表示："我喜欢将艺术和商业结合起来……"他在系列中使用英国男装校服和20世纪80年代朋克元素，充满挑衅意味。"拉夫有一种非常特别的能量，因为他对于新事物还保持饥渴，并没有变得装腔作势。"尼娜·嘉多娜(Nina Garduno)说道。她是多品牌店Ron HermanFred Segal男装部副总经理。这家洛杉矶的时装店以把欧洲设计师时装和休闲服饰混搭而出名。

1996 - 安·得穆鲁梅斯特为家居品牌Bulo设计桌子"Table Blanche"。
—— - 朱利吉·帕森斯的首个女装系列：1997春夏系列。
—— - 史蒂芬·施耐德在安特卫普开店。
—— - 维姆·尼尔斯首个男装系列：1997春夏系列。
—— - 安·得穆鲁梅斯特获得设计类弗拉芒文化大奖。
—— - 安·得穆鲁梅斯特的首个男装系列：1997春夏系列。
—— - 克里斯托弗·布罗奇的首个系列：1997春夏系列。
—— - 安娜·希伦的首个系列:1997春夏系列。

《Elle》杂志荷兰版
1998.9

○

| 新比利时人

Mode nieuws

De nieuwe Belgen

België is aan een tweede wereldwijd mode-offensief begonnen. Waren het in 1981 de Vijf van Antwerpen (Martin Margiela, Dries van Noten, Ann Demeulemeester, Walter van Beirendonck en Dirk Bikkembergs) die internationaal doorbraken, nu zijn twee nieuwe Belgische ontwerpers, Veronique Branquinho en Olivier Theyskens, het nieuws van de dag.

Evenals de Vijf studeerde Veronique Branquinho aan de beroemde Academie van Beeldende Kunsten in Antwerpen. Ze studeerde in 1995 af en ontwierp vervolgens voor verschillende commerciële merken, wat haar 'zo ongelukkig' maakte. Met het tonen van haar eerste collectie afgelopen maart heeft de 25-jarige haar geluk hervonden. De collectie van Branquinho is geïnspireerd op de meisjes uit de tv-serie Twin Peaks: ze dragen onschuldige plooirokjes naar school, maar hebben ook een minder brave, duistere kant. De plooirok kwam in elke lengte en vorm in de collectie terug - platte plooien, stolpplooien en accordeonplooien - en werd gecombineerd met tunieken van konijnenbont (onschuldig volgens Branquinho), coltruien, soepelvallende broeken en jassen tot op de grond. Veel internationale modebladen besteedden aandacht aan de collectie en noemden Veronique 'already a fashion veteran'.

De 21-jarige Olivier Theyskens gaf vlak voor zijn eindexamen de brui aan zijn opleiding aan de Brusselse academie La Chambre.

Zijn successtory begint met de Oscaruitreiking afgelopen voorjaar, waar Madonna verscheen in een jurk van Theyskens. Sindsdien zijn alle ogen op de jonge Belg gericht, nog voordat hij een kledingstuk heeft verkocht. Zijn stijl beschrijft hij als een mix en match van ready-to-wear en haute couture. 'Dat ik een jonge ontwerper ben wil niet zeggen dat een kledingstuk niet perfect gemaakt hoeft te zijn. De details, zoals een mooie voering of een perfect ingezette rits, geven een kledingstuk persoonlijkheid.' Wat vond hij van Madonna? 'Ik was ontzettend vereerd, maar ik hoop dat de hype verder gaat dan alleen media-aandacht.' Misschien moet Theyskens besluiten zijn kleding te gaan verkopen. Want wat kun je meer verwachten als je kleding alleen beschikbaar is voor de pers?

Olivier Theyskens zelf

Olivier Theyskens

Theyskens

Theyskens

Bont mag van Branquinho

92 ELLE

1996 – 德克·施恩伯格（Dirk Schönberger）开始他的男装系列。
—— – Viktor & Rolf 推出香水：Le Parfum。（见上图）
—— – 首届佛罗伦萨双年展：“Moda/New Persona/New Universe”。
—— – 《Wallpaper》杂志创刊。
—— – 亚历山大·麦昆担任 Givenchy 艺术指导。
—— – 斯特拉·麦卡特尼（Stella McCartney）成为 Chloé 设计师。
—— – 卡罗尔·鲍韦尔（Carol Christian Poell）的首个系列：1996—1997 秋冬系列。
—— – 于贝尔·德·纪梵希（Hubert de Givenchy）退休。

Jurgi Persoons，1997—1998 秋冬系列

INTERNATIONAL HERALD TRIBUNE,
TUESDAY, JUNE 23, 1998
PAGE 15

Style

TOMORROW: STAGE

Structuring Creativity: Antwerp's Cradle of Design

Andrew Thomas

In Antwerp, clockwise from top left: Coppens's graphic knit; Van den Heuvel and her gothic installation; Van Assche holding skirt, and his dress with boxing gloves; Willhelm's footprints-in-the-snow pattern, and the designer with linear sweater; established graduates: Branquinho and Van Beirendonck.

By Suzy Menkes

International Herald Tribune

ANTWERP, Belgium — It was like a film noir in a medieval dungeon: ghostly white figures with pictures projected on their bodies.

But behind this dramatic scenario was a rack of intricately cut, well-made clothes in black and gray — with just a splatter of blood red as a skirt unfurled.

Belgian fashion is a particular mix of gothic fantasy and down-to-earth reality. And the installation by the graduating student Marjolijn Van den Heuvel summed up its spirit.

She was one of seven final-year designers from the Royal Academy of Fine Arts in Antwerp, which staged its annual show last weekend — and proved the importance of the college as a seedbed of fresh talent.

Far from being a fashion outpost, Belgium has been center stage ever since a group of designers known as the Antwerp Six came to prominence in the 1980s. They included Ann Demeulemeester, Martin Margiela and Dries Van Noten, who have all defined 1990s style. Their work is often dark and deconstructivist, but it uses natural, even rugged, fabrics and is based on the noble tailoring tradition and rich culture of Flanders.

With that comes a quirky, troll-like spirit that you find in the Brueghel paintings on exhibit in the city. In fact, the imaginative shoes created by the students — squashy leather boots with open toes and shoes with heels straight as sticks — might have walked right out of the crowded 16th-century canvases.

''It's about using something natural and turning it into something mysterious and dark,'' said Van den Heuvel, showing footwear she described as a ''mix of Egon Schiele and cowboy boot'' and oversize pants wrapped to the body to create ''broken lines.''

But don't imagine that the students study Antwerp's peasant art and pointed architecture to produce Identikit collections. Their strength is in diversity — and that is the achievement of Linda

themselves,'' said Loppa. ''If they find their own identity — then we did a good job.''

Her words are echoed by Walter Van Beirendonck, who is the designer behind the funky and upbeat W< label. He studied at the academy and has taught there for 11 years.

''I try to use my imagination and fantasy to get into their world and work with them from inside to out — and the best ones have their own style after four years of working so intensely,'' said Van Beirendonck.

For Bernhard Willhelm, a student who graduated with distinction, that individuality meant capturing the spirit of his native Bavaria in an installation of fir trees and in knitwear patterned like paw prints on snow. Modern takes on Little Red Riding Hood were the checked Tirolean tablecloths made into tulip-shaped skirts and dirndls reworked in asymmetric tiers. The knitwear — inspired by the newspaper story of a little old lady knitting an entire wardrobe — was exceptional in its graphic modernity.

Tim Coppens's simple sportswear with computer-manipulated prints on a lizard theme was also graphic and made a dramatic show, as prints and colors slithered together and snake-patterned beads made dangling headgear.

The current graduates are children formed by the 1980s. Kris Van Assche set up a boxing installation and focused on two iconic figures of that era: Margaret Thatcher and Madonna. His clothes — showed by models with glittering boxing gloves — expressed a confrontation between masculine and feminine as crisp tailoring fabrics were draped or used asymmetrically.

Loppa says that she would describe Belgian style as being about ''good fabrics and nice finish — quite flat and linear, not so much about drapes.''

But it is the quality of that tailoring that distinguishes Belgian students from their international counterparts and is the basis on which recent graduates like Veronique Branquinho have managed to set up business. Both she and her partner, Raf Simons, are based in Antwerp, show

paid tribute to Loppa, describing her as a ''strong woman'' and saying that she runs a very individual academy, where ''they want you to go deep inside yourself — and they follow and help.''

Both she and Simons are also grateful to the pioneering work done by the Antwerp Six in building good relations with local banks and manufacturers. Significantly, Belgian fashion graduates, unlike the British, are not obliged to look abroad if they want to set up their own labels.

For Olivier Theyskens, another rising young Belgian designer who dropped out of the La Cambre design school in Brussels, the Antwerp college is unique. Although Madonna wore a Theyskens dress to the Academy Awards, he has not yet organized his manufacturing.

After watching the Antwerp show, staged in the soaring, vaulted ancient stock exchange, he said: ''If I'd been to this school where every student reaches their personal goal — maybe I would have stayed.''

So what is so special about the Antwerp experience? The word the graduates use to describe it is ''discipline.''

''I think maybe it is realism and discipline — being taught that self discipline is the only way to survive,'' said Van Assche.

THAT chimes with the impression formed by Hirofumi Kurino, from Tokyo's United Arrows retail group.

''For me, Belgian style is a kind of realism,'' he said. ''There are many strong ideas, but most of the clothes on the runway are wearable — and that is a strong part of the vision. The way they are teaching and guiding is excellent, respecting freedom and individuality, but with each student really thinking about the market.''

While Antwerp is on the crest of a design wave, Loppa is working on a new initiative: to create a Flanders Fashion Institute, a 5,000-square-meter building on four floors, restored by city funding and projected to open in 2000.

For this venture, there is a motto: ''It is not sufficient to cherish creativity — it has to be structured.'' That sums up what

《国际先驱论坛报》
(*International Herald Tribune*)
1998.6.23

○

| 塑造创意

安特卫普的设计摇篮

比利时时尚结合了哥特的幻想与接地气的现实。

对于备受瞩目的毕业生本哈德·威荷姆来说，他那充满家乡巴伐利亚特色的冷杉树装置，与酷似雪地中掌印的针织花型，都是他独特的个性。他塑造的现代“小红帽”形象也非常特殊：使用传统提洛尔桌布做成郁金香形的裙子；巴伐利亚紧身连衣裙也被改造出不对称的层次。而针织物件图案有致，非常具有现代感。他的设计的灵感来源于报纸中曾报道过的一位妇人，这位妇人针织了自己所有的衣物。

在如今处在设计顶峰的安特卫普，琳达·洛帕正着力于一个新的项目：法兰德斯时装学院总部“时尚帝国”(ModeNatie)，这是一座共四层、总计 5 000 平方米的建筑，由市政府资助复建，计划在 2000 年开放。

她表示，此项目的建立，是因为“需要给创意一个结构”。这就是在安特卫普发生的一切，也是整个时尚世界需要学习的重要一课。

SAMEDI 27 ET DIMANCHE 28 JUIN 1998

STYLE

La nouvelle vogue

Raf Simons

Un tailleur juvénile.

Trente ans, vit et travaille à Anvers. Après des études de design industriel à Genk, il effectue un stage chez Walter Van Beirendonck. Il attrape le virus de la mode, et, quelques années plus tard, projette d'entrer à l'Académie d'Anvers. La directrice, Linda Loppa, l'en dispense mais le soutient pour sa première collection qu'il présente en 1995 dans un showroom milanais. Puis il

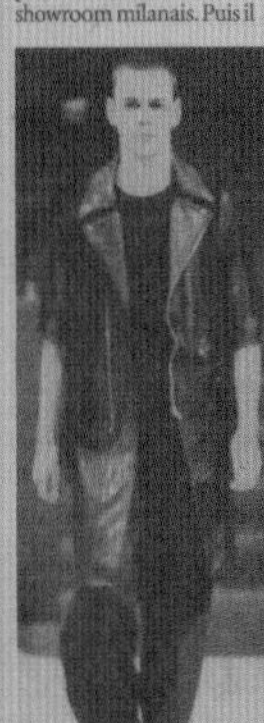

montre sa mode à Paris dans une galerie, avant d'exploser, en janvier 1997, avec son premier défilé.

Olivier Theyskens

Un surréaliste théâtral.

Vingt et un an, vit et travaille à Bruxelles. Après deux ans à l'école de La Cambre, Olivier Theyskens est assistant sur des défilés et des stylismes photo. Il montre une minicollection au Barclays Catwalk à Knokke-le-Zoute (sponsorisé par la marque de cigarettes). En mars dernier, dans l'ancien hôtel particulier des Noailles à Paris, il défilait pour la première fois. Une présentation gothique et surréaliste. Une mode de fantasme non commercialisé. Madonna portait du Olivier Theyskens, en avant-première, aux Oscars.

Véronique Branquinho

Une romantique austère.

Vingt-quatre ans, vit et travaille à Anvers. Ancienne élève de l'Académie royale des beaux-arts dont elle sort en 1995, Véronique Branquinho réalise des collections commerciales et vend des chaussures le week-end. Elle rencontre un fabricant, aujourd'hui son associé, qui lui finance sa première collection, printemps-été 98, au romantisme austère.

kitsch de la modernité, des idées fouillées dans les brocantes, Bruxelles reste esthétiquement scotchée à son heure de gloire: l'Exposition universelle de 1958 et son Atomium. C'est une nostalgie des années 50, des colonies… quand Bruxelles était riche!» ●

P.P. et C.S-A.-P.

Olivier Theyskens. Maquillage blafard pour robe costume à rayures.

A.F. Vandevorst

Un couple volontariste mais inspiré par Joseph Beuys.

« A.F.» pour Filip Arickx, 28 ans, et « Vandevorst», le nom de famille d'Ann Vandevorst, 29 ans. La griffe d'un couple de stylistes qui se rencontrent le premier jour de leur scolarité à l'Académie d'Anvers en 1987. Anvers où ils vivent et travaillent. Elle, ancienne première assistante de Dries Van Noten, lui, après un passage chez Dirk Bikkembergs, sera styliste pour des griffes commerciales et la télévision. Forts de leurs expériences complémentaires, ils présentaient en mars dernier une collection puissante et poétique inspirée par Joseph Beuys.

《自由报》(*Libération*)

1998.6.28

○

| 新时尚

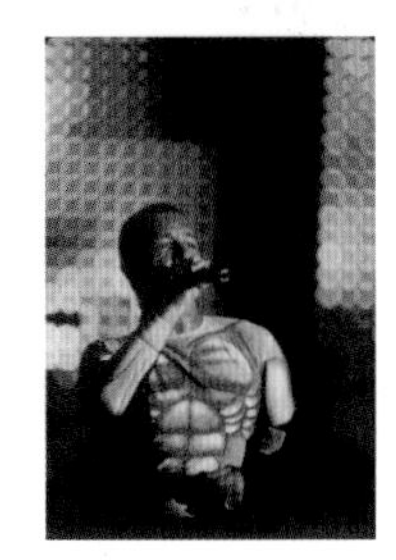

1996 - 拉里·克拉克(Larry Clark):电影《半熟少年》(*Kids*)。

—— - 丹尼·博伊尔(Danny Boyle):电影《猜火车》(*Trainspotting*)。

—— - 布鲁塞尔"白色三月",回应"变态杀人魔"马克·杜特斯(Marc Dutroux)事件。

—— - 美国饶舌歌手图派克·夏库尔(Tupac Shakur)遇刺(见上左图)。

1997 - 马丁·马吉拉在鹿特丹波伊曼·凡·布宁根博物馆举办展览。

—— - 拉夫·西蒙在巴黎首秀:1997—1998 秋冬系列,1998 春夏系列"Black Palms"。

—— - W. & L.T. 为 U2 巡演"Popmart"设计造型。(见上右图)

—— - W. & L.T.1998 春夏系列:"A Fetish for Beauty"。

—— - COMME des GARÇONS 和 Maison Martin Margiela 在巴黎合秀。

Lieve Van Gorp，1997—1998 秋冬系列

Tendance plat pays

New York, Paris, Milan, Londres, capitales de la mode ? Pas seulement. Aujourd'hui, Anvers et la Belgique imposent leur style. Parfaitement en phase avec cette fin de siècle. Balade au pays de l'antifrime. PAR DOROTHÉE WERNER

Tendance plat pays
le vent du Nord souffle sur la mode

L'inspiration sérieuse

L'élan hollandais

Eloge de l'ombre

1. Viktor & Rolf. 2. Olivier Theyskens. 3. Ann Demeulemeester.

1. Dries Van Noten. 2. Véronique Branquinho. 3. Josephus Thimister.

Tendance plat pays

Féminité sur talons plats

Walter Van Beirendonck, la rigueur sous la folie

1. Ann et Filip Vandevorst. 2. Dirk Bikkembergs. 3. Walter Van Beirendonck.

《Elle》杂志

1998.9.7

○

| 低地风尚

时尚北风

谁会想到全球时尚的焦点会被放在这个欧洲北部国家：比利时。它并不热爱千娇百媚，天空又低又灰，以它的鹅卵石小道和巧克力闻名，第一眼看上去完全不会让人联想它和时尚有任何关系。

在 20 世纪 80 年代中期，一群设计师们进入大家的眼帘："安特卫普六君子"。而在十多年后的今天，第二波设计师们又席卷而来，并且带来并不输给前辈的创造力：安·凡德沃斯特和菲利普·阿瑞克斯、薇洛妮克·布兰奎诺、拉夫·西蒙、朱利吉·帕森斯。

1997 – 马丁·马吉拉成为 Hermès 设计师。
—— – 吉塞弗斯·提米斯特设计自己的第一个系列。
—— – 卡特·迪磊在巴黎首秀：1998 春夏系列。
—— – 薇洛妮克·布兰奎诺在巴黎展示首个女装系列：1998 春夏系列。
—— – 德雷斯·范·诺登在香港和东京开店。
—— – 法兰德斯时装学院（FFI）获得"法兰德斯文化大使"称号。
—— – 克里斯托弗·布罗奇的首个女装系列：1998 春夏系列。
—— – 奥利维尔·泰斯金斯在巴黎首秀。

DOSSIER CRÉATEURS

LES ENFANTS DE REI KAWAKUBO ET DE MARTIN MARGIELA

LA GENERATION "CONCEPTUELLE" CULTIVE UNE MORALE DE LA DUREE

NON AU RITUEL DU SALUT

Journal du Textile 48 n°1553 / 12 octobre 1998

DOSSIER CRÉATEURS

MODÈLES SIGNÉS ANN DEMEULEMEESTER.

RENOUER AVEC L'HUMAIN

Suite page 50

Journal du Textile 49

《Journal du Textile》杂志

1998.10.12

○

|“概念世代”培养可持续发展心态

川久保玲和马丁·马吉拉。

1997 – 让·保罗·高缇耶展示高级定制系列。
—— – 美国设计师杰瑞米·斯科特（Jeremy Scott）大红大紫。
—— – 约翰·加利亚诺成为 Dior 艺术指导。
—— – 尼古拉·盖斯奇埃尔（Nicolas Ghesquière）为 Balenciaga 设计第一个系列。
—— – 艾迪·斯理曼（Hedi Slimane）成为 Yves Saint Laurent Homme 艺术指导。
—— – 马克·雅可布成为 Louis Vuitton 艺术指导。
—— – 多品牌店 Colette 在巴黎开幕。
—— – Prada Sport 成立。
—— – 詹尼·范思哲遇刺。
—— – 戴安娜王妃去世。

DOSSIER CRÉATEURS

POUR S'EXPLIQUER LE CRÉATEUR EMPLOIE LE FAX

Martin Margiela garde ses distances

Il n'accepte aucune interview, refuse de se laisser photographier, ne vient jamais saluer à la fin de ses présentations et beaucoup ne l'ont jamais vu : Martin Margiela est un créateur singulier. Et, de l'avis de ceux qui le suivent depuis longtemps, l'un des plus doués du moment. La consécration médiatique, qu'il a toujours fuie, vient de lui être donnée pourtant par le succès de sa première collection pour Hermès. Mais sa place de 4 (contre 16', il y a six mois) dans la Cote des Créateurs du Journal du Textile est tout autant la reconnaissance du travail expérimental qu'il mène depuis plusieurs années. C'est par fax que s'est passé cet entretien, d'un genre un peu particulier. Et si derrière ces réponses incisives – «à publier intégralement et dans l'ordre» – la présence du créateur apparaît évidente, il n'est pas question qu'il se dissocie de l'équipe : «Nous tenons à vous avertir que nos réponses sont au nom de la Maison Margiela et non pas de M. Martin Margiela en tant que personne.» On ne saurait être plus virtuel.

1. Quelle est votre définition du vêtement aujourd'hui ?

– Qu'il reste toujours la dernière couche.

2. A-t-elle beaucoup changé depuis vos premières collections ? En quoi ?

– Probablement par rapport au raffinement de technique gagné par l'expérience.

3. Quelle différence faites-vous entre votre travail et celui d'un plasticien ?

– La mode est plutôt un métier qu'un art. Les deux domaines partagent une voix à travers une créativité mais, avec leur tech-

[...]

mais, par un atelier au sein de notre maison à Paris. Pour cette partie de la collection, nous retravaillons de vieux vêtements (tels que des vestes d'homme, des vieux jeans, des chemises, des gants, etc), tissus et objets (des affiches de métro, de la porcelaine, des sacs à provision), en transformant leur fonctionnement et leur aspect. Chaque pièce est unique.

Journal du Textile 81 n°1553 / 12 octobre 1998

DOSSIER CRÉATEURS

■■■ La génération "conceptuelle"

Journal du Textile 80 n°1553 / 12 octobre 1998

1997 – 由弗兰克·盖里（Frank Gehry）设计的西班牙毕尔巴鄂古根海姆博物馆开馆。
—— – "Sensation"：极具争议的"年轻英国艺术家"（YBAs）展览，来自萨奇收藏（Saatchi）。

—— – 天线宝宝（Teletubbies）。
—— – 韦斯·克雷文（Wes Craven）：电影《惊声尖叫》（*Scream*）。
—— – Daft Punk：专辑《Homework》。
—— – 饶舌歌手 The Notorious B.I.G. 遇刺。

1998 – 沃特·范·贝尔道克和德克·范·瑟恩在安特卫普开店：Walter®。
—— – 克里斯托弗·布罗奇的首个男装系列：1998—1999 秋冬系列。（见上图）

A.F. Vandevorst，1998—1999 秋冬系列邀请函，平面设计：保罗·包登斯 / A.F. Vandevorst

1998 – A.F. Vandevorst 在巴黎首秀：1998—1999 秋冬系列。
—— – 马丁·马吉拉开启新男装产品线：10。
—— – 化妆造型师英格·格罗纳出版作品集。
—— – 薇洛妮克·布兰奎诺在巴黎首秀：1998—1999 秋冬系列。
—— – 薇洛妮克·布兰奎诺在纽约麦迪逊广场花园接受“VHS 时尚大奖”。

STYLE

La fibre belge pour le vêtement radical

L'ANVERS de la mode

Dans les magazines de mode, l'actualité est nettement plus heureuse qu'à la une des médias belges, où pédophilie, inceste, scandales financiers et politiques déclinent, de jour en jour, le malaise et les tensions d'un pays divisé entre ses communautés.
Au bas des photos de mode, ce sont de bonnes nouvelles qui se glissent, aux noms aussi nouveaux qu'imprononçables, et correspondant à la flopée de stylistes belges qui présentèrent leur première collection en mars dernier à Paris. Cette nouvelle vague volontaire et efficace apparaît douze ans exactement après la première génération de créateurs belges, Marina Yee, Ann Demeulemeester, Dirk Bikkembergs, Dirk Van Saene, Walter Van Beirendonck et Dries Van Noten, les fameux «six» d'Anvers, vite rejoints par deux compatriotes au parcours un peu plus parisien: Martin Margiela et Véronique Leroy. Ces pionniers nous ont familiarisés avec un style qu'on pourrait qualifier de rustique urbain: celui des villageois de centre-ville évoluant entre le Marais et Soho. Des vêtements modernes, austères, presque androgynes, de sensibilité tailleur. Une mode qui, tout en s'affinant avec les années, reste éloignée des codes de l'élégance parisienne.
L'approche belge n'a que faire de la virtuosité, laissée en héritage par les petites mains de la haute couture. Les noms à consonance flamande bénéficient aujourd'hui d'un réel crédit. Et la marque Let it be devient Chris Janssen.
N'y a plus guère que la Belgique pour s'intéresser au vêtement? ●

Par le biais de la section mode de l'Académie d'Anvers, la première génération des créateurs belges s'est forgée presque entièrement dans cette ville. Depuis, Anvers s'est ouvert à la mode. On y organise des week-ends shopping dont raffolent les Japonais. Pourtant, pas question de devenir une capitale de la mode avec ses défilés. *«Cela nous dérangerait, nous aimons notre tranquillité»*, rappelle Linda Loppa, directrice de l'Académie. Nombreux, cependant, sont les acheteurs qui passent par la capitale flamande, avant Milan et Paris, et commencent leur carnet de commandes par la Belgique. En décidant de montrer leur première collection (produite grâce aux aides de l'Institut du textile et de la confection belges (ITCB) à Paris et à Londres, les six d'Anvers – Walter Van Beirendonck, Marina Yee, Dirk Bikkembergs, Dries Van Noten, Dirk Van Saene et Ann Demeulemeester – ont ouvert la voie belge vers l'étranger. C'était en 1986. Ce fut un choc!

> *Du rustique urbain des six pionniers à la relève plus intimiste, la cité flamande pétille de créateurs.*

ANN DEMEULEMEESTER, qui depuis a fait son chemin, aimerait qu'on oublie un peu qu'elle faisait partie de la bande et trouve ridicule cette façon de fédérer des créateurs sous la bannière d'un pays. Car, en Belgique, l'identité régionale est trop forte pour que l'on parle d'orgueil national, alors on reste modeste. Même si on s'appelle Ann Demeulemeester, dont les tailleurs font aujourd'hui un tabac aux Etats-Unis! Ses collections sont des merveilles de construction: un nombre réduit d'idées fortes déclinées à l'infini. Certaines pièces sont fabriquées en Italie, mais un maximum restent produites en Belgique. Comme elle, la majorité des créateurs belges continuent de travailler à Anvers, qui offre espace et confort: les loyers sont dérisoires, les surfaces habitables gigantesques et la vie plus douce.

MARTIN MARGIELA, originaire de Genk dans le Limbourg, a quitté la Belgique relativement tôt. Son accession, aujourd'hui, à la création du prêt-à-porter féminin d'Hermès arrive à point pour légitimer cette sensibilité belge. Pour la maison Margiela, *«il n'y a pas de style belge, mais des individus, des équipes qui proposent leur point de vue et leur vision créative. Et ce n'est pas parce qu'ils sont belges; c'est grâce à leur talent. Mais il est aussi logique que des créateurs d'une même région partagent une certaine démarche».* Travailler sur l'architecture d'un vêtement traditionnel pour remettre en question sa construction, c'est une partition typique de l'expression belge, fortement influencée par le travail de Rei Kawakubo et de Yohji Yamamoto. Le défi de Martin Margiela est d'installer un regard d'artiste dans un fonctionnement industriel. Depuis deux saisons, il planche sur le vêtement à plat, *«explorant l'effet de forme et de mouvement quand des vêtements créés en deux dimensions, une fois mis sur le corps humain, se transforment en trois dimensions».* Un blouson, un pantalon que l'on suspend par une petite chaînette, comme des patrons dans un atelier. Il s'agit d'un jeu de construction digne de Géo Trouvetout. Un côté radical, mais n'est-ce pas justement sur ce terrain-là que les Belges ont installé leur différence. *«La tradition du* made in Belgium *est là depuis longtemps, le plus souvent basée sur la pratique et la fonctionnalité, et pas seulement sur le glamour»*, estime-t-on chez Martin Margiela.

VÉRONIQUE LEROY s'amuse quand elle affirme: *«Le Belge est drôle sans le savoir, regardez avec quel sérieux et quelle préméditation l'entarteur balance ses tartes.»* Refusée deux années de suite à l'Académie d'Anvers, Véronique Leroy, originaire de la province de Liège, choisit le cours Berçot à Paris. Elle recevra pourtant la canette d'or en 1989. Son style flirte avec le populaire. C'est au cinéma, dans un film comme *la Promesse* des frères Dardenne qu'elle retrouve les mêmes racines que les siennes, à travers des histoires qui traitent du charme de la Wallonie, d'un milieu minier à moitié au chômage. Sa grand-mère apprêtait régulièrement la maison, faisait jouer le cuivre et le faux chêne, abusait des bougies rouges sur les chandeliers or. L'intérieur prenait des allures de demeure moyenâgeuse. Une ambiance que l'on retrouve dans sa dernière collection: de longues jupes de châtelaine en daim beige rosé et des bustiers dos nu en peau de chèvre.

DRIES VAN NOTEN, de tradition anversoise, avait un grand-père retourneur de vestes et tailleur pour homme, et des parents dans la confection. L'immeuble-boutique de Dries fait face au navire familial Van Noten. *«Une nouvelle vague de créateurs s'élance sur la scène internationale. La mode belge n'était pas un feu de paille,* se réjouit-il. *Notre simplicité, notre minimalisme n'est jamais affecté et ne reflète aucune prétention. Nous sommes pragmatiques et entreprenants et pouvons donc, dans un contexte international, prétendre aux première places.»* Dries Van Noten continue de faire fabriquer ses collections en Belgique. Inspiré par le voyage mais aussi par l'exotisme qui règne dans sa propre ville, il agrémente ses silhouettes simples de brillances, de broderies, de passementerie, de fourrures et de doublures chatoyantes. *«Il faut que l'œil se délecte.»* Dries est de loin le plus porté en Belgique.

WALTER VAN BEIRENDONCK a, lui, inventé la mode techno. En 1992, il crée la ligne Wild & Lethal Trash, (W & LT), produite aujourd'hui par Mustang: des vêtements sportifs dans des matières Nylon stretch, imprimés graphiques contemporains et couleurs pétaradantes, loin de l'austérité de la production anversoise. Mais justement Walter Van Beirendonck ne souhaite pas se laisser cataloguer plus longtemps dans la catégorie streetwear, pour la saison printemps-été 98. Il lance Limited Edition, une collection où il se focalise sur la coupe. Pour lui, la jeune génération belge est plus proche des stylistes que des créateurs, car leur travail n'est pas le fruit de la confrontation d'idées multiples. *«Cette génération est plus ouverte, plus réaliste, plus calme, elle a des facilités à ne pas exagérer. Nous, à l'époque de Mugler, Gaultier, Comme des Garçons, nous étions des fous de mode.»* Walter Van Beirendonck sait de quoi il parle, il enseigne à l'Académie d'Anvers.

DIRK VAN SAENE, même s'il réalise une collection à son nom depuis 1989, crée aussi les collections femme de son ami Walter Van Beirendonck. Car le talent de mener des carrières simultanées est typique d'Anvers. *«On m'a d'emblée collé l'étiquette d'avant-garde couture, parce que j'avais, en 1991, réalisé à la main une de mes premières collections. A l'époque on sortait tout juste du destroy.»* Après cinq ans d'interruption, Van Saene renoue avec sa griffe, et son style évolue vers une mode plus sportive et plus conceptuelle qu'il présente à Paris.

Depuis, à Anvers, les six ont fait des petits. La relève est là, habile, rouée au fonctionnement des systèmes de mode. Cette nouvelle génération de stylistes touche, dès ses premiers tirs, la scène internationale.

RAF SIMONS insuffle une nouvelle jeunesse au vêtement. Et il y avait beaucoup de bous-

Raf Simons. Vêtements étriqués pour allure adolescente.

SAMEDI 27 ET DIMANCHE 28 JUIN 1998

STYLE

culade pour son premier défilé, en janvier 1997. Des silhouettes étriquées coupées dans des étoffes classiques, des matières naturelles. La coupe tailleur revue avec un oeil neuf: une allure qui influence déjà la mode masculine. Peu de mannequins professionnels sur ses défilés, mais un casting sauvage d'adolescents qu'il emmène en car à Paris. Le talent de Raf Simons réside justement dans l'art d'accoler l'imagerie de sa propre adolescence à celle du moment. En janvier dernier, des rythmes des synthétiseurs de Kraftwerk au beat de la techno, son show explorait l'évolution d'un style musical et vestimentaire. Collégiens anglais, punks, surfers, à chaque saison, ses références sont identifiables. Après trois ans d'existence, entouré de neuf collaborateurs et amis, il produit déjà 20000 pièces par saison, fabriquées en Belgique. Mais il reste calme: *«Je ne veux pas trop grandir. La mode vous prend tellement, je tiens à conserver le confort de ma vie.»*

VÉRONIQUE BRANQUINHO, qui partage justement sa vie avec Raf Simons depuis trois ans, a obtenu vingt-cinq points de vente dès sa première collection. Elle en totalise soixante après la deuxième. Une accélération qui a de quoi donner le tournis. Mais Véronique Branquinho possède déjà un talent parfaitement mûr: *«Je voulais des tenues en réaction aux vêtements agressifs et violents tout en fentes et asymétries: je n'avais pas envie de me voir là-dedans! Je tenais à montrer quelque chose de romantique, sans le côté godiche. Ma première collection s'inspirait des photos de David Hamilton. Depuis l'école, la femme que j'habille reste la même. Elle paraît fragile mais c'est une femme forte; je pense à Jane Birkin.»* Avec sa deuxième collection, inspirée de Laura Palmer dans *Twin Peaks*, l'innocence se trouble. Un travail sur l'ambiguïté de l'adolescence parfois ressentie comme morbide et qui peut refléter aussi, en filigrane, les malaises de la société belge. Ses jupes plissées, ses petits pulls courts cachés sous de longues capes n'auraient pas vu le jour sans le soutien d'un fabricant belge, Gysemans, devenu son associé.

A. F. VANDEVORST s'est lancé grâce à l'appui d'une banque. *«Au départ, on cherchait un financier italien, mais Dries Van Noten nous a fait comprendre qu'on maîtriserait mieux notre démarrage en nous organisant nous-mêmes. Nous bénéficions de l'aide logistique de Dries: conseils, contacts avec les acheteurs, partage du showroom parisiens pendant les ventes...»*, confie Ann Vandevorst qui fut longtemps son assistante. Avec Filip Arickx, ils signent à deux une première collection inspirée de Joseph Beuys. Du feutre kaki et gris, ici encore des tissus naturels non mélangés, pour repartir à zéro. S'inspirant du vêtement orthopédique, ils inventent des pièces rivetées, sans coutures. Des carapaces de lainage? Non, une recherche formelle car *«la femme que nous habillons n'a rien à protéger»*. Sous ces armures, de la lingerie, pas obligatoirement visible, pour *«une féminité vue du simple côté des femmes...»*

JURGI PERSOONS n'entre pas dans le moule de l'austérité de rigueur.

Depuis 1994, il propose une mode «classic-trash.» Sa dernière collection, «Escada Trauma», raconte le cauchemar d'une secrétaire s'assoupissant au travail. Attaquée par des visons s'accrochant à son pull, elle se réveille dans une jupe trompe-l'oeil d'où jaillissent ses cuisses gainées de résille. Une vision trouble, plus intimiste, celle d'une génération de créateurs moins radicale que la précédente ●

PAQUITA PAQUIN ET CEDRIC SAINT ANDRE PERRIN

A.F. Vandevorst. Veste rivetée et articulée. Ci-contre, robe-guêpière et bottine compensée à multi-découpes.

Dans le droit fil de l'Institut du textile et des écoles de mode

Un plan gouvernemental visionnaire, et des formations originales et pointues.

A l'origine, l'Institut du textile et de la confection belges. En 1983 naquit donc l'ITCB, la pierre angulaire du développement d'un pôle mode, un plan gouvernemental sur dix ans qui prévoyait 10 milliards de francs pour soutenir l'industrie textile belge en déclin depuis une cinquantaine d'années. *«Si l'on veut survivre, il faut créer nos propres créateurs»*, avait prédit Helena Ravert, conseillère auprès du ministère de l'Industrie. Ce plan porte encore tous ses fruits aujourd'hui puisque les créateurs belges existent et réussissent à inventer une mode d'identité belge dont l'influence se distille dans la mode internationale. Les Six ont formé les fabricants du Limbourg, des Flandres et du Brabant à leurs nouvelles exigences: coupes et finitions différentes, petites quantités... Ils ont ainsi ouvert la voie et débroussaillé pour la génération actuelle, au point qu'aujourd'hui le «made in Belgium»

LIBERATION 39

《自由报》[*Libération*]

1998.6.28

○

| 安特卫普时尚的背面

比利时前卫时尚

在第一代比利时设计师的十二年后，这股具有明确目的、充满能量的新浪潮席卷而来。这群时尚的先锋为我们普及了质朴都市风格：现代、坚毅、中性的服饰，却带着裁缝的感性。

这股风潮虽然随着时间变得越来越精练，但是仍然和传统的巴黎优雅时尚保持着一定距离。而比利时的方式更加精于技术，保存了高级定制小作坊式的精神。这些响亮的弗拉芒名字已经在历史中留下了自己的一页。

1998 - 薇洛妮克·布兰奎诺和拉夫·西蒙为意大利品牌 Ruffo Research 设计 1999 春夏系列和 1999—2000 秋冬系列。

—— - 沃特·范·贝尔道克和马克·纽森（Marc Newson）在鹿特丹波伊曼·凡·布宁根博物馆举办展览。

—— - A.F. Vandevorst 在巴黎获得 “Vénus de la Mode” 大奖。

—— - 克里斯·万艾思（Kris Van Assche）和本哈德·威荷姆从学院毕业。

—— - 琳达·洛帕成为安特卫普时装博物馆（MoMu）馆长。

Raf Simons，《i-D》杂志，1998 年

BELGIEN

FASH

SECOND G

2001 WIRD ANTWERPEN ZUR FASHION-CITY DES JAHRES. DAS MARKIERT EINEN MEILENSTEIN IN DER MODE-GESCHICHTE

ION
ENERATION
VON BELGIEN. EINE REIHE JUNGER TALENTE, DIE „SECOND GENERATION“, SETZT NEUE IMPULSE IM MODE-MILIEU.
BELGIEN

《Textilwirtschaft》杂志
1999.12.2

| 时尚：第二代

enquête

C'est à l'Académie d'Anvers que tout a commencé avec Dries Van Noten, Dirk Bikkembergs ou Ann Demeulemeester dont les noms, imprononçables à la fin des années 80, sonnent désormais comme des sésames.

écoles de mode

les maîtres flamands

Aujourd'hui, alors que Bruxelles a ouvert une section mode à la Cambre, une nouvelle génération de stylistes cultive sa différence. Visite de pépinières par Élisabeth Paillié.

Au royaume de de Belgique, l'herbe de la mode semble pousser plus vert. La preuve ? Les calendriers officiels des défilés et showrooms parisiens se gonflent chaque année davantage de noms à résonance flamande ou wallonne – rendez-vous de podiums ou de galeries incontournables pour les professionnels et les microcosmes culturels autour de la mode. Quant aux boutiques pointues, grands magasins, musées de mode et d'art à travers le monde, ils se sont jetés sur ces créateurs d'un nouveau type comme sur une manne. Mais d'où viennent ces Belges qui mettent les bouchées doubles comme pour rattraper le temps perdu ?

La mode belge ? On connaissait Scapa, Nathan, Rue Blanche ou Olivier Strelli qui fit flamboyer le plat pays. Mais le vrai choc belge éclate au début des années 80. Paris vient d'être tétanisé par les prestations de créateurs japonais inconnus – Yohji Yamamoto et Comme des Garçons – imposant abstraction, nouvelle pudeur, codes de la beauté violentée. À Bruxelles, l'Institut du textile et de la confection belge (ITCB) – un organisme gouvernemental chargé de promouvoir la mode – va donner aux débutants de talent, sous l'impulsion d'Helena Ravyst, pendant dix ans, les moyens de se faire connaître ; et distribuer prix de la Canette d'Or et bourses. En 1983 défile, devant un jury de professionnels présidé par Jean-Paul Gaultier, la « bande des Sept », sortie de l'Académie royale des beaux-arts d'Anvers, avec ses collections rebelles sous influence punk. Et ses drôles de noms : Martin Margiela, Ann Demeulemeester, Dries Van Noten, Walter Van Beirendonck, Dirk Van Saene, Dirk Bikkembergs et Marina Yee, qui abandonnera la compétition. Suivront les salons à Londres puis à Paris, solidairement. Ensuite s'amorce l'irrésistible ascension individuelle. Martin Margiela veut faire ses armes avant de se lancer et s'est juré d'entrer chez Gaultier. Débarqué de Bruxelles un matin, il campera devant la porte toute la journée jusqu'à ce que, de guerre lasse, la créateur le reçoive. Et l'engage. Quatre années d'une expérience magistrale le muscleront pour monter sa maison.

Chacun de ces six Flamands gravira petit à petit les échelons, maître à bord, sans jamais vendre son âme au diable. À des années-lumière du glamour, leur force prend racine dans leur culture : austérité, rigueur (voire rigorisme), intégrité, travail. À Anvers, cette ville de cinq cent mille habitants où les roses trémières poussent entre les pavés, la solidarité fonctionne et de petits ateliers se montent, en vêtements comme en souliers, pour produire les prototypes et petites séries indispensables à tout commencement de collection. Et la fièvre monte irrésistiblement à l'approche des trois jours de défilé de fin d'études dans labâtisse monumentale et gothique de la Bourse du commerce, où les places s'arrachent comme celles de concerts de rock.

Suite p. 92

LINDA LOPPA

BOOTS MARTIN MARGIELA

MARTIN MARGIELA
Le plus conceptuel, le plus subversif, le plus secret.
Élève de l'Académie royale des beaux-arts d'Anvers, assistant de Jean-Paul Gaultier pendant quatre ans, il crée la Maison Margiela en 1988 avec Jenny Meirens, pionnière qui tint boutique à Bruxelles, distribuant Comme des Garçons. Le premier défilé, en 1988, donne le ton en cassant tous les codes du « milieu » : lieu brut, mannequins dans le public, verre de vin rouge et gobelets en plastique, premières petites épaules XIXe et boots à l'image des « tabis » (chaussettes à pouce) japonais, à l'opposé des clichés d'une élégance glamour en vigueur. Obsédé par la construction du vêtement, il le déconstruit, le dissèque et le reconstruit en donnant à voir sa beauté intérieure. Et il le recycle – lavages, teintures, découpages – pour lui donner une nouvelle vie. Il le conçoit même à plat, de telle sorte qu'il ne prend ses trois dimensions qu'une fois porté. Rejetant le système forcé des collections biannuelles, il ne réinvente que quand il le sent. En 1997, la maison Hermès l'engage pour signer son prêt-à-porter. Sollicité par les musées, il expose un travail à la poétique crue. Et sort un livre-mémoire de dix années d'enfermement avec le vêtement.

90

enquête

Arrivée plus tard dans la spirale mode ascendante, Bruxelles offre une sensibilité plus latine et plus éclatée. Véronique Leroy, Elvis Pompilio, Christophe Coppens, Didier Vervaeren, Xavier Delcour ou Olivier Theyskens sont vendus dans le monde entier. Et nombreux sont ceux qui reviennent primés du Salon d'Hyères. Mais si d'un côté campe le talent, de l'autre brillent dans l'ombre ces hommes et ces femmes pas comme les autres qui les encadrent, les portent, les font avancer en les respectant. Ils sont de la race des défricheurs.

LINDA LOPPA, LA PASIONARIA

Pugnace et rieuse, la dame d'Anvers promène sa silhouette noire des salles de cours de l'Académie aux bureaux des ministères et des édiles de la région et de la ville. Directrice du département Mode de l'Académie royale des beaux-arts d'Anvers, directrice du Flanders Fashion Institute, elle a fort à faire, habituée à multiplier ses fonctions et occupations autour de la mode flamande. Rien d'une novice... Aux côtés d'un père et d'un grand-père tailleurs, elle est, toute petite, « tombée dedans ». Son cœur bat toujours devant un vêtement et devant le travail de la main. Diplômée de l'Académie, elle ouvre boutique et accueille, dans une ville où la mode n'existait pas, les créateurs étrangers, de Gaultier à Comme des Garçons. Elle pousse la « bande des Six », via l'ITCB, à sauter le huis clos des frontières belges. Puis, succédant à Mary Prijot à l'Académie, s'attaque à préparer la relève : Raf Simons, Véronique Branquinho, An et Filip Vandevorst, Stephan Schneider, Jurgi Persons, Lieve Van Gorp, Anna Heylen, Christoph Broich et les autres. Raf Simons, sorti d'une école d'architecture intérieure, voulant virer de bord et s'inscrire à ses cours, se vit refuser l'entrée. « Il était prêt. Je lui ai dit : "Prends une veste. Découpe-la. Et vas-y." » Flair infaillible. Son dernier coup de cœur vient de sortir major (en juin). Angelo Figus, fils d'un tailleur de Sardaigne, a bouleversé le jury de fin d'année par ses enveloppes-cocons, connotées primitives et mystiques, sculptées dans le feutre. Un défilé soutenu par Dries Van Noten – qui a pour seconde nature de donner – s'est greffé sur le calendrier de la couture en juillet. Les Anversois, c'est ça. Non, cela ne suffit pas à Linda Loppa. En 1996, elle peaufine le projet du Flanders Fashion Institute, destiné à promouvoir la mode flamande.

OLIVIER THEYSKENS
Il quitte l'école de la Cambre en 1997, après deux années seulement. Surdoué. Assistant sur les défilés, styliste photos, il lance sa collection en 1998, et ravit la presse et Madonna. Inspiration historique théâtrale, femme fatale, style sexy agressif, et aussi technique imparable. Il peut tout faire, surtout des vêtements pafaitement coupés et parfaitement portables.

DIRK VAN SAENE
Le moins médiatique et l'un des plus obstin[…] à questionner et reform[…] la construction d'un vêtement, sans s'attac[…] à un style. Sorti en 19[…] de l'Académie, il travaille pour les magazines, ouvre sa boutique Beauties & Heroes à Anvers, cré[…] sa première collection en 1984. Il peut passer d'un travail magistral sur le vêtement trompe-l'œil – à la technique irréprochable – à la poésie naïve de robes en non-tissé coupé à vif, inspirées de phot[…] de Diane Arbus, ou de formes taillées trop grand et qui, une fois lavées, rétrécissent et affichent un[…] parfaite justesse de porter. Garçon doux et pudique, il met de la tendresse dans le vêtement.

En 1997, elle obtient un titre d'ambassad[…] culturelle de Flandre et un bâtiment pour a[…] ter son institut. Aujourd'hui, rayonnante de[…] battre bec et ongles et de gagner, elle prép[…] sa première exposition, « La Géométrie d[…] l'histoire du vêtement et des cultures ethniq[…] et contemporaines » (jusqu'au 17 octobre). [...] seconde opération « Vitrine », investissemen[…] lieux et de vitrines par les créateurs anvers[…] dont une collaboration avec l'architecte-art[…] conceptuel Luc Deleu (du 16 au 26 septemb[…] « Elle fait du colossal sans en avoir l'air », [...] avec humour et amour son mari, réalisateur, [...] jourd'hui à ses côtés dans la nouvelle avent[…]

Qu'est-ce qui fait la spécificité [...] l'Académie ? « J'exige que le [...] tement raconte plus qu'une c[…] leur ou qu'un tissu. Je dema[…] qu'on choisisse un artiste, un univers, et q[…] partir de là soient déclinés carte de colori[…] vêtements. Ma passion pour l'art concept[…] dans les années 80 m'a aidée à avoir une [...] sion globale de l'enseignement. » En tém[…] gnent les présentations de fin d'année [...] élèves et la force de leurs « installations » [...] ne détonneraient pas dans une galerie d'[…] Mais qu'on ne se méprenne pas : la techni[…] est fondamentale, éclatante signature [...] l'école. Autre détail d'importance : la co[…] sion des professeurs. Il n'est pas anodin [...] remarquer le nombre croissant d'anciens é[…] diants passés de l'autre côté du miroir : W[…] ter Van Beirendonck, leader, est responsa[…] de la troisième année ; Patrick de Muyn[…] tout en finesse et générosité, de la deuxiè[…] année ; An Vandevorst gère les cours rela[…] aux chaussures. Elle précisera comment [...] lui a appris « à d'abord explorer son pro[…] monde pour y trouver une sorte de bibl[…] thèque, base de travail de toute une vie ».

Suite p[…]

WALTER VAN BEIRENDONCK
Ancien élève de l'Académie, il est retourné à l'école pour enseigner à la troisième année. Personnage imposant, à la Falstaff, mains outrageusement baguées de métal, il exprime, à travers W & LT, lancé en 1993 et financé par Mustang, un monde coloré, à la fois agressif et positif, humoristique – aux antipodes du label anversois –, aux références de BD, d'internet et de techno, questionnant la société. En janvier 1999, une première collection homme, autofinancée, sans concessions, donne le ton « No References », suivi par « Gender ». Il révolutionne la construction du vêtement, supprime les fermetures, utilise des baleines pour donner une troisième dimension, travaille les enveloppes à partir de formes rectangulaires et gomme les sexes. De Kyoto à Rotterdam ou Paris, il est courtisé par les musées. Sa boutique de mille mètres carrés, à Anvers, a créé l'événement. Conçue en collaboration avec le designer Marc Newson, elle brille d'intelligence et d'innovation, par une circulation ludique autour de modules. Généreusement, il accueille des créateurs – Dirk Van Saene, Stephen Jones, Shinichiro Arakawa –, y distribue son magazine « Wonder » et expose un artiste dans sa vitrine géante.

92

《Madame Figaro》杂志
1999.10.9

| 弗拉芒大师

1998 – 法兰德斯时装学院在安特卫普设立办公室。
—— – 摄影师罗兰·斯托普、化妆师英格·格罗纳和平面设计师安妮·古丽思、保罗·包登斯举办“Vitrine 98”：时装秀和展览。

—— – 本哈德·威荷姆为比约克（Björk）设计造型。
—— – 安娜·希伦在安特卫普开店。
—— – 荷兰设计师组合 Viktor & Rolf 在巴黎展示首个高级定制系列。

—— – 亚历山大·麦昆担任《Dazed & Confused》杂志客座编辑。
—— – 海尔穆特·朗移师纽约。（见上图）

enquête

Véronique Branquinho ajoute : « Les professeurs t'aident à faire sortir de toi ce que tu as à dire. On doit toujours finir par se trouver soi-même. »

GEERT BRULOOT, L'HUMANISTE

Dans son regard doux, c'est toute son histoire et celle des « Six d'Anvers » qui défilent. Il y a seize ans, en 1983, c'est lui qui plantait le décor et assurait la coordination du défilé mythique de la Canette d'Or, parrainé par l'ITCB, celui qui propulsa la génération historique. L'opération fut répétée au Japon. Geert Bruloot joue les imprésarios et les fait défiler à Londres, au Designers Show. La presse s'enflamme et Barney's fait le détour. Ouvrir la boutique Louis à Anvers – après celle vouée aux chaussures, en partenariat avec Eddy Michiels – devient une évidence. Il démarre avec Ann Demeulemeester, Dirk Van Saene, suivis par Martin Margiela et Dirk Bikkembergs. Pas facile... Les Flamands sont méfiants et ont besoin d'une reconnaissance internationale. Il dit simplement : « J'ai grandi avec eux. » Avec Martin Margiela, dont il aime la rébellion alliée à la passion pour le vêtement traditionnel ; avec Ann Demeulemeester, « l'architecte qui construit et essaie toujours de renouveler le mouvement d'une veste ; elle est en même temps poétique et sensuelle ». Il a aussi accueilli Raf Simons, « qui dessine pour les garçons de la rue », Véronique Branquinho, « qui apporte un romantisme de jeune fille », Jurgi Persons et sa mode agressive, An et Filip Vandevorst. Sa boutique est le QG des étudiants. C'est encore lui qui assure l'organisation du formidable défilé de fin d'année. « Je les accompagne », dit-il de ceux qu'il appelle ses « enfants ». Ses vitrines éduquent en étonnant. Chaque année, il laisse carte blanche à un étudiant. « Il faut montrer à la clientèle que c'est cela la créativité. » À Anvers, il n'y a pas que les diamants pour briller.

DRIES VAN NOTEN
Troisième génération d'une famille de tailleurs, Dries Van Noten a « fait l'Académie » et lancé en 1985 sa première collection, pour homme d'abord, suivie de celle pour femme. Les boutiques phares s'enflamment. Dès 1989, il ouvre son vaste Heit Modepaleis à Anvers, reflet de son souci d'allier tradition et modernité, pragmatisme, fraîcheur et grâce. Sa réinterprétation généreuse des cultures d'ailleurs, son don pour les tissus et ses talents de créateur (comme d'homme d'affaires) ont contribué à son ascension fulgurante et à bâtir un petit empire. L'année 1997 voit naître la ligne enfant, et Tokyo et Hongkong abriter deux autres vaisseaux. Pudique, bourreau de travail, homme de cœur. Dries Van Noten reçoit à chaque défilé avec une magie, une authenticité et une chaleur qui n'appartiennent qu'à lui... et à son équipe soudée. Une vraie fête. Ses dernières collections au romantisme gothique ont fait l'unanimité.

VÉRONIQUE BRANQUINHO
Diplômée en 1995 de l'Académie d'Anvers, elle est allée vite en besogne et lance en 1997 sa première collection. Le « Women's Wear Daily » lui consacre une page. Elle séduit parce qu'elle sait faire de vrais vêtements et qu'elle apporte un romantisme de jeune fille de son époque : un peu « noir ». Les femmes la fascinent. Elle aime leur complexité et leur mystère. À ses côtés, dans la vie, le très doué Raf Simons.

FRANCINE PAIRON

FRANCINE PAIRON, LA BATTANTE

L'ex-directrice du département Mode de l'École nationale supérieure des arts visuels de la Cambre, à Bruxelles, est une boule d'énergie charismatique. Franc' Pairon – c'est le nom qu'elle se donne – ne baisse jamais les bras et est intarissable quand il s'agit de gloser sur la crème de ses étudiants. C'est une femme entière, qui se jette corps et âme dans tout ce qu'elle entreprend. Formée dans l'enseignement du vêtement aux écoles d'art et dans la communication visuelle, elle a débarqué, il y a treize ans, dans l'oasis de fraîcheur de l'ancienne abbaye cistercienne de la Cambre – siège de l'école créée par Henry Van de Velde en 1927 – pour y « tailler » un département Mode. « Après la génération des Six, il fallait ouvrir une école. Le langage de la mode, en Belgique, n'existait qu'à travers les Flamands. » Apprendre à défendre ses idées et la justesse du propos est alors son obsession. « Je veux que les étudiants éclosent dans leur discours. On respecte leur personnalité, et c'est cette confiance que l'on met en eux qui les aide à grandir. » La personnalité, elle la flaire justement dès l'entrée. Outre les classiques examens, elle demande aux élèves de lui apporter – et d'argumenter sur – la chose qu'ils préfèrent et celle qu'ils détestent, intelligent...

Son défi étant d'exister internationalement, elle multiplie les participations aux concours hors frontières, trouve des parrains, convie les professionnels de la mode au jury de fin d'année et au spectaculaire défilé, organise des échanges entre écoles, tel le projet Erasmus avec l'Institut français de la mode (IFM). Celle qui se bat pour le vêtement d'auteur dit avoir la nausée devant « la production pour la production ». « On est en train d'étouffer le consommateur et on voudrait qu'il lui reste du goût. Je me prends à rêver qu'il y ait de la dioxine dans ce type de vêtements... » Elle préfère alors s'étendre sur ses créateurs-auteurs. Un Olivier Theyskens parti – comme Xavier Delcour – à la fin de la deuxième année. « Certains ont besoin de cinq ans, d'autres de raccourcis. Lui, c'est le talent inné. Nous n'avons pas la prétention de former des talents. » Didier Vervaeren (Union pour le vêtement, devenue Transcontinents) vendait déjà ses tee-shirts en deuxième année, mais il a voulu son diplôme. Cette année ? « Nous avons des bombes... Cristof Beaufays, très conceptuel, récemment primé à Hyères, a déjà fait un stage au musée de la Mode à Paris. On le demande partout. Laetitia Crahay et José Enrique Ona Selfa, parrainé par Olivier Theyskens pour lequel il style

Suite p. 96

DIRK BIKKEMBERGS
« Élevé » à l'Académie, lui aussi, Dirk Bikkembergs va affirmer une différence par une coupe « dure », des matières brutes, une influence sport et des uniformes militaires, un hymne au corps. Sa première collection, qui le fait remarquer, en 1986, travaille la chaussure : lourde, brute. En 1988, il présente à Paris une collection homme ; en 1993, une collection femme. Coupe précise et technique irréprochable.

enquête

A. F. VANDEVORST
An Vandevorst et Filip Arickx se sont rencontrés sur les bancs de l'Académie. Formés auprès de créateurs – dont Dries Van Noten, qui les soutient depuis leurs débuts dans l'arène –, ils se lancent en 1998, à Paris, inspirés par Joseph Beuys et son feutre. Leur collection-installation sur lits d'hôpital les propulse : travail sur la mémoire du tissu froissé par le sommeil. Une fraîcheur juvénile, une poétique un peu brute et l'expression de la dualité de la femme. Un joli couple, aussi.

la maille, seront vendus chez Maria Luisa. Déjà, Cédric Charlier n'est qu'en deuxième année mais débute chez Celine, tout en continuant l'école de la Cambre. Eva Gronbach a donné un moment de grâce. Elle entre en stage chez Yohji Yamamoto et vend ses accessoires de tête dans les boutiques phares de Paris. »

Des résultats que justifient les propos d'Olivier Zeegers, ex-responsable de la communication de l'école, et aujourd'hui le bras droit de Francine Pairon dans ses nouvelles fonctions. « Elle insuffle une exigence dans la rigueur et la créativité. Elle a une écoute attentive et est très motivante. » L'Institut français de la mode lui a confié la direction de son nouveau et très attendu Cycle international de création de mode. Mais on ne ferme pas la porte sur treize années d'un explosif et total dévouement. Après avoir installé dans son fauteuil son second, Tony Delcampe, elle monte, infatigable, l'association La Cambre Show-be – dont le but est de promouvoir le travail des étudiants – avec, pour président Nissim Israël, le créateur d'Olivier Strelli.

SONIA NOËL

SONIA NOËL, LA RADICALE

Discrète, volontaire, efficace, Sonia Noël, blondeur lisse du Nord, s'est imposée en pionnière. En incontournable professionnelle de la mode belge. Diplômée en histoire de l'art et en archéologie, elle croise la mode au hasard d'une rencontre. « Une boutique, c'était être responsable de sa vie d'une façon esthétique et artistique. » Prendre des risques est banal pour une défricheuse. Il y a quinze ans, elle investit la rue Antoine-Dansaert, dans le bas de Bruxelles, vide et cru, baptisé aujourd'hui « le petit Soho ». Elle plante, avec Stijl, un décor minimal, se fournit aux défilés de la Canette d'Or – souvent des prototypes –, ouvre une boutique pour homme à côté, travaille à l'intuition et construit sans concessions sa clientèle. En 1987, une autre pierre avec Stijl Underwear, et en 1996, Kaat & Muis, pour les enfants. En 1994, elle réunit la femme et l'homme au n° 74, dans une maison de maître avec cour et arrière-maison, redessinée par l'architecte Peter Cornelis, contemporaine et dotée d'une âme. Point focal : les vitrines, objet de mises en scène fortes, d'installations conceptuelles. « L'histoire de Stijl est très liée aux créateurs d'Anvers. Stijl a grandi avec eux. » Aujourd'hui, elle défend Martin Margiela, « le plus conceptuel et le plus fort en technique », Ann Demeulemeester, « qui travaille sur le bien-être et qui fonctionne avec tous les types de femmes », Dries Van Noten, « qui garde ses racines tout en puisant aux cultures d'ailleurs avec une grande rigueur ». Olivier Theyskens ? « Si jeune, cela sort tout cru. Il a un sens de la coupe et du théâtre. » An et Filip Vandevorst ? « Une poésie dans leur construction. » Son avant-garde flamande voisine avec Helmut Lang et Costume National. Vice-présidente de Modo Bruxellae – événement annuel qui met en scène la mode belge dans la ville –, elle a aussi trois enfants, dont un Tibo né le jour du premier défilé de Martin Margiela, et la chance d'avoir un mari qui l'assiste. Elle continue alors de poser ses marques. Dans le local jouxtant sa boutique, elle installe, depuis un an, ses artistes coups de cœur. Bouclant la boucle.

Aux défilés, il est significatif de remarquer la manière dont les Belges reçoivent. Simplement, chaleureusement, avec raffinement et dans la bonne humeur, des buffets sont dressés. On les taxe d'austérité. Ils sont cependant « dans l'émotionnel », à leur façon. Pas étonnant alors que leurs vêtements – qui s'appuient sur une technique imparable – aient une âme. Et une reconnaissance internationale. En saluant « un tournant de la mode vers des choses positives », An Vandevorst aura le mot de la fin : « Les gens essaient de changer le monde, et les vêtements, dans leur expression, sont forcément une partie de ce changement. »

Élisabeth Paillié

VÉRONIQUE LEROY
Studio Berçot (à Paris) pour cette Belge wallonne originaire de Liège, indépendante et tenace. Assistante d'Azzedine Alaïa, de Martine Sitbon, elle débute en 1991 sous son propre nom, cultivant sa différence sans jamais bifurquer. Jeux de découpes, tissus techniques ou kitsch, couleurs voyantes, corps révélé : elle impose, avec une grande technique, une image de femme sexy, coquette, sans tabous.

ANN DEMEULEMEESTER
C'est en 1985, après l'Académie royale des beaux-arts d'Anvers, qu'Ann Demeulemeester fonde sa propre société, aidée de son mari, artiste et photographe, Patrick Robyn. Volontaire, rigoureuse avec douceur, pudique et indépendante, elle vit dans l'unique maison de Le Corbusier, en Belgique, et a fait construire en face ses bureaux. Efficace. Réinventant sans cesse une architecture de vêtement et jouant des contrastes, elle glisse une émotion, une poésie, une âme. Souvenir d'une collection en noir et blanc – couleurs récurrentes – aux seins voilés d'un plastron de plumes de colombe, accompagnant un pantalon masculin à la coupe précise et nonchalante, Patti Smith en bande-son : c'est elle. Elle lance la collection homme en 1996, et des tables tendues de toile blanche enduite, comme une toile de peintre. Septembre a vu l'ouverture de sa première boutique à Anvers, en face du musée des Beaux-Arts. Un espace géant, sobre, au beau volume, des cabines d'essayage offrant de l'eau et un jardin, une cage abritant deux colombes. Ses chaussures ont aussi participé à asseoir sa notoriété. « Dessiner un vêtement, c'est offrir un cadeau à quelqu'un qu'on ne connaît pas. »

96

1998 – 安娜·皮亚姬（Anna Piaggi）出版《Fashion Algebra》。

—— – 三宅一生创立 A-POC（A Piece of Cloth）。

—— – 第二届佛罗伦萨“Fashion & Art”双年展。

—— – 凡妮莎·碧考芙（Vanessa Beecroft）在纽约古根海姆博物馆表演。

—— – 特雷西·埃明（Tracey Emin）装置：《My Bed》。（见上图）

—— – 弗兰克·辛纳特拉（Frank Sinatra）去世。

—— – 史蒂文·斯皮尔伯格（Steven Spielberg）：电影《拯救大兵瑞恩》（*Saving Private Ryan*）。

—— – 万艾可（“伟哥”）（Viagra）上市。

—— – “莱温斯基”事件。

—— – iMac 电脑。

—— – Smart 汽车。

安特卫普学院，毕业系列，安吉洛·菲古斯，1999 年

《标准报》
(*De Standaard*)
1999.8.23

○

| “时尚召唤：世界顶级安特卫普时装学院”

每个在安特卫普时装学院上学的学生都是经过精挑细选的幸存者。帕特里克·德·莫恩克说：“我们学院的独特性在于，它把重心完全放在艺术性上，个性的发展很被看重。在选拔过程中，我们会在报考学生身上寻找个性。比如说热情，全情投入的决心。从110~150 人中，55~60 人被选出开始第一年的学习。在第二年剩下 20~25 人，最终只有 7~10 个人毕业。”

每年 6 月的毕业时装秀如今成为了人们翘首以盼的重要活动。“国际关注度越来越高”，因为它提供了绝佳的发现宝贵新人才的场所。如来自撒丁岛的毕业生安吉洛·菲古斯就受到密切关注。日本品牌连锁店 United Arrows 联合创始人栗野宏文从 1993 年起，每年都会参加安特卫普学院毕业时装秀，今年他更是作为国际评委出席，栗野说：“全世界有五个优秀的时装学院，纽约、伦敦、东京、巴黎和安特卫普。而安特卫普绝对是最顶尖的那一个。”

ECONOMIE

DE STANDAARD - MAANDAG 23 AUGUSTUS 1999

Hoewel de stad dat zelf pas als laatste schijnt de beseffen, heeft Antwerpen de voorbije jaren een belangrijke economische troef bijgekregen: de mode. Sinds de doorbraak van de zogenaamde *zes*, in het buitenland, intussen alweer bijna vijftien jaar geleden, mag Antwerpen wat de mode betreft rustig aanschuiven naast Parijs, Milaan, Londen en New York of Tokyo. In een reeks van vier artikels onderzoeken we de economische gevolgen van het Antwerpse modefenomeen.

„Mode is een roeping"

Antwerpse modeschool is absolute wereldtop

Van onze medewerkster

Sinds de doorbraak van de *Antwerpse zes* begin jaren tachtig en zeker na het succes van de nieuwere lichtingen afgestudeerden, zijn de ogen van de hele modewereld op de Antwerpse modeacademie gericht. Het talent lijkt onuitputtelijk.

Het ICC-gebouw op de Antwerpse Meir, vrijdag 18 juni. Tom Depoortere — zwart rechthoekig brilletje, rode veterschoenen — staat er witte rozen rood te schilderen. Hij is één van de acht studenten die dit jaar afstuderen aan de modeafdeling van de Antwerpse Academie voor Schone Kunsten.

„Ik ben zenuwachtig", bekent Tom Depoortere. „De collectie maken, de installatie bouwen, het boek maken. Mode heeft veel meer aspecten dan alleen maar kleren tekenen."

De studenten die hun eindejaarswerk brengen, hebben vier jaar bijna uitsluitend aan mode gewijd. Studeren aan de modeacademie betekent heel hard werken. Zo wordt van hen verwacht dat ze tijdens het tweede jaar research doen rond de kledij van een historisch figuur, en op basis daarvan vijf silhouetten tekenen. Het derde jaar moeten er acht silhouetten getekend worden, geïnspireerd op de klederdracht van een etnische cultuur. De collectie die ze in het laatste jaar maken bevat maar liefst twaalf silhouetten.

Patrick Demuynck, zelf afgestudeerd in 1990 en docent aan de academie zegt dat „de studenten tussen 32 en 38 uren les krijgen.'s Avonds en in het weekend moet dus keihard gewerkt worden om de collecties af te krijgen. Er zijn crisissen, momenten dat je hen hoort klagen: 'We hebben geen leven meer'. Het betekent ook een confrontatie met de realiteit van het ontwerpen: als je je niet kan organiseren, lukt het niet. Dat is ook de reden waarom veel mensen het niet halen."

Wie aan de modeacademie begint, heeft al een strenge selectie doorstaan. Patrick Demuynck: „Het unieke karakter van onze modeacademie ligt hem voor een stuk in de artistieke benadering. De ontwikkeling van de persoonlijkheid is erg belangrijk. Tijdens het ingangsexamen zoeken we bij de kandidaat-studenten naar bepaalde kenmerken. Passie bijvoorbeeld, de drang om iets te doen en daar alles voor over te hebben. Het eerste jaar beginnen er tussen 55 en 60 mensen. Die zijn geselecteerd uit een groep die varieert tussen 110 en 150 kandidaten. In het tweede jaar schieten er nog 20 tot 25 mensen over. Uiteindelijk studeren zeven tot tien mensen af."

Door de renommee van de Antwerpse academie komen steeds meer buitenlanders hun kansen wagen. „We krijgen gemiddeld een tiental informatieaanvragen per week van buitenlandse studenten. Daarvan zijn ongeveer de helft Japanners. De Japanners tonen een grote openheid voor wat er in het Westen gebeurt. Voor beginnende ontwerpers is de Japanse markt cruciaal."

De jaarlijkse modeshow van de academie, in juni, is een evenement geworden waar reikhalzend naar wordt uitgekeken. „Het internationale publiek wordt steeds groter. Er zijn nu al niet-professionelen uit Japan, Canada en de Verenigde Staten die ons faxen voor tickets."

De show is een uitstekende gelegenheid voor talentscouting. Opmerkelijke studenten, zoals de dit jaar afgestudeerde Sardiniër Angelo Figus, worden nauwlettend in het oog gehouden. Hirofumi Kurino, mede-oprichter van en inkoper bij de Japanse keten United Arrows komt al sinds 1993 regelmatig over voor de show. De voorbije editie zetelde hij in de internationale jury.

„Je ziet de evolutie", zegt Kurino, „hoe ze opgroeien doorheen de jaren. Je doet ontdekkingen. Ik heb dit jaar een vijftal briljante studenten gezien. Vooral die Italiaan is erg getalenteerd. Wat hij dit jaar bracht was erg avant-garde, maar ik heb zijn vorige collecties ook gezien en ik weet dat hij genoeg talent heeft voor commerciële collecties. Er zijn vijf grote modescholen in de wereld, in New York, Londen, Tokyo, Parijs en Antwerpen. Maar Antwerpen is de absolute top."

Afstuderen aan de modeacademie is maar een begin. De kersverse ontwerpers zijn zich daarvan bewust. „Mijn droom is natuurlijk een eigen collectie kunnen maken", zegt Tom Depoortere, „maar of dat haalbaar is, weet ik niet. Ik verwacht wel dat ik werk zal hebben. Ik heb nog niets uitgestippeld, omdat ik alles wil openhouden. De meesten van ons gaan eerst op stage, bijvoorbeeld in Parijs. Maar dat kost veel geld. Je wordt niet altijd betaald, of soms met kleren. Maar als je iets doet wat je graag doet, dan is dat het belangrijkste."

Zijn medestudent Gert Motmans denkt er net zo over. „Mode is een roeping. Al toen ik kind was, naaide ik jurkjes voor mijn barbiepop. Ik denk dat ik nu ook eerst even stage ga lopen in het buitenland. Het is zwaar, maar je haalt er veel uit. Als je kan zeggen: 'Ik heb zoveel maanden bij Gaultier gewerkt', dan is dat meer waard dan de verloning."

De afgestudeerden worden niet helemaal aan hun lot overgelaten. Patrick Demuynck: „Dat is één van de redenen waarom we in 1997 het Flanders Fashion Institute hebben opgericht. Om dat jonge talent te kunnen blijven opvolgen en ondersteunen. Je moet niet iedereen een cheque geven en zeggen 'begin er maar aan', ze moeten zichzelf leren organiseren. Maar de ondersteuning kan heel ruim zijn. Zo zijn we aan het denken aan een fonds, dat op basis van bepaalde criteria middelen ter beschikking stelt om jonge ontwerper in hun startfase te ondersteunen. Bijvoorbeeld door middel van kredieten die ze daarna moeten terugbetalen. We hebben al een aantal zeer interessante gesprekken met de banken daarover gehad. En verder proberen we ervoor te ijveren dat ateliers hun deuren openhouden voor jonge ontwerpers met kleine reeksen. Al hebben ze maar een heel kleine omzet, ze zijn misschien de Dries Van Notens van de toekomst."

Anderhalve maand na de modeshow heeft Patrick Demuynck al redenen om trots te zijn. „Tom Depoortere en Gert Motmans zijn al in dienst bij Antonio Pernas, een belangrijk modebedrijf in Galicië."

„Vorig jaar hadden we Bernhard Willhelm, die het seizoen nadat hij afstudeerde al zijn eigen defilé hield in Parijs. Dat is het summum, dachten we toen. Dit jaar hebben we Angelo Figus. Dries Van Noten was zo onder de indruk van diens defilé dat hij hem aan een breder publiek wou bekendmaken. Dankzij de steun van Dries heeft Angelo Figus tijdens de haute coutureweek van Parijs zijn collectie gepresenteerd aan een publiek van een honderdtal perslui. Hij was amper drie weken afgestudeerd."

Isabelle ROSSAERT

• *Volgende aflevering: Waar worden de kleren gemaakt?*

De jaarlijkse modeshow van de academie is een uitstekende gelegenheid voor talentscouting. © Marc Cels

1999 – 帕特里克·范·欧姆斯拉赫在巴黎展示首个系列：1999—2000 秋冬系列。

—— – 本哈德·威荷姆在巴黎展示首个系列：1999—2000 秋冬系列。

—— – 玛丽娜·易在安特卫普策展“凡·戴克年”时装部分展览。

—— – 安吉洛·菲古斯、布鲁诺·皮特斯、安珂·罗、卡洛琳·乐凯（Carolin Lerch）从学院毕业。

Dirk Van Saene，1999—2000 秋冬系列

RAF SIMONS : LA FIÈVRE DE L'ART

Si Madonna est apparue à la cérémonie des Oscars habillée par le Belge Olivier Theyskens, ce n'est pas un hasard. Si *Jalouse* a décidé de prendre garde à la nouvelle garde belge, non plus. Si Paris, Milan et New York sont les capitales de la mode, Anvers aussi. Voici quatre créateurs fin prêts à assurer la relève.

VÉRONIQUE BRANQUINHO : LE ROMANTISME COUSU DE FIL NOIR

Etoiles du Nord

PAR PASCALE RENAUX

UNE VAGUE RÉVOLUTIONNAIRE DÉFERLE SUR *JALOUSE* AVEC LE QUATUOR PERFORMANT DE LA "SECONDE GÉNÉRATION" DE CRÉATEURS BELGES : VÉRONIQUE BRANQUINHO, RAF SIMONS, JURGI PERSOONS ET OLIVIER THEYSKENS). SANS OUBLIER INGE GROGNARD, MAQUILLEUSE FÉTICHE DE MARTIN MARGIELA, QUI S'EXPRIME SUR LES MINOIS DE KIRSTEN ET HANNELORE. PAUL BOUDENS, GRAPHISTE ATTITRÉ DE LA FASHION INTELLIGENTSIA FLAMANDE, MET LE TOUT EN IMAGE. DU SUR MESURE 100 % "MADE IN BELGIUM".

《Jalouse》杂志

1999

丨北极星

四名“第二代”设计师正乘着革命性的浪潮向我们袭来：薇洛妮克·布兰奎诺、拉夫·西蒙、朱利吉·帕森斯、奥利维尔·泰斯金斯。加上菲尔·英科博赫，这位曾在汉娜萝蕾·克努特斯［Hannelore Knuts］等名模脸上大肆写意的马丁·马吉拉的御用化妆师，而著名平面设计师保罗·包登斯则负责排版。百分之百良心定制，百分之百“比利时制造”。

Ann Demeulemeester，2000 春夏系列

1999 – 安·得穆鲁梅斯特在安特卫普开店并在 2000 春夏系列中与艺术家吉姆·戴恩（Jim Dime）合作。

—— – 安吉洛·菲古斯在巴黎高级定制时装周展示毕业设计系列“Quore di Cane”。

—— – 拉夫·西蒙与摄影师大卫·西姆斯（David Sims）合作出版《Isolated Heroes》。

—— – “Vitrine 99”时尚展览在艺术家吕克·迪鲁（Luc Deleu）的集装箱装置中举行。

—— – “Geometrie”：首场安特卫普时装博物馆展览在安特卫普城中 7 个场地举行（展场设计：鲍勃·沃海斯特）。

—— – 吉塞弗斯·提米斯特在巴黎高级定制时装周首秀。

À droite, pour Kirsten, duvet à la brosse, couleur chair.

Ci-contre, pour Hannelore, encerclement d'ombres pour cerner le visage nature.

PHOTOS : Ronald Stoops
MAQUILLAGE : Inge Grognard c/o Streeters Paris
MANNEQUINS : Kirsten c/o Steff Bruxelles et Metro 2 Paris. Hannelore c/o Steff Bruxelles et Success Paris.

INGE GROGNARD

Sertissage de rides aux fils d'or, fards "ready-made", application "happening", ses maquillages d'une autre nature ont changé la face des défilés. Depuis dix ans, ils ponctuent la mode des créateurs belges saison après saison. Inge Grognard et son compagnon de photographe, Ronald Stoops – duo de choc – ont toujours innové. Dans un livre mini-format, d'ores et déjà épuisé, intitulé *Make-Up*, elle a rassemblé et daté quelques-unes de ses créations-phares. "Histoire, avoue-t-elle, de légitimer ce que d'autres ne se privent pas de m'emprunter." Membre actif, désormais, de l'agence "Streeters Paris", elle signe, de ses mises à nu rehaussées d'insolite, les parutions fortes des meilleurs magazines.

JURGI PERSOONS : L'INTERPRÉTATION SANS MODÉRATION

Si son nom est "Persoons", Jurgi, assurément, est quelqu'un. Un créateur obstiné, passionné, spontané qui ne fonctionne qu'à l'instinct. Après avoir montré ses créations, durant cinq saisons, en showroom dans une galerie du Marais, cet ancien étudiant de l'Académie d'Anvers a décidé, en octobre dernier, de présenter sa collection "été 99" aux acheteurs et à la presse sous la forme d'un court métrage accompagné d'une musique live improvisée. Du début à la fin, son film met en scène la même tenue, abordée de trois façons différentes. 1 / Version "vidéo-clip bondage" sur une fille aux poignets bandés, suspendue par les bras et tournoyant dans le vide. 2 / Version "cinéma muet" aux effets tranchants de stroboscope, saccadant de manière hypnotisante la démarche du modèle. 3 / Version "nouvelle vague expérimentale" pour un corps poétiquement livré au vent et peu à peu enseveli par le sable... "Les défilés m'endorment. Ma démarche est peut-être moins commerciale mais plus personnelle. Un show est pratique pour générer une atmosphère globale, mais la formule est devenue trop systématique. A quelques exceptions près, elle ne surprend plus. Habitués à voir défiler des vêtements, en long et en large, sous toutes les variantes, les spectateurs sont devenus paresseux. Ils ne font plus aucun effort d'imagination. Or, pour moi, la mode n'est qu'une question d'interprétation. Tant pour le concepteur que pour le consommateur. Chacune de mes collections, d'ailleurs, est l'interprétation d'une fiction vestimentaire. La saison prochaine raconte la métamorphose d'une femme classique en chasseuse de mâles qui, animée de soudaines pulsions primitives, décide de reconvertir sa panoplie de secrétaire en tenue guerrière pour s'offrir une virée sauvage. En deux temps, trois mouvements, sa jupe droite s'effrange en un pagne de tweed. Son pantalon prince-de-galles se voile d'une mousseline transparente en léopard. Son corsage se détricote en une parure de coton ficelle ajourée. L'ensemble se retrouve scotché d'un lambeau de dentelle parasite qui s'étend jusque sur l'épiderme en guise de tatouage tribal."

Si les classiques constituent son fonds de garde-robe, Jurgi Persoons ne peut s'empêcher de les réinterpréter. Il les transcende en habit sexy d'un nouveau type qu'il orchestre autour de son fameux "legging-bustier", la signature hard de ses silhouettes ajustées, construites en 3D, à même le corps. Spécialiste des effets spéciaux maîtrisés "couture", il a l'art de faire d'une cape un manteau, d'une fente un entrejambe, d'une emmanchure un décolleté latéral, engendrant des surprises.

"Comme tout part de vêtements existants, il est primordial qu'il se passe quelque chose. C'est pour cela que je tente, à chaque fois d'innover, de greffer des interventions personnelles. Je veux insuffler à mes modèles fantaisie, sensualité et élégance – on a trop tendance à négliger cette notion – afin de conférer à celles qui les portent un sentiment de puissance, une sensation de pouvoir à interpréter sans modération."

JALOUSE 143

1999 – 克里斯托弗·卡戎创立男装产品线并在巴黎开店。
—— – 泽维尔·德尔考在巴黎首秀。
—— – 沃特·范·贝尔道克开始设计"Aestheticterrorists®"系列。

—— – 德雷斯·范·诺登为舞蹈家安娜·特丽莎·德·柯尔斯麦克（Anne Teresa De Keersmaeker）的舞蹈公司 Rosas 设计演出服。
—— – 朱利吉·帕森斯首次在巴黎展示。

—— – A.F. Vandevorst 为 Ruffo Research 设计 2000 春夏系列。
—— – 安内米·维贝克在布鲁塞尔开店。
—— – 拉夫·西蒙宣布在 1999—2000 秋冬系列后休整一年。

Mode

TOPMODE IN DE VS

„Niet zonder de Belgen"

In de Verenigde Staten staan modeontwerpers Dries Van Noten en Ann Demeulemeester aan de top. Raf Simons en Veronique Branquinho volgen in hun zog. Nieuwe namen kan je vanaf vandaag, donderdag, tot zaterdag vinden op het defilé van de afgestudeerden van de Antwerpse modeacademie.

New York (VS).

«Je moet trots zijn," zegt een enthousiaste verkoopster van *Barney's* op Madison Avenue, een van de meest exclusieve kledingzaken in New York. „De Belgische ontwerpers verkopen het best, vooral Dries en Ann." Ze spreekt de namen met zwaar Amerikaans accent uit. „Dries and Ann" zijn *Dries Van Noten* en *Ann Demeulemeester*. Samen met *Martin Margiela* zijn ze de bekendste Belgische modeontwerpers in de Verenigde Staten. „Ze worden veel gevraagd omdat ze een beetje avant-garde zijn. Het is echt 'in' om hen te dragen," luidt het bij Barney's.

Voor de Belgische mode is de VS na *Japan* de belangrijkste exportmarkt. Ann Demeulemeester haalt ongeveer 35 % van haar omzet (360 miljoen frank dit jaar) in de VS. Bij Dries Van Noten laat men zich niet verleiden tot franken of procenten. „De VS-markt is belangrijk en groeiend, maar is niet de hoofdmarkt," zegt de commercieel verantwoordelijke bij Van Noten. De balans van maart 1998 toont een omzet van 962 miljoen frank en een winst van 64,8 miljoen. Van Noten heeft ook nog een vennootschap in Parijs.

▪ DRIES VAN NOTEN *De VS is een groeiende markt.*

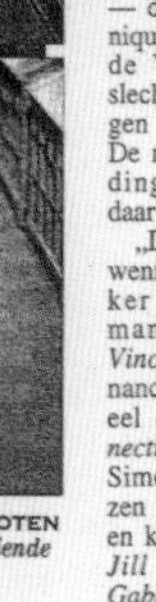

Opkomende ster *Veronique Branquinho* zegt 20 % van haar omzet in de VS te boeken. Een andere nieuweling, *A.F. Vandevorst*, haalt er 12 % (enkel via Barney's). Voor *Raf Simons* — de vriend van Veronique Branquinho — is de Verenigde Staten slechts 10 % waard (tegen 55 % voor Japan). De meer gewaagde kleding van Simons zit daar voor veel tussen.

„De VS is voor vrouwenmode een makkelijker markt dan voor mannenmode," zegt *Vincent Vantomme*, financieel en commercieel directeur bij *Connection*, de nv van Raf Simons. „Mannen kiezen veel conservatiever en kopen kostuums van *Jill Sander, Dolce & Gabbana*... In het goedkopere gamma zijn het vooral de Amerikaanse merken zoals *Ba nana Republic, GAP* of *Hilfiger* die he doen. Ons segment hoort daar niet bij. I New York hebben we Barney's. *Sak Fifth Avenue* is nu ook geïnteresseerd maar wacht toch nog af, want het w geen risico nemen."

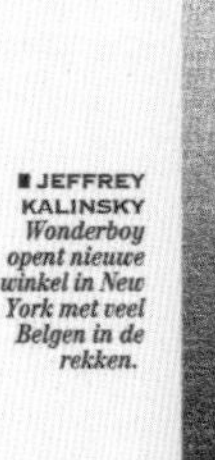

▪ JEFFREY KALINSKY *Wonderboy opent nieuwe winkel in New York met veel Belgen in de rekken.*

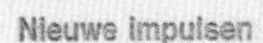

Nieuwe impulsen

De VS is groot en divers. Voor de dur mode zijn de hoofdsteden *San Francisc* maar vooral *Los Angeles (LA)* en *Ne York*. LA heeft de naam gedurfder t zijn. Hollywoodsterren kunnen zich mee extravagantie veroorloven dan *uppe class*-mensen op Wall Street-feestje Raf Simons, *Dirk Bikkembergs* (waar voor de VS slechts enkele procenten be tekent, tegen 40 % in Japan) en *Walte Van Beirendonck* (twee jaar op de Ame rikaanse markt aanwezig en volgens d lokale persagent *Lou Jacovelli* met ee groeiende populariteit) hebben het da ook meer begrepen op LA en Frisc Meer neutrale ontwerpers als Van Note en Demeulemeester scoren hoger in Ne York, waar de kledingcodes sterk mee spelen in de aankoop.

Uptown in New York zitten de groo warenhuizen — Barney's, *Bergdo Goodman*, Saks Fifth Avenue, *Hen Bendel* (waar *Lieve Van Gorp* in de rek ken hangt). De meeste schuwen risico, o

1999 – 马丁·马吉拉为邮购目录 3 Suisses 设计 15 件单品。

—— – 琳达·洛帕被《时代周刊》评为"25 名最具影响力的时尚人物"。

—— – 米格尔·阿德罗韦尔（Miguel Adrover）在纽约展示首个系列。（见上左图）

—— – Jil Sander 和 Helmut Lang 被 Prada 集团收购。

—— – Gucci 收购 YSL。

—— – 丹尼尔·米瑞克（Daniel Myrick）& 埃德瓦多·沙克兹（Eduardo Sánchez）：电影《女巫布莱尔》（*The Blair WitchProject*）。

—— – 托马斯·温特伯格（Thomas Vinterberg）：电影《家宴》（*Festen*）。

—— – 斯坦利·库布里克去世。

Mode
ANN DEMEULEMEESTER
VS is goed voor 35 % van de omzet.

Barney's na, waar de „grand chic" komt kopen. In Soho zijn de meeste boetieks gevestigd waar wat minder *mainstream*-mensen — maar daarom niet armer — hun kleren kopen. Een van die boetieks is de *Gallery of Wearable Art*, het enige verkooppunt van *Kaat Tilley* in New York.

Maar ook in Soho heerst toch enige braafheid. *Rika Vanhove* van *bvba 32*, de vennootschap van Ann Demeulemeester, verwacht veel van de opening begin augustus — hoewel het ook wel eens september of oktober zou kunnen worden — van *Jeffrey's*. „Soho is al tien jaar hetzelfde," zegt ze. „Dit wordt iets nieuws."

Eigenaar *Jeffrey Kalinsky* (37) bezit nu drie winkels in Atlanta en heeft naam en faam in de VS als een uitstekende adviseur voor hen die begeleiding willen bi
het kopen van hun kleren (om het oneer
biedig te zeggen : voor zij die er wel gel
voor bezitten, maar er geen verstand va
hebben). Klanten vliegen vaak van Chi
cago en New York naar Atlanta om sa
men met hem inkopen te doen. Andere
krijgen een set thuis gestuurd waaruit z
kunnen kiezen. Met sommige klante
gaat hij op zijn kosten naar Europa om e
shows te kijken en kleding te kopen
„Waarom geen 300 dollar besteden aa
een ticket voor iemand die voor 16.00
dollar kleren koopt ?" Kalinsky verkoch
ooit een kleed aan iemand om haar d
volgende dag, na een nacht piekeren, o
te bellen en te zeggen dat ze moest terug
komen, omdat dat kleed eigenlijk niet bi
haar paste.

Jeffrey Kalinsky verkoopt in Atlant
Dries Van Noten, Ann Demeulemeeste
Martin Margiela en Veronique Branquin
ho. „De Belgische ontwerpers zullen er
belangrijk zijn in mijn nieuwe winkel,
zegt hij. *„Je kunt geen modewinkel ope*
nen zonder de Belgen."

Kalinsky heeft een voormalige *Nabis*
co-koekjesfabriek gekocht van drie ve
diepingen in een ex-industriële buurt di
volop aan het heropleven is. Tussen ee
hele reeks kunstgalerijen ligt ook ee
schitterende winkel van *Comme des Gar*
çons, die wat weg heeft van Van Beiren
doncks winkel in Antwerpen. Jeffrey'
nieuwe winkel zal Ann Demeulemeeste
Dries Van Noten, *Anna Heylen* en Marti
Margiela brengen. „De Belgen hebben d
laatste tien jaar zo'n geweldige invloe
gehad op de mode," zegt Jeffrey Kalir
sky. „Ze zijn erg talentvol. Ann en Ma
tin hebben een nieuw concept ontwik
keld ; Dries is ook erg visionair en bo
vendien erg commercieel."

GUIDO MUELENAER

NIEUWE STER

VERONIQUE BRANQUINHO. Vorig jaar haalde *Veronique Branquinho* 13 % van haar omzet in de Verenigde Staten. Dit jaar is dat al 20 %. Branquinho is nu vier seizoenen op de markt. Sinds het tweede seizoen zit ze al bij *Barney's*. Het is nog maar een rekje op wieltjes, met de naam bescheiden op de grond, en nog ver verwijderd van de muurlengte die *Dries Van Noten* en *Ann Demeulemeester* hebben. Maar de waardering die Branquinho heeft, is groot. Een artikel in de Amerikaanse *Vogue* heeft veel deuren geopend. En oktober vorig jaar kreeg ze de *Award for best new designer* van de populaire *VH1*-muziekzender (een Amerikaanse *MTV*). Ze werd uitgenodigd op het feest in *Madison Square Garden*, waar ze rondliep tussen alle Hollywoodsterren. In mei hield ze in Japan een show voor de tiende verjaardag van *Elle*.

„Ik maak geen reclame, iedereen komt naar hier," zegt ze. „Het eerste seizoen had ik 25 klanten, van wie enkele grote, hoewel ik enkel een showroom had in Parijs. Het tweede seizoen was er een show en een persagent."

Branquinhos vennootschap, *James*, werkt met vijf personen, maar er komen er twee bij. En in de periode van de verzending werden twee tijdelijke werkkrachten, ex-*Levi's*, ingezet. Ze heeft sinds december een autogarage in de Antwerpse Nationalestraat — halfweg tussen het trendy Zuid en het modecentrum rond de Lombardenstraat — ingericht als kantoor en magazijn. Branquinho wijt haar succes aan het feit dat ze op het juiste moment met een heel gevoelige en romantische mode op de proppen kwam.

KLEREN VAN VERONIQUE BRANQUINHO
Uitgeroepen tot „best new designer" in de VS.

REPORTERS

《标准报》
(*De Standaard*)
1999.6

○

| 不可能没有比利时人

杰弗瑞·卡林斯基(Jeffrey Kalinsky)在他亚特兰大的店内销售来自设计师德雷斯·范·诺登、安·得穆鲁梅斯特、马丁·马吉拉和薇洛妮克·布兰奎诺的作品。他说："比利时设计师在我的新店里会非常重要。你不可能开一家时装店却没有比利时人。"

一位来自纽约著名百货Barney's的营业员表示："你们一定非常自豪。比利时设计师的作品销量太好了，尤其是德雷斯和安。"同马丁·马吉拉一起，他们三个是在美国的最著名的比利时设计师。"他们深受人们喜爱，因为他们非常先锋。穿着他们设计的衣服就代表你时髦。"

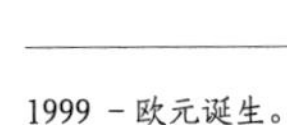

1999 – 欧元诞生。
—— – SMAK，比利时根特国立当代艺术博物馆开幕，扬·霍特担任馆长。

2000 – Maison Martin Margiela在东京开设第一家分店。
—— – 安珂·罗在巴黎首次出展：2001春夏系列。

—— – 安吉洛·菲古斯在巴黎展示2000—2001秋冬系列。
—— – 比约克身着Bernhard Willhelm出席"金球奖"。
—— – 安娜·希伦在巴黎首次出展。

Dries Van Noten，2000—2001 秋冬系列

HANS TIETMEYER *Aartsbisschop van Frankfort stapt op* 21 | **SILHOUET** *D'Artagnan van het Internet* 21 | **SERIE** *Wacht niet*

ECONOMIE EXTRA

ZATERDAG 21, ZONDAG 22 AUGUSTUS 1999

Hoewel de stad dat zelf pas als laatste schijnt de beseffen, heeft Antwerpen er de voorbije jaren een belangrijke economische troef bijgekregen: de mode. Sinds de doorbraak van de zogenaamde *zes* in het buitenland, intussen alweer bijna vijftien jaar geleden, mag Antwerpen voor mode rustig aanschuiven naast Parijs, Milaan, Londen en New York of Tokyo. In een reeks van vier artikelen onderzoeken we de economische gevolgen van het Antwerpse modefenomeen.

De Antwerpse Modenatie 1

HOE DE BELGISCHE MODE DE WERELDTOP BEREIKTE

MADE IN ANTWERP

Petra Teufel is de naam van een boetiek in de Neuer Wall, *de straat met de meest exclusieve handelszaken in het Duitse Hamburg. De rekken zijn gevuld met overwegend zwart textiel: designerskleren van Issey Miyake en Paul Smith. In het midden van de ruime winkel, ter hoogte van een mezzanine, hangt een klein platform in plexiglas. Daarover gedrapeerd: 'de' sjaal van Dries Van Noten. De winkel koopt er ieder seizoen één exemplaar van in, een exclusief stuk voor de rijke Hamburger. Behalve de collectie van Dries Van Noten verkoopt de winkel ook deze van de Belgen Ann Demeulemeester, Martin Margiela en Raf Simons.*

Isabel ROSSAERT

HAD men vijftien jaar geleden geopperd dat België een toonaangevend modeland zou worden, de voorspelling zou waarschijnlijk op meewarig gegrinnik zijn onthaald. Tot in 1986 zes jonge ontwerpers uit Antwerpen op een Londense modebeurs de aandacht van de wereld trokken. Vandaag staat de Belgische mode aan de internationale top en is *Belgisch* in de mode synoniem geworden voor hoge kwaliteit, grote creativiteit en een overvloed aan talent.

Claudia Bruss, de zaakvoerster van de modezaak, in Hamburg zegt dat „de Belgische ontwerpers een hele goede feeling hebben voor materialen en ze verliezen nooit dat opwindende. Elke collectie die ze brengen, is weer iets heel nieuws. Tegelijk kan je bijvoorbeeld gerust Dries Van Notenspullen dragen die al tien jaar oud zijn, zonder dat ze aan actualiteit inboeten." Ze lacht: „Wat dat betreft, zijn hun kleren niet geschikt voor de *fashion victim*."

Hirofumi Kurino is een van de oprichters, marketing director, en inkoper van United Arrows, een keten van kledingzaken in Japan. In juni was hij even in Antwerpen, ter gelegenheid van de show van de modeacademie, voor hij naar Parijs afzakt, waar de defilés voor de herencollecties beginnen. United Arrows bestaat tien jaar, gaat dit jaar naar de beurs.

De keten verkoopt een breed gamma aan kleding, waarvan ongeveer tien procent van createurs. Kurino: „Van die ontwerperscollecties is dertig tot veertig procent Belgisch: Martin Margiela, Raf Simons, Véronique Branquinho, Dries Van Noten, Dirk Van Saene."

Wat maakt de Belgen in Japan zo aantrekkelijk?

„Iedereen stelt me die vraag. Ze is niet zo eenvoudig te beantwoorden, want ze zijn allemaal heel verschillend. Maar wat ze met elkaar gemeen hebben, is dat ze in hun collecties een zeer goed evenwicht vinden tussen fantasie en realisme. Veel andere ontwerpers leggen een te eenzijdige nadruk op het artistieke. Maar met kunst kleed je je niet. De Belgen weten dat artistieke en het realistische goed te combineren. Dat en hun respect voor tradities houden hen aan de top."

Niet voor niets beginnen we een artikelenreeks over de Belgische mode met commentaar van buitenlanders. Zij geven immers een beeld van hoe groot, in termen van naambekendheid, de Belgische ontwerpers wel zijn. Andere graadmeters zijn moeilijker te vatten

hebt tegenover financiers, firma's boven jou, een enorm verkoopnet en dergelijke, dan ben je niet meer flexibel genoeg en kan je niet meer reageren op nieuwe impulsen."

Ook Ann Demeulemeester spreekt niet graag over omzetcijfers. „Van belang is dat we een goed product maken en dat op een professionele manier op de markt brengen en dat we bijgevolg ook een professionele omzet hebben. Maar wat dat betekent in cijfers, daar heeft niemand zaken mee. Ik vind het verkeerd als mensen gevoelig gemaakt moeten worden door een cijfer. De schoonheid van het product, daar is het om te doen. Maar als je vertelt dat er wereldwijd 200 winkels zijn die Ann Demeulemeester verkopen, dan weet je ook dat het niet om vijf jurkjes gaat."

Geert Bruloot kan het weten. Hij gaat door het leven als de man die, volgens de mythe die het intussen is geworden, de *Antwerpse zes* beroemd maakte. Dat gebeurde in de eerste helft van de jaren tachtig: de Belgische textielindustrie lag op sterven en met het Textielplan ondernam toenmalig minister van Economische zaken Willy Claes een laatste reanimatiepoging.

Het Instituut voor Textiel en Confectie in België (ITCB) wordt opgericht en er wordt een Gouden Spoelwedstrijd in het leven geroepen om jong creatief talent stimuleren. Wellicht dankzij die wedstrijd wordt de aandacht gevestigd op een aantal opmerkelijke jonge ontwerpers die in de jaren '80, '81 en '82 aan de modeafdeling van de Antwerpse Academie voor Schone Kunsten afstuderen.

Londen was op dat moment *the place to be* voor de mode. En omdat schoenen alleen een beetje mager was, werd besloten ook de kledingcollecties mee te nemen. De andere ontwerpers sprongen mee op de kar.

Geert Bruloot: „Dat eerste jaar ging Ann Demeulemeester niet mee, omdat ze zwanger was. Van haar werd enkel een zonnebril getoond. Toen ze het jaar daarop wel een collectie had, vroeg ze me of ik die eens wou komen bekijken. Ik was zo weg van die collectie dat ik ze meteen aankocht. ‚Maar je hebt geen winkel, hoe ga je dat verkopen?', vroeg Ann. Waarop ik antwoordde: ‚Desnoods verkoop ik ze in mijn appartement.' Eigenlijk ben ik met mijn kledingzaak *Louis* begonnen wegens die eerste collectie van Ann."

Pauw. Tijdens het tweede
daar Komlan in Milaan bij,
aangevend was en meteen
plaatste. In België zelf was
een heel negatieve sfeer ro
gisch was. Het is dan ook e
tegie geweest om eerst naa
te gaan en daarna de Belgis
overen. Dat ik meteen eer
had inzake naambekendh
schien ook omdat ik als ee
kwam met een eigen collec
winkel. In de beginjaren we
voor verschillende fabrikan
over had, maakte ik bij die
de overschotten van de stof,
Ik had een heel klein winke
hingen er alleen maar bro
week alleen maar h
op die manier niet
Dankzij de *Gouden S*
aan de nodige con
we in staat eigen re
pen, die we ook ko
Dat was voor Lon
het kleine winkeltj
geworden, sinds 1
de Antwerpse Nat
stijlvolle winkel v

„Maar als je vertelt dat er wereldwijd 200 winkels zijn die Ann Demeulemeester verkopen, dan weet je ook dat het niet om vijf jurkjes gaat"
(Ann Demeulemeester)

2000 – 安特卫普“时尚帝国”（ModeNatie）建筑动工。
—— – 安吉洛·菲古斯为荷兰歌剧《Rêves d’un Marco Polo》设计戏服。
—— – 安珂·罗赢得“Hyères 时尚大赛”，并为安娜·特丽莎·德·柯尔斯麦克的舞蹈表演《In Real Time》设计演出服。
—— – 德克·毕盖帕克担任佛罗伦萨男装展访问设计师。
—— – 克里斯蒂安·崴楠茨创立同名品牌 Christian Wijnants。
—— – 史蒂芬·施耐德在安特卫普开店并在巴黎首秀男装系列。
—— – 沃特·范·贝尔道克获得设计类“弗拉芒文化大奖”。

rfenis 28

„Als je in termen van geld begint te spreken, neem je veel van de mystiek van de mode weg, net datgene wat we al die jaren hebben opgebouwd.'

(Dries Van Noten)

© Marc Cels

Dat ik voor Antwerpen kies, is gewoon omdat ik hier woon: ik heb alles rondom mij georganiseerd."

Ann Demeulemeester beweert geen strateeg te zijn. „Ik neem alle beslissingen met mijn hart: ik doe nieuwe stappen zodra ik vind dat de tijd er rijp voor is en ik het op mijn manier goed kan doen. Niet onder druk van iemand anders. Ik maakte bijvoorbeeld al lang collecties voor ik mijn eigen defilé deed. Mensen zaten mij daar jaren over aan mijn kop te zeuren. Nu vond ik dat het moment gekomen was om met een eigen winkel te beginnen. Die winkel vertegenwoordigt het *universum van Ann Demeulemeester*, zodat mijn kleding ook duidelijker wordt voor de consument. Het is ook een plek waar je de hele collectie kan vinden, in tegenstelling tot multimerkenwinkels die noodgedwongen een beperkte keuze brengen. En verder is het ook belangrijk dat er een voorbeeld komt voor de professionele wereld. Je kan ook niet verwachten dat er meerdere Ann Demeulemeesterwinkels komen, als je niet met een eerste begint. Niet dat ik de uitbouw van een keten plan, maar het is mogelijk. Ik heb er altijd voor gezorgd dat ik niet te snel groeide, want ook dat kan gevaarlijk zijn. Ik wil alles onder controle kunnen houden."

《标准报》(*De Standaard*)

1999.8.21

○

| 安特卫普制造

比利时时尚如何登顶

比利时人为何在日本大受欢迎? United Arrows 时装公司的栗野宏文说:"每个人都问我这个问题,但是太难回答了,因为他们每个人都那么不同。但他们每个人都有一个共同点,他们都能在幻想和现实中找到一个平衡点。很多设计师对艺术性过于重视,但不是每个人都会穿着艺术过日子的。比利时人知道如何结合艺术与实际,同时尊重传统,也许这就是他们站上顶峰的原因。"

2000 – 拉夫·西蒙与大卫·西姆斯在巴黎举办"Isolated Heroes"展览。

—— – 史蒂文·梅塞(Steven Meisel)为 Versace 拍摄经典目录。(见上图)

—— – 史蒂文·卡莱恩(Steven Klein)拍摄大卫·贝克汉姆(David Beckham)登上《Arena Hommes Plus》杂志。

—— – 汤姆·福特担任 Yves Saint Laurent 艺术指导。

—— – Alexander McQueen 被 Gucci 集团收购,Azzedine Alaïa 被 Prada 集团收购。

—— – 康泰纳仕集团创立 Style.com。

—— – 娜欧米·克莱恩(Naomi Klein)出版《No Logo》。

—— – 沃尔夫冈·蒂尔曼斯(Wolfgang Tillmans)获得"透纳奖"。

—— – J.T. LeRoy:专辑《Sarah》。

STEPHAN SCHNEIDER
ANTWERP

-PUZZLE-
COLLECTION
WOMEN
AUTUMN/ WINTER 2000/01

Stephan Schneider，2000—2001 秋冬系列造型目录

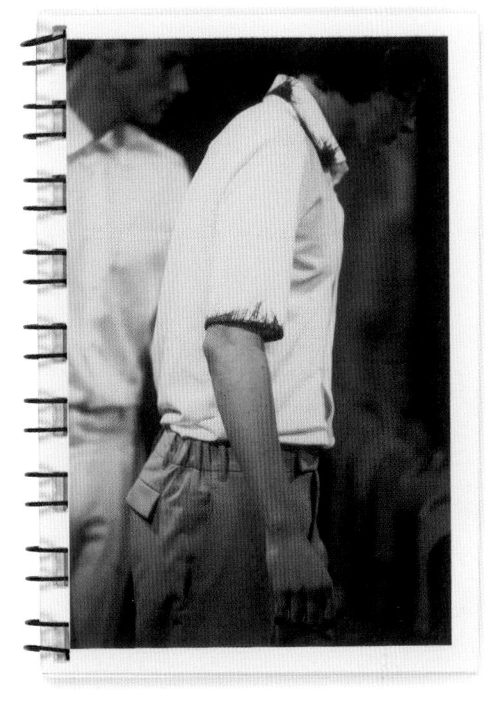

Stephan Schneider，2001 春夏系列造型目录

F4 Sunday, August 12, 2001 STYLE The Washington Post

The Light of an Old City Shines on New Ideas

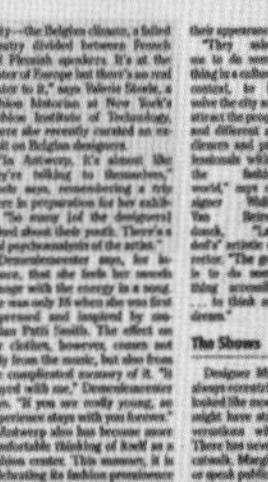

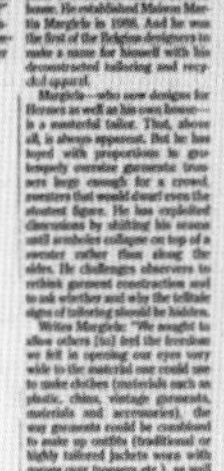

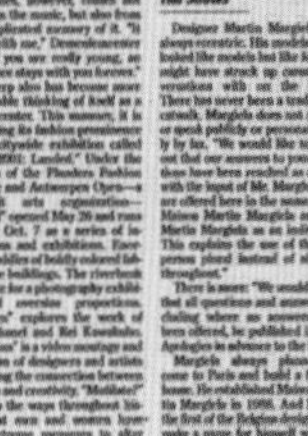

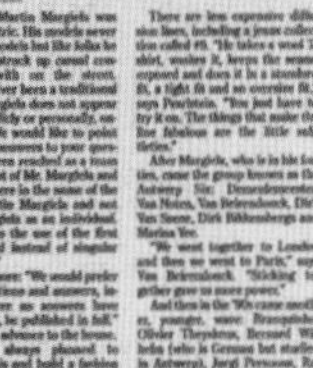

《华盛顿邮报》
(*The Washington Post*)
2001.8.12

| 老城新光

很多比利时人都在巴黎工作，至少在巴黎时装周期间是这样。他们的影响力大到我们现在可以归纳出一种“比利时美学”。作为一个群体，他们清晰地表达出了他们的想法，不管被人们称为诗意、忧郁、经典还是缺憾美。“比利时美学是梦想和务实的联姻”，设计师德雷斯·范·诺登这么说道。

日本人把抽象引入了时尚，比利时设计不管如何冒险，都扎根于传统，注重实穿性。

影响比利时美学的要素很多，但不得不提的是安特卫普这个城市，它的光线，它的建筑，它的环境。这些设计师的商业形式也更加私人化，极少做广告。这种形式一方面表明了对现有时尚产业模式的反抗，另一方面更为个性化发声创造了条件。

纽约时装学院(FIT)的时装历史学家瓦莱丽·斯蒂尔最近策展了关于比利时设计的展览，她说道：“这并不是一种像是结构主义的技术或是聪明想法，它更加感性。比利时本身为这种属于比利时的感性提供了条件：它是一个国家，却被分为了法语区和弗拉芒语区；它处在欧洲的中心，却没有自己的中心。在安特卫普，人们都在不停地和自己对话，好多设计师都提到过自己的童年。创作的过程就好像是心理分析一样。”

斯蒂尔还说道：“在皇家艺术学院，学生们会被要求往里看，这样一来，你会在你的主观意识里越看越深。”在安特卫普，时尚是非常私人的，就像写作一样。外在的影响被内在化，最终以最私人的声音被表达出来。

THE INSPIRATION ISSUE NO.206
cover stars: chloe and robbie photographed by willy vanderperre february 2001
i-D
heroes
guest edited by raf simons
vanessa beecroft
anuschka blommers
larry clark
anna cockburn
peter de potter
alexei hay
guido
bert houbrechts
james iha
nick knight
brian molko
peter saville
david sims
niels schumm
olivier rizzo
steven sprouse
willy vanderperre
£3.10 US$9.99
MADE IN THE UK
9 770262 357051
LIRE 16,000 DM 20.00 HFI 15.95 YEN 1500
SOUND

《i-D》杂志，拉夫·西蒙客座编辑，2001 年 2 月

《国际先驱论坛报》

(*International Herald Tribune*)

2001.5.29

○

| 时尚降临安特卫普

为期五个月的弗拉芒时尚文化盛典

"Fashion 2001"开幕了！"Fashion 2001"是上周在比利时开幕的为期五个月的文化项目，它包括四个大型展览和一系列活动，旨在向公众展示弗拉芒时尚的有力声音。

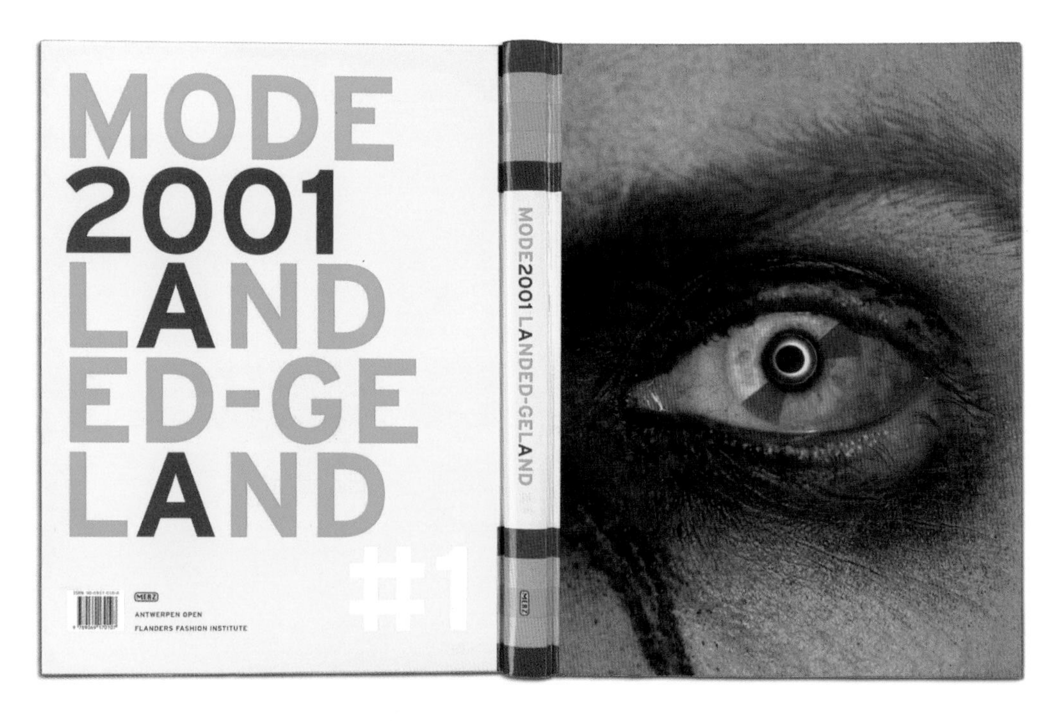

《1号目录："Fashion 2001，Landed-Geland"》

2001 －拉夫·西蒙带着 2001 － 2002 秋冬系列回归。

—— －沃特·范·贝尔道克策展"Fashion 2001 Landed-Geland"项目，组织"Mutilate?""Emotions""Radicals""2Women"四个展览。

—— －川久保玲参展"2Women"，并在安特卫普的五个场地展示了她的系列。（见上左图）

INTERNATIONAL HERALD TRIBUNE,
TUESDAY, MAY 29, 2001

Style

PAGE 7

TOMORROW: STAGE

In Antwerp's city square, Walter Van Beirendonck, artistic director of the festival.

Fashion Lands in Antwerp

A 5-Month Cultural Celebration of Flemish Style

By Suzy Menkes
International Herald Tribune

ANTWERP, Belgium — This city of solid stone buildings in dusty Pieter Brueghel colors has a bright new summer wardrobe. From the top of the Police Tower, patches of fluorescent green, vermilion, orange and electric blue stand out among the cityscape of cathedral spire, crenellated roofs and vast seaport.

Fashion 2001 has landed!

That is the title of an ambitious five-month cultural project that opened in Belgium last week and gives public recognition to the powerful voice of Flemish fashion. "Mode 2001 Landed-Geland" (until Oct. 7) encompasses four imaginative exhibitions and a series of events that included an effervescent opening party held against a backdrop of grounded airplanes at Antwerp airport.

From the giant series of billboards celebrating fashion radicals — staged like a Stonehenge circle on a wasteland by the port — to the striking images of bodily alterations at the "Mutilate?" art show, this is a fashion vision on a grand scale.

Behind it are two forceful figures: the designer Walter Van Beirendonck, the artistic director and instigator of "Mode 2001," and Linda Loppa, who is celebrating 20 years as an inspirational teacher at the Flanders Fashion Institute, which has put Belgian design on the international stage.

After a striking success with a Van Dyck festival in 1999 that brought a million visitors to Antwerp, the city and regional government produced from public funds 75 percent of the $5 million budget for this summer's fashion fest.

Their virtue was rewarded by a sun-kissed opening to an event that deserves to be seen far and wide. For Van Beirendonck has succeeded in highlighting — literally and figuratively — the power and energy of Antwerp style. It comes through in the vivid colors that clothe buildings and beam from posters, in the "fashion walks" focusing on the quirky stores of young designers and in the historical sweep that takes in African tribal ritual and the classic chic of Coco Chanel, while celebrating all that is revolutionary and modern.

"It sounds too chauvinistic to say that this couldn't be done anywhere else but Antwerp," said Bruno Verbergt, the coordinator of the event. "But we have this unique mix of the academy to foster cre-

Skinny Twiggy and spiky stiletto at the "Mutilate?" exhibition.

Van Beirendonck with Rei Kawakubo, and, at right, her body-deformation on display.

cohesive quality is at the heart of its fashion. "It's like a small village — there is the possibility of getting away from the real fashion world," he says. "It's very comfortable — close to London, Paris and Amsterdam. But it's nice to come back here."

If that sounds cozy, then take a look at the global village Van Beirendonck visits in "Mutilate?" This splendid show at MUHKA, the Museum of Contemporary

At the Chanel show, too, Van Saene mingles film with iconic "Coco" elements, like the quilted bag, tweed suit and the No. 5 fragrance. Also on video are testaments of emotional fashion moments in the lives of industry personalities brought together in six hours of footage. They are captured by Bob Verhelst in "Emotions," an exhibition staged at the top of the Police Tower with the officers coming up from their canteen

Fash*file*

What's Hot and Cool? The Shopping Scene

International Herald Tribune

ANTWERP, Belgium — In the windows are pink flamingos, to complement the fuchsia jeans and candy-colored shirts (for men) and the butterfly-light women's clothes. This is Dries Van Noten's Modepaleis — opposite his family's traditional men's store — where the influx first began of cool young Belgian designers into a nondescript area near the Groenplaats.

Now the Art Nouveau Modepaleis (at Nationalestraat 16), with its cupola and wrought iron balconies, is the epicenter of an individualist designer area that includes modern jewelry boutiques and stores selling tactile, layered, monochrome Belgian fashions.

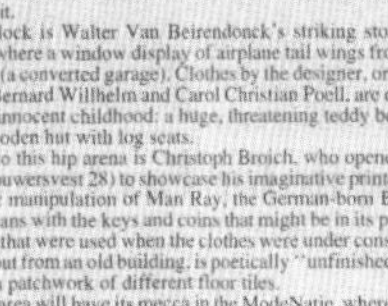

Christoph Broich in his new store.

Around the corner, on Kammenstraat are funkier sportswear stores, especially Fish & Chips with its cool streetwear and cheeky window displays. The street also includes snowboard and surfing suppliers, body-piercing and fetish shops and gothic fantasies, like laced-up vinyl jeans or a black leather purse with violet velvet episcopal cross. The collection at Naughty-1, from Pucci-esque swirl-print pants to gilded leather trench, includes vintage clothes "picked by hand from across the world," as the founder and owner, Luc Carpentier, puts it.

Around the block is Walter Van Beirendonck's striking store (Sint-Antoniusstraat 12), where a window display of airplane tail wings fronts the white hangar of a store (a converted garage). Clothes by the designer, or from fashion soul mates like Bernard Willhelm and Carol Christian Poell, are displayed in a world of not-so-innocent childhood: a huge, threatening teddy bear and a Red Riding Hood wooden hut with log seats.

A newcomer to this hip arena is Christoph Broich, who opened a shop last week (at Steenhouwersvest 28) to showcase his imaginative prints. Inspired by the photographic manipulation of Man Ray, the German-born Broich X-ray-prints a pair of jeans with the keys and coins that might be in its pockets, or the pins and needles that were used when the clothes were under construction. The store, hollowed out from an old building, is poetically "unfinished" with bared brick walls and a patchwork of different floor tiles.

This designer area will have its mecca in the ModeNatie, where the Flanders Fashion Institute will open its new headquarters and museum in 2002. The Nationalestraat building appropriately started life as a department store in the 19th century, when this area was last a shopping hot spot.

Designers Do Denim

International Herald Tribune

ANTWERP, Belgium — Strung overhead like lines of wind-blown laundry, the dangling denim competed for attention with Rubens paintings and images of voluptuous Venus. But "Designers Do Denim," last week at Antwerp's Royal Museum of Fine Arts, was far more than an exercise in design virtuosity. Although it was fascinating to see how a pair of humble blue jeans could be transformed with lacy embroidery by Dries Van Noten or turned into a pair of page's breeches, complete with knee bows, by Angelo Figus, the purpose was noble: to create collector's items that were auctioned off in an AIDS benefit on Sunday, which raised $32,000.

The design director, Ninette Murk, worked for more than a year to cajole high-profile participants and to raise consciousness among the fashion crowd. The denim creations, all customized from Evisu jeans, showed how much can be done with a simple idea and a lot of imagination. The jeans could be sexy, as with Veronique Leroy's zippers snaking up the inside legs; racy, when Ann Demeulemeester attached a plume of crimson horsehair at the waist, and artistic, when Hans de Foer cut out circles and used the pieces as appliqués.

With 50 international designers and artists competing for the hearts and purses of fashion followers, the bidding started on the Internet in February on Valentine's Day, with the highest e-mail bid used as the starting price for the live auction. After holding exhibitions in Brussels, London and Utrecht, and promoting the event in cyberspace, the organizers succeeded in making a statement that has resonated far beyond Antwerp.

Lace-embroidered

—— －布鲁诺·皮特斯在巴黎高定时装周出展。
—— －安·得穆鲁梅斯特为圣安德里斯大教堂的圣母像设计造型。（见左页下右图）
—— －拉夫·西蒙担任《i-D》杂志客座编辑。
—— －艾瑞克·费尔东克创立自己的时装系列。

“Fashion 2001”黄蓝红地标，安特卫普 KBC 塔楼视角

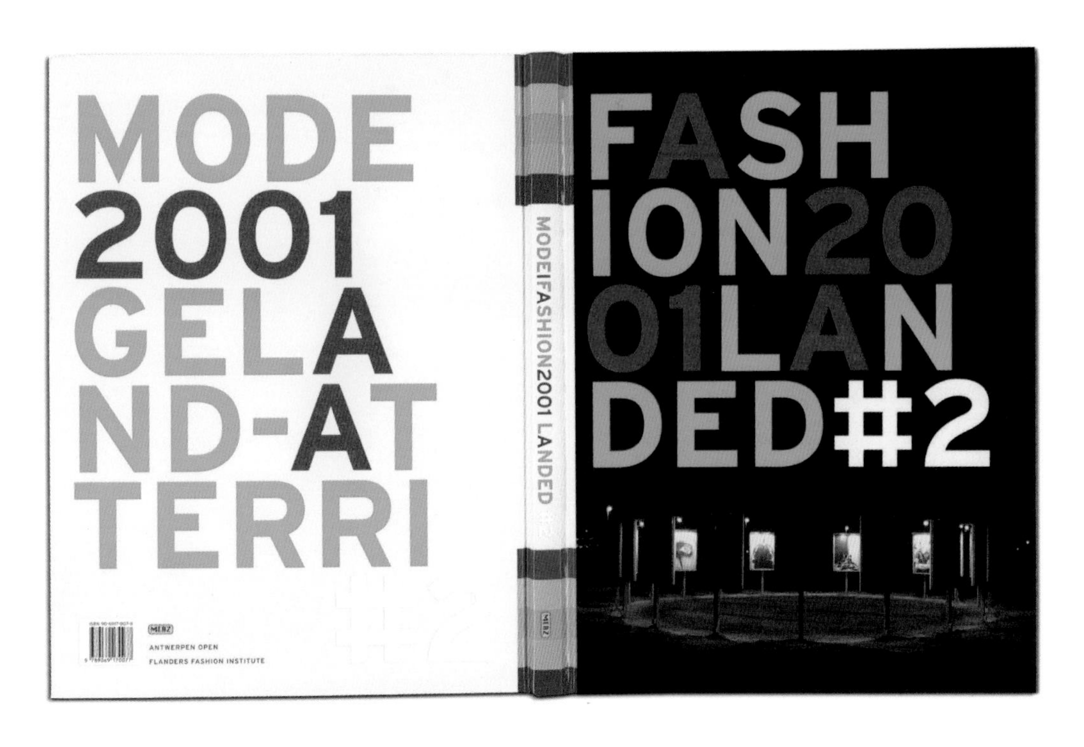

《2 号目录："Fashion 2001，Landed-Geland"》

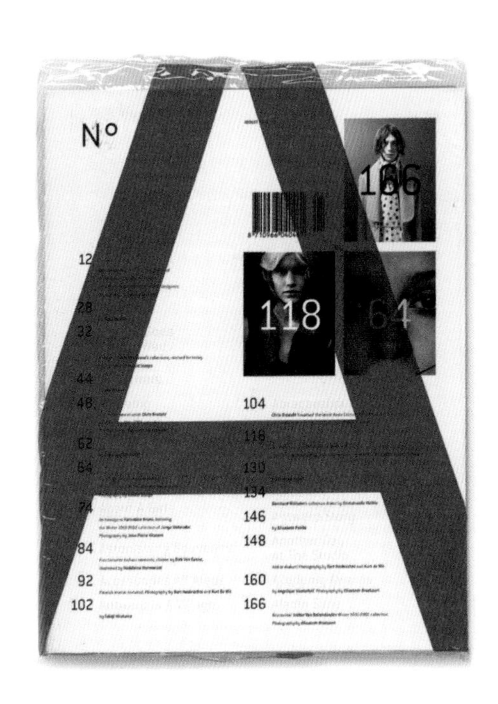

2001 – 克里斯托弗·布罗奇在安特卫普开店。
—— – 史蒂芬·施耐德在东京开店。
—— – 沃特·范·贝尔道克为导演伊沃·范·霍沃（Ivo van Hove）戏剧《巴黎大屠杀》（*The Massacre at Paris*）设计戏服。

—— – 克里斯托弗·卡戎首次在巴黎出展。
—— –《N° A magazine》杂志德克·范·瑟恩特辑作为"Fashion 2001"项目之一出版。（见上图）

—— – 奥利维尔·里佐担任 Louis Vuitton 男装造型顾问。
—— – 德克·施恩伯格为博诺（Bono）在 U2 乐队"Elevation"巡演中设计造型。

《Knack》
周刊周末版
2001

LIMB-LESS

2001 – 由雷姆·库哈斯（Rem Koolhaas）设计的 Prada 旗舰店在纽约开幕。
—— – 胡塞因·查拉雅在巴黎展示。
—— – 卡尔·拉格斐邀请 Vive la fête 乐队在 Chanel 时装秀上表演。
—— – “9·11” 事件。
—— – 阿富汗战争。
—— – 凯莉·米洛（Kylie Ann Minogue）：专辑《Can't Get You Out Of My Head》。

2002 – Maison Martin Margiela 在布鲁塞尔和巴黎开店。
—— – 《N° B magazine》杂志本哈德·威荷姆特辑出版。（见上左图）
—— – 海德尔·阿克曼在巴黎首秀。

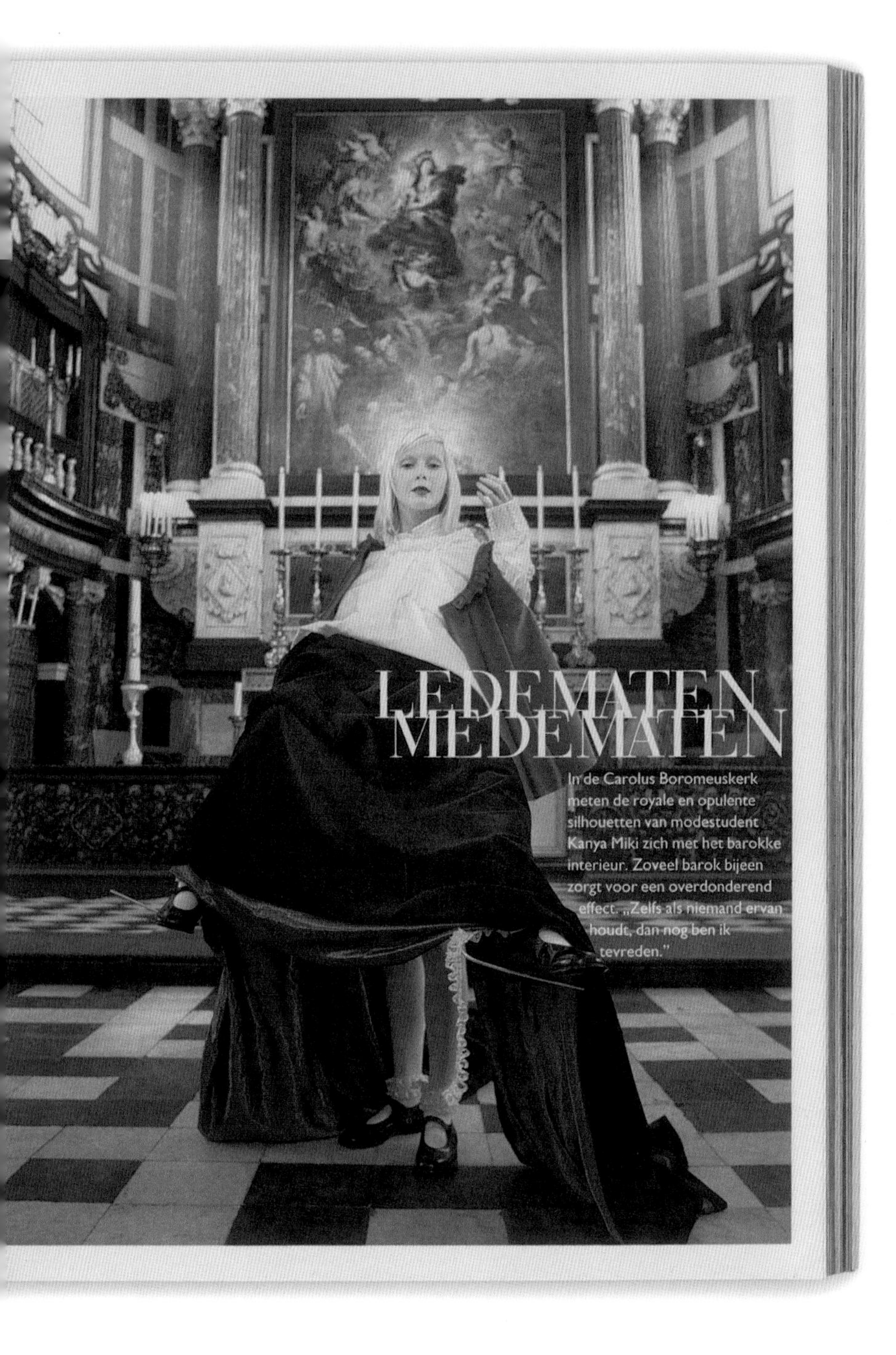

LEDEMATEN
MEDEMATEN
In de Carolus Boromeuskerk meten de royale en opulente silhouetten van modestudent Kanya Miki zich met het barokke interieur. Zoveel barok bijeen zorgt voor een overdonderend effect. „Zelfs als niemand ervan houdt, dan nog ben ik tevreden."

2002 – 布鲁诺·皮特斯在巴黎首秀成衣系列。
—— – Les Hommes：首个男装系列：2003 春夏系列。
—— – 海德尔·阿克曼为 Ruffo Research 设计 2003 春夏系列。
—— – 德克·施恩伯格首个女装系列：2002—2003 秋冬系列。（见上右图）
—— – A.F. Vandevorst 为阿姆斯特丹荷兰歌剧团的捷克作曲家莱奥什·亚纳切克（Leos Janacek）歌剧《马克罗普洛斯事件》（*Věc Makropulos*）设计戏服。
—— – 蒂姆·范·斯汀伯根（Tim Van Steenbergen）首次出展巴黎：2002—2003 秋冬系列。
—— – 维姆·尼尔斯在安特卫普开店。
—— – “时尚帝国”（ModeNatie）开幕。

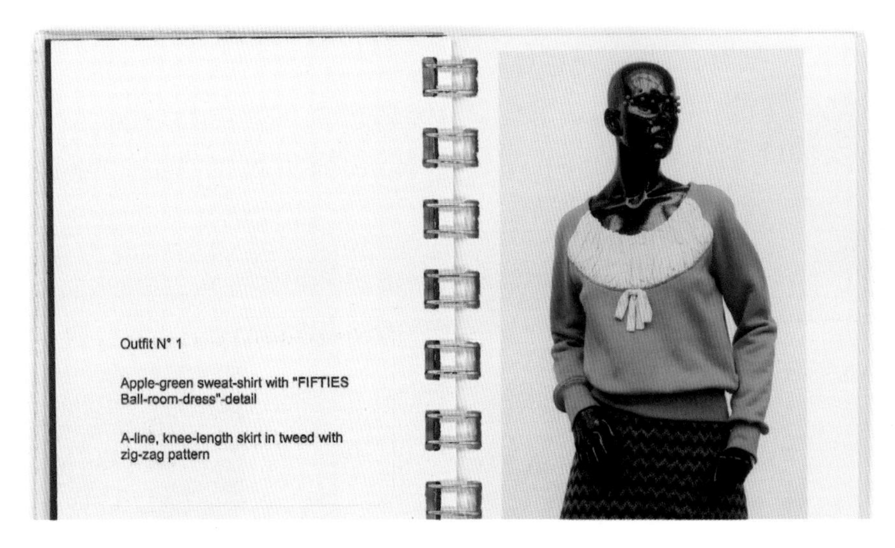

Outfit N° 1
Apple-green sweat-shirt with "FIFTIES Ball-room-dress"-detail
A-line, knee-length skirt in tweed with zig-zag pattern

1360 DIRK VAN SAENE WINTER 2002-2003
Outfit N° 22
Slimm-fitted coat in heavy tweed

Dirk Van Saene，2002—2003 秋冬系列造型目录

Dirk Van Saene，1998—1999 秋冬系列

Dries Van Noten，2003—2004 秋冬系列

Is Belgian Avant-Garde Out of Fashion?

Continued from page one

verge of closing.

Certainly, the economy, which has made it difficult for young designers everywhere, is partly to blame.

But as Antwerp, the home of the famous 3Six2, last month celebrated its 20th anniversary on the fashion map with a party and exhibit at the recently minted Mode Museum, designers are now asking a new question: Has Belgian fashion lost its edge? And what does that mean for the avant-garde?

"I think the concept of the avant-garde is outdated," said Ann Demeulemeester. "It's a 1980s leftover. Tell me, what's avant-garde now?"

But for many years, at least to the outside world, Belgian fashion was exactly that. Retailers turned to Milan for sexy marketable collections, New York for cool sportswear and to Paris for couture-level chic. Belgium, and Antwerp in particular, earned a reputation for thought-provoking clothes so complex that at times they were sold with directions on how to put them on.

The hubbub that surrounded the Antwerp brigade has calmed. No longer do Goth groupies clamor for a ticket to a Veronique Branquinho or Raf Simons show. Now those designers are hunkered down trying to grow their businesses and make more wearable clothes.

To be sure, the image of Belgian fashion is changing. Names such as Dries Van Noten and Demeulemeester are no longer considered edgy. Their businesses have blossomed and retailers now cite their brands among their perennial best sellers.

Even Martin Margiela, the Paris-based Belgian long known for his abstract approach, this season launched a line of classic clothes, including cashmere sweaters and silk blouses, which are more geared to the typical luxury client than the alternative crowd.

"The trend is no longer for the conceptual," said Maria Luisa Poumaillou, who operates the Maria Luisa designer boutiques in Paris. "But the Belgians are no longer conceptual. Ann Demeulemeester is a classic; she's the Giorgio Armani of Belgium. Martin Margiela's a classic for me, as is Veronique Branquinho. They remain among my best-selling brands. But if the Belgians aren't the avant-garde, than the avant-garde doesn't exist. They still have the extra twist."

What has changed? As Antwerp settles into its role as an established fashion hub, the mindset shows signs of evolving and the market has matured. Twenty years ago, Belgian fashion hardly existed. Even homespun companies like Scapa veiled their affiliation to Belgium.

"It just wasn't attractive to be Belgian," said Van Noten. "A company like Olivier Strelli sounded more French than Belgian. When we started making clothes and vindicating our status as Belgians, it was a departure. We wondered if we shouldn't change our name. Dries Van Noten isn't exactly easy to pronounce."

When the so-called 3Six2 — Margiela, Demeulemeester, Van Noten, Walter Van Beirendonck, Dirk Van Saene and Dirk Bikkembergs — burst on the scene in the early Eighties, they became synonymous with subverting fashion convention.

Margiela, for example, worked with recycled garments and Van Beirendonck's style shuttled somewhere between Mars and Venus. With her poetic, brooding clothes and wraparound draping, Demeulemeester championed the rebel rocker queen.

But breaking new ground is not as easy as it once was, designers say.

"Most everything weird has already been done," said Van Noten. "People started to look to Antwerp for conceptual fashion. But you learn that clients aren't interested in wearing avant-garde garments. Maybe the need no longer exists. The industry has changed; before there was a need to shock. Now it seems more interesting to create beautiful — not experimental — garments."

Marc Gysemans of Gysemans BVBA, who produces Simons' collection under license, blames the economy.

"Antwerp designers always did their biggest business in the Far East," he said. "But the euro is too strong against the yen and SARS hurt a lot. A crisis period is not the best moment in which to make crazy clothes."

Belgian designers have also had to cope with decreasing manufacturing muscle at home. In the recent past, young designers who would have had difficulty manufacturing abroad found domestic producers willing to bet on emerging talent that only sold hundreds of garments per season.

But Belgian manufacturing is on the decline. Recently, Dries Van Noten moved much of his production to Eastern Europe.

"We needed to get better prices," said Van Noten. "People no longer want to work in factories in Belgium. It's a pity. Young designers got a lot of help from the local manufacturers."

"The situation has become almost impossible for young designers in Antwerp," said Stephan Schneider, who founded his line seven years ago. "It's becoming impossible to get anything produced. And for the more established designers the manufacturing situation has made it impossible to grow. If I ask my manufacturer to do 10 jackets, fine. But I can't ask them to do 100. They simply can't do it."

Designers also have to deal with a swing in fashion tastes. As celebrity culture reaches new summits, Belgians continue to shun the roaring publicity machine. Margiela, of course, is the most extreme example, refusing to be photographed or interviewed face to face.

Ann Demeulemeester at a fete to celebrate the 20th anniversary of Belgian fashion.

Dries Van Noten in his Antwerp shop.

Walter Van Beirendonck in his shop.

Filip Arickx

"The industry has changed; before there was a need to shock. Now it seems more interesting to create beautiful — not experimental — garments."

— Dries Van Noten

"There has never been one Belgian style," Van Beirendonck said. "But the designers here share a similar approach to fashion. We've been more intellectual and experimental. But that fashion moment is now over. Fashion's about celebrity and making women look like sex objects now. People are beginning to wonder if Belgian fashion is now out of fashion."

Meanwhile, whereas much of the fashion industry in the late Nineties was caught in a wind of fusions and acquisitions, the Belgians remained fiercely independent. This has been both a force and a limitation.

Although designers like Van Noten boast that they still control every aspect of their business, from choosing buttons to shop windows, they acknowledge that to grow larger would necessarily change their approach.

"My company remains controllable," said Van Noten, adding his company generated about $30 million in revenue last year. "But if it gets much larger I'm afraid that I'd have to make decisions that would compromise that control."

"I wouldn't like to have to answer to anyone," added Demeulemeester. "Making my own decisions is the sweet side. But I can't say that I'll open a new store tomorrow. I don't have the resources. This remains a family business."

Some younger designers have forged industrial partnerships. Branquinho, for example, sold a stake in her company to Gysemans. Simons and Tim Van Steenbergen, one of the last Belgians to launch his own line, have similar agreements with Gysemans.

Gysemans said that the bad economy has reined in growth. "We've had to work with less money," he said. "We have to control costs. We can't spend as much on shows."

But others have begun to feel the limitations of going at it alone. "We're looking for a new model," said Filip Arickx who, with An Vandevorst, designs the AF Vandevorst brand. "I'm interested in having a business plan and finding the right way. But we're not a mass product. And that poses certain challenges."

As a teacher at the Royal Academy, the school that has given birth to three generations of designers here, Van Beirendonck has been among the most solid supporters of youngsters trying to set up on their own. He has carried their collections in his shop and he has instructed them in the nuts and bolts of running a business.

"There's a new attitude among the designers graduating from the academy," he said. "Before they wanted to be experimental as soon as possible. They wanted to have their own collections. They were interested in making a statement. But that doesn't interest them anymore."

He continued, "The ambition to start straight up with a collection no longer exists. When the economy got bad, they saw that it wasn't that easy. Before, everybody that came out of the school was having tons of success right away. They all wanted to follow in their footsteps. But when they started closing down or having real difficulties, they started to have second thoughts."

But that development hardly signals the death knell for Belgian fashion.

"For a boutique like mine, Belgian designers have become the bread and butter," said Poumaillou. "They give the added value and individuality that you don't find in Milan or London. They may be out of the spotlight for the moment. But they're still there. They are still strong."

2002 –《N° C magazine》杂志胡塞因·查拉雅特辑出版。
—— –学院第一代日本设计师 Kanya Miki、Yusuke Okabe、Hidetaka Fukuzono 从学院毕业。
—— –伊夫·圣·洛朗退休。
—— –瑞克·欧文斯（Rick Owens）在纽约首秀。
—— –摄影师赫伯·里兹（Herb Ritts）去世。
—— –荷兰政客皮姆·佛特因（Pim Fortuyn）被暗杀。

2003 –拉夫·西蒙在佛罗伦萨策展“第四性”（The Fourth Sex）。
—— –德雷斯·范·诺登在纽约获得国际时装组织奖项，由名模伊莎贝拉·罗西里尼（Isabella Rossellini）为他颁奖。

Veronique Branquinho，2004—2005 秋冬系列

《女装日报》
（*Women's Wear Daily*）
2003.10.9

| 比利时先锋过时了吗？

巴黎精品店 Maria Luisa 的创始人玛莉娅·路易莎·普马尤（Maria Luisa Poumaillou）表示："概念性的时装现在已经不再流行。但是比利时人现在也不那么概念性了。安·得穆鲁梅斯特成为了经典，她就好像是比利时的乔治·阿玛尼。对于我来说，马丁·马吉拉和薇洛妮克·布兰奎诺都是经典。它们在我的店里还保持着领先的销量。所以如果说比利时不先锋，那先锋本身就不存在。"

"时装产业变化很大：从前你需要去震惊别人，而现在比起震惊，好像做点漂亮的、不那么实验性的单品更有意思。"——德雷斯·范·诺登

"从来就没有一种固定的所谓的比利时风格，只是这里的每个设计师都对时尚有着相似的看法。我们更加严谨和充满实验性。但是那样的时尚环境已经过去了。当下的时尚更看重明星效应，同时不停地物化女性。人们会开始想，在现在这种背景下比利时时尚是不是过时了。"——沃特·范·贝尔道克

"对于一个像我们一样的精品店来说，比利时设计师就像是面包和黄油一样基础。他们能够给你无法在米兰与伦敦找到的独特性和附加价值。尽管现在他们可能已经离开了焦点，但是他们一直存在，依然强大。"

Bernhard Willhelm，2003—2004 秋冬系列

Wim Neels-Taille，2003—2004 秋冬系列

Dries Van Noten，2005 春夏系列

《法兰克福汇报》(Frankfurter Allgemeine Zeitung)
2005.10.8

○

| 夜宴主人

德雷斯·范·诺登在巴黎城外献上年度最美时装秀

德雷斯·范·诺登正在寄出他的第十五个时装秀的邀请函。他非常喜欢历史名胜，并总能找到奇怪的地方举行他美妙的时装秀。

范·诺登可能不是最有名的设计师，但他的时装秀绝对是无与伦比的。可能不同于别的品牌属于大集团旗下，他为自己工作，所以他投放在广告上的钱都省下来用在时装秀上，也得以运用所有自己喜欢的媒介。

在巴黎城外的新庭镇，德雷斯·范·诺登向世人展示着巴黎意味着什么。尤其是当汤姆·福特宣布提前退休，让·保罗·高缇耶老去，约翰·加利亚诺妥协之后，德雷斯·范·诺登让巴黎复活。好样的！

2003 －薇洛妮克·布兰奎诺在安特卫普国家大街开店并创立男装系列。
—— －德克·毕盖帕克为国际米兰设计球衣。

—— －英格·格罗纳获得设计类“弗拉芒文化大奖”。（见上图）
—— －奥利维尔·泰斯金斯为 Rocha 设计第一个系列。

—— －《N° D magazine》杂志奥利维尔·泰斯金斯特辑出版。
—— －马丁·马吉拉为 Hermès 设计最后一个系列，让·保罗·高缇耶接任艺术指导。

Leuchter hoch, Tisch frei: Dries van Notens Entwürfe auf einem besonderen Laufsteg

Foto Helmut Fricke

Der Herr der Tafelrunde

Dries van Noten tischt vor den Toren von Paris in der spektakulärsten Modenschau des Jahres auf

kai. PARIS, 7. Oktober. Nichts deutet darauf hin, daß dies die Schau des Jahres werden wird. Eingeladen hat Dries van Noten, der 46 Jahre alte belgische Designer, nach La Courneuve außerhalb von Paris. Das ist ein Vorort, so heruntergekommen, daß Frauen in der Dämmerung von der Straßenbahnhaltestelle nach Hause hetzen. Der Modemacher hat einen Anfahrtsplan zu der Einladung gelegt. Aber ohne Navigationssystem oder guten Fahrer findet an diesem Mittwoch abend aus Paris kaum einer pünktlich hierher. Von alter Größe künden stillgelegte Industrieanlagen mit Schlotsilhouetten. Historische Stätten sind das Terrain von Dries van Noten, der 1985 mit Männermode begann, seit 1993 in Paris Damen- und Herrenkollektionen präsentiert und nun zu seiner fünfzigsten Modenschau lädt, zu einem großen Jubiläum.

Schon immer hat er die schönsten und schaurigsten Schau-Orte gefunden: im eiskalten Januar 1996 unter einer U-Bahn-Brücke beim Gare du Nord, im Oktober 1997 im geradezu gotischen Kulissendepot der Opéra National, im März 1999 in der Concièrgerie, im März 2001 in einer gigantischen Tiefgarage am Montparnasse. Van Noten, der in alle Welt verkauft, aber nur zwei eigene Geschäfte besitzt, eines in Hongkong und eines in Antwerpen, woher er kommt und wo er die legendäre Modeschule besuchte, mag nicht der bekannteste Designer sein. Aber seine Schauen sind unübertroffen – vielleicht auch deshalb, weil er keinem großen Konzern gehört, sondern nur sich selbst, weil er sein Geld nicht in Anzeigen steckt, sondern allein in die Schauen, sein liebstes Medium. Und ins Essen, sein zweitbestes Medium.

In der fußballfeldgroßen Industrieruinenhalle des Babcock-Konzerns von La Courneuve ist der mehr als 120 Meter lange und zweieinhalb Meter breite Tisch gedeckt. Die Tischdecke ist aus einem Stück, die böhmischen Kristall-Lüster hängen tief und schwer über der Vorspeise aus Pilzen an Rucola und der Hauptspeise aus Fisch mit Gemüse. 250 livrierte Kellner servieren den 500 Tafelgästen. Und der Nachtisch? Muß warten.

Am Tischende fällt ein Vorhang, und die Wand aus Fotografen erscheint (sie bekamen immerhin Pasta). Die Lüster werden geliftet. Am anderen Ende steigen die Models auf den Tisch und tragen auf den ewig langen 120 Metern die schönsten Kleider spazieren, die van Noten je entwarf. Von osteuropäischer Folklore ließ er sich inspirieren, und das verhieß angesichts aufgesetzter Ethno-Trends nichts Gutes. Aber van Noten lädt seine Seidenstoffe mit Blockstreifen, seine mit Ecru und Schwarz kontraststark inszenierten Jacquards nicht mit peinlichem Bauernblusenschick auf. Er nimmt nur die interessantesten Farben und die schönsten Blumenmuster, verfremdet sie leicht durch elegante Schnitte, ausgestellte weiße Röcke und altertümelnd gesmokte Blusen. Er läßt die von indischen Händen gefertigten rumänischen Stickereien nicht geschmackvoll in Langeweile versinken.

Er zeigt allen, die wie Armani jetzt auf Indien schwören, daß er die Zeiten naiver Anverwandlung längst hinter sich hat, daß Antwerpener schon seit den Spaniern die fremdesten Einflüsse als die normalste Eigenkultur sehen. Er darf durchaus auch mit kitschverdächtigen Glassteinen von fünf Zentimeter Durchmesser die Säume beschweren und mit dickem Brokat die Blusen aufmotzen. Es paßt.

Den Kleidern applaudieren die Gäste nicht, nein, sie rufen ihnen zu, jubeln, schreien, pfeifen, springen auf. Daß stets mißgelaunte Laufstegfotografen applaudieren, gestandene Modeleute weinen, Redakteure am Ende Erinnerungsfotos machen wie die Touristen – wann gab es das zum letzten Mal? Vor Monaten, wahrscheinlich Jahren. Dries van Noten aus dem schrägen Antwerpen zeigt im verblühten La Courneuve, was Paris bedeuten kann. Tom Ford frühpensioniert, Jean-Paul Gaultier frühvergreist, John Galliano zwangsangepaßt – und Dries van Noten wiederauferstanden. Voilà!

Anke Loh，2003 春夏系列

Peter Pilotto，2006—2007 秋冬系列

2003 – Maison Martin Margiela 被 Diesel 集团收购。
—— – 沃特·范·贝尔道克为法兰德斯皇家芭蕾舞团与舞蹈家马克·波加特（Marc Bogaerts）联合制作的歌剧《Not Strictly Rubens》设计戏服。
—— – 卡特琳·米索顿设计第一个系列。
—— – 法兰德斯时装学院（FFI）在“时尚帝国”（ModeNatie）举办“时尚：这就是比利时！？”25 周年纪念展览。
—— – 克劳德·蒙塔纳关闭高级定制产品线。
—— – 平面设计师保罗·包登斯出版作品集《Paul Boudens Works Volume I》。
—— – 伊拉克被占领，萨达姆·侯赛因（Saddam Hussein）被推翻。

FROM LEFT: ARTHUR WEARS TROUSERS AND HELMET, BOTH TO ORDER, WALTER VAN BEIRENDONCK. BACKPACK, £65, THE NORTH FACE. DANNY WEARS HOODED JACKET, TO ORDER, WALTER VAN BEIRENDONCK. TROUSERS, £156, MARC JACOBS. SEE DATA FOR DETAILS. STYLED BY GARTH SPENCER

《GQ》杂志
2006

丨2006—2007 秋冬季最受关注设计师：沃特·范·贝尔道克

为何最激动人心的系列来自于最少露面的设计师？沃特·范·贝尔道克，男装中的独立之声。

WALTER VAN BEIRENDONCK

HOW COME THE MOST STRIKING COLLECTION WAS BY A DESIGNER WHO HARDLY EVER SHOWS? ALEX NEEDHAM MEETS WALTER VAN BEIRENDONCK, A LONE VOICE IN MENSWEAR

Sometimes, Walter Van Beirendonck feels a bit like the polar bears drowning off the disappearing icecaps in the North Sea. In fact, he identifies with them so strongly that they inspired the 49-year-old Belgian designer's first fashion show in five years. Presented in Paris men's week and titled 'Stop Terrorizing Our World', it featured a procession of models in oversized navy and black military-tinged workwear embroidered with multilingual slogans. Midway through, they stripped to psychedelic underpants, took confetti out of their shoes and smeared it over their faces (where it stuck), then put their outfits back on inside out.

The backs revealed lifesize nightmare characters of hallucinatory brightness: an Amazonian Madonna, an Incredible Hulk with a computer called Mr Manipulator, and an evil Ronald McDonald, his tie an inverted golden arch, an image of George Bush riding a rocket emblazoned on his greedy stomach. Angry, audacious and blatantly political, it had next to nothing to do with the rest of fashion week, but that was pretty much the point. As Van Beirendonck's long-term supporter Suzy Menkes of the *International Herald Tribune* said: 'At a time when fashion is looking back to formalwear, it was refreshing to see a designer caring so passionately about the future, rather than the past.'

'Making a normal collection is not enough any more,' says Van Beirendonck, five months later, over lunch at a restaurant in his adopted hometown of Antwerp. 'It is also about making a political statement. The main inspirations were two stories I read in the newspapers. One was about the polar bears; the icecap has receded so far, and the distance the bears have to swim has got so long, a lot of them get so tired they drown. The second was the Amazon, which is totally drying out: it looks more like a desert in certain areas.'

As has been noted, Van Beirendonck looks not dissimilar to a bear himself. He is rotund and twinkly, with a poker-straight grey beard. And, in one sense, he *is* a bear: a pioneering participant in the fat 'n' fur-loving gay subculture of that name ('Ten years ago, you'd go to a bear club in London and it was 40 people – now it's 400.') His maverick spirit makes him hugely engaging company. Whatever he's doing, he comes back to Antwerp twice a week to teach at the Royal Academy of Fine Arts, where he studied; one imagines he's an inspirational and popular teacher.

He misses the days when subversive brainiacs like Malcolm McLaren would make radical statements about the world via clothing. 'Fashion's too corporate, and it's becoming all the same,' he says. 'If you don't see the name on the label, it's difficult to recognise it; in the shops, it's becoming one product. I have a lot of respect for a designer like [Miuccia] Prada, because she's an incredible designer, but if you see what success does: all these lines and variations and decisions... it's a pity. You have to choose. If you want success you have to go with the flow.'

Van Beirendonck has never gone with the flow, but instead created his own world, separate from the endless trend cycle of ▷

fashion. Sometimes this means he's suddenly 'relevant', for instance: when the day-glo colours and trippy graphics of his clothes struck a chord with the rave generation. Sometimes it means he can't get arrested. When everything went Prada-black at the end of the last decade, it spelt doom for his second line, Wild & Lethal Trash (the designer walked in 2000 after his commercial partners, Mustang Jeans, tried to tone down his work; the label had 600 shops worldwide at the time).

Now, Walterworld is a desirable destination again. London labels such as Cassette Playa, underground fashion magazines like *Super Super*, and the whole 'neu rave' scene, involving clubs like White Heat in London's Soho and bands like the Klaxons, owe more than a neon-print T-shirt to his fearlessly lairy style. 'I know a lot of people now are fascinated with what I did in the W< period,' says Van Beirendonck. 'I remember the moment in London in the Nineties that there were a lot of people wearing my clothes, but in a totally different context than I was thinking of. It's strange sometimes. But the nice thing is that I'm being picked up by young generations again.'

In an age when fashion conglomerates can chew up talents of the magnitude of Jil Sander or Helmut Lang, Van Beirendonck's hard-fought independence now seems like a smart position. Not only does it allow him to take the piss out of Gucci and Dior with one outfit (worn by a decaying Amazon as a comment on 'skeletons wearing designer clothing'), but it also means he can run his own label as 'an artistic project that is specific to my taste. I don't think about commercial considerations; I just do what I think should be right.'

Without corporate backing, how can Van Beirendonck make his own label work as a business? 'It's not easy to get it produced and onto the market, because the quantities aren't that big,' he says. 'But I have loyal clients who have followed me for a long time, who are flexible. If you are behind my way of thinking, we can work together, but if you want perfect early deliveries, in the middle of the winter, for summer, that's not how it works. It's a tiny company, run according to my way of working – that's it. It's a luxury to think that way, because it's not giving guaranteed results. I'm taking risks, and I'm doing it within a very small structure.'

Then there are the commercial jobs he takes on in order to fund his label. Van Beirendonck designs children's clothes for JBC, a firm with 60 shops in Belgium. The label is called Zulupa-PUWA! This season, his third, features a very Van Beirendonck cartoon character with cartwheel ears and a pointy tail coming to earth to spread love and stardust. 'It's a low-price project, but it works perfectly; it's selling well and I can do what I want,' says the designer. He has also just started designing for Kappa Sport as artistic director. 'If I can make commercial products that are intended to be that way, I enjoy that. But if I have to suffer and copy things I don't like, I hate it.'

Born in the Antwerp province of Brecht, Van Beirendonck was inspired to become a fashion designer by David Bowie. From the age of 12 to 16, he saw Bowie evolve from the Ziggy Stardust period. 'It was totally shocking and a constant inspiration. I saw that it was possible to be different and to dare to do things with clothes.' He went to the Royal Academy of Fine Arts when he was 18, and became firm friends with classmate Martin Margiela. (The two have not spoken for six years – Van Beirendonck says that Margiela has cut all ties with Antwerp, and mischievously adds that he has heard that the designer, who famously never allows his photograph to be taken and insists on total anonymity, now 'feels a bit sorry that nobody recognises him.')

Van Beirendonck graduated in 1981, with the rest of whom we now know as the Antwerp Six: Ann Demeulemeester, Dries Van Noten, Dirk Van Saene, Dirk Bikkembergs and Marina Yee. In two mobile homes, with the tall Bikkembergs sleeping in a tent ('his feet would stick out of the end'), they went to trade shows in Milan and, in 1985, the London Fashion Fair at the YMCA. The Belgians found themselves stuck on the third floor, where nobody bothered to go (the likes of Bodymap had the plum sites on the ground floor), but sent down models with flyers, which piqued the interest of PR Marysia Woroniecka. She took them on and pitched them to then-booming style magazines *Blitz* and *The Face*. The Antwerp Six were go, and neither fashion nor Antwerp have been the same since.

Walking to Van Bierendonck's studio, it's striking how much the city bears the marks of their success. Dries Van Noten has a

> 'IT'S A TINY COMPANY, RUN ACCORDING TO MY WAY OF WORKING – THAT'S IT. IT'S A LUXURY TO THINK THAT WAY, BECAUSE IT'S NOT GIVING GUARANTEED RESULTS. I'M TAKING RISKS, AND I'M DOING IT WITHIN A VERY SMALL STRUCTURE'
> WALTER VAN BEIRENDONCK

lavish two-storey store, which you'd call a flagship were it not the only one in the world. Demeulemeester and Bikkembergs have shops further down the street, and Van Beirendonck has Walter, a huge, white-painted former carpark that also sells clothes by kindred spirits Bernard Willhelm (whom he taught), Comme Des Garçons, A'N'D and Kim Jones. Antwerp makes a refreshing contrast to the uniformity of posh fashion streets the world over – however, the big brands are moving in, with Chanel and Louis Vuitton materialising in the city centre like Starbucks, a comparison with which Van Beirendonck mournfully agrees.

His studio is an elegant space overlooking a park, to which he moved to live in 1981 (he's since decamped to the suburbs). There's a bear mask on a marble bust, a sculpture of a dog with silver-foil-wrapped head, and such quintessentially Van Beirendonck debris as a hat with a propeller on the top, a Hungarian beaded belt, and a toy figure in a tiger-stripe Mexican mask. It's an appropriate nerve centre for a man determined to hang on to his eccentricities in a world that pushes uniformity, a man who once likened himself to Greenpeace. 'I am like them – a lot of actions and not many results,' says Van Beirendonck, his smile belying the gloomy sentiment. After all, he's still here, and after his bruising experience with W< and subsequent T-shirt label Aesthetic Terrorists (killed by September 11), he is happy going his own way, which no longer even includes the fashion-show treadmill. 'I won't show every season; it'll happen when it should happen,' he says. 'I decided to step back into the world, but that doesn't mean I'm going to act normal.' Whimsical and maverick but pragmatic and tough, Walter Van Beirendonck is an endangered species who deserves protecting. ■

Walter Van Beirendonck，2006—2007 秋冬系列

LA BALLE AU BOND

Il ne se contente pas d'habiller une équipe de foot : Dirk Bikkembergs est le designer-sponsor du FC Fossombrone, en Italie. Et compte bien marquer de nouveaux buts en 2006.

Après avoir lancé en 2000 une ligne « Bikkembergs Sport » dédiée aux chaussures à crampons et autres survêtements ; après avoir été, pendant deux saisons, le designer officiel de l'Inter Milan, Dirk Bikkembergs a finalement concrétisé un rêve d'enfant. Il s'est offert un club de football, le FC Fossombrone, petite équipe amateur de la ville italienne où est déjà installée la maison de production du créateur belge. Tenues de jeu blanches et bleues coupées sur mesure pour chaque joueur, costumes d'après-match, jeans et blousons… Rebaptisée Bikkembergs FC Fossombrone, l'équipe italienne est la première à porter une garde-robe entièrement signée par un styliste de mode. Mais l'ambition de Dirk Bikkembergs va au-delà du simple sponsoring. Il projette de moderniser le stade de la petite ville de dix mille habitants, et d'y établir un jour ses bureaux principaux : *« Pour moi, le football est le terrain de jeu idéal pour exprimer toute ma créativité. En travaillant avec d'authentiques sportifs, je peux créer des vêtements qui seront portés dans la vraie vie, et pas seulement sur un podium de défilé. »* **K. P.**

Ci-dessus, le *clubhouse* du club FC Fossombrone, photographié par Dirk Bikkembergs juste avant un repas de la victoire. Cliché réalisé pour *Stileno* avec l'appareil photo numérique « Easy Share V550 », **KODAK**.

034

来源不明

2006

| “球缘滚滚”

在2000年创立“Bikkembergs Sport”，专注运动鞋和服饰设计，同时为国际米兰设计球衣之后，德克·毕盖帕克终于实现了他的童年梦想：他买下了一家足球俱乐部。“福松布罗内俱乐部”（FC Fossombrone）来自意大利小镇福松布罗内，同时也是这位比利时设计师的生产工厂的所在地。

“对于我来说，足球是一种能表达我所有创意的媒介。和真正的运动员一起工作，让我创造出能在真实世界里被人们穿上的衣服，而不仅仅是在伸展台上被欣赏。”

2004 – 海德尔·阿克曼获得瑞士纺织协会颁发的“瑞士纺织大奖”。
—— – 德雷斯·范·诺登用 2005 春夏系列庆祝自己的第 50 场时装秀。

—— – 薇洛妮克·布兰奎诺担任佛罗伦萨男装展访问设计师。
—— – 沃特·范·贝尔道克设计日产“March”轿车并在布鲁塞尔车展展出。
—— – 三木勘也成立中性服装品牌 Kosmetique Label。

—— – 《N° ABCD magazine》杂志改版整合为《A Magazine》杂志，第一期邀请 Maison Martin Margiela 担任客座编辑。（见上图）

Bix

Fútbol de alta costura

legendario estadio milanés San Siro, la 'Scala' del tbol, fue el escenario egido por el diseñador lga Dirk Bikkembergs para esentar la Bix, una bota de a costura, con el sello de lidad 'made in Italia', nfeccionada de modo mpletamente artesanal y e nace con la firme ención de recuperar valores del fútbol sus orígenes.

Por ***Israel G. Montejo / Milán (Italia)*** *• Fotos:* ***Bikkembergs***

a Bix vio la luz en el mejor marco posible: un San Siro vestido de gala para la sión, un escenario incomparable , sin embargo, fue 'tomado' por C. Bikkembergs Fossombrone, el desto equipo italiano que el ñador belga Dirk Bikkembergs ocina y apadrina, y que se ha vertido en el símbolo de su na de entender el fútbol. Un o que queda perfectamente jado en el video de entación de la bota y que es agonizado por Alberto Tombini, tán del Fossombrone, en un intento de "comunicar el deporte en su simplicidad": el fútbol en estado puro, pegado al deportista. El hombre, un balón, unas botas de calidad... Nada más.

La Bix 2006 bebe directamente de tres fuentes: máxima calidad, alta costura y simplicidad. Huye deliberadamente de las formas futuristas y los materiales de alta tecnología, y apuesta sin fisuras por la piel de canguro, el material 'histórico' en las botas de fútbol, y el trabajo artesanal; dando como resultado una bota muy técnica pero con el sello inconfundible de un

CÓMO COMPRARLA

La bota costará en torno a los **320 euros** y se adquirirá exclusivamente a través de la página web **www.bikkembergsfootball.com** o **vía online** en los córners **Bikkembergs** que la empresa belga irá abriendo en los próximos meses dentro de su estrategia de expansión de la marca.

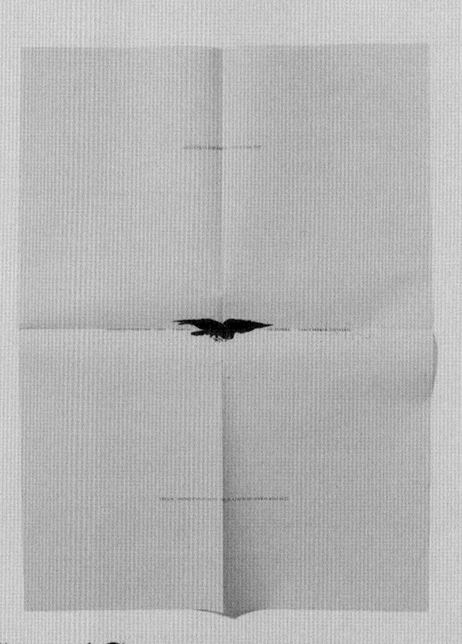

Ann of Antwerp THE DARK QUEEN OF BELGIAN FASHION CASTS A LONG SHADOW OVER THE FALL COLLECTIONS. CATHY HORYN PAYS TRIBUTE TO ANN DEMEULEMEESTER.

The setting of the Le Corbusier house where the designer Ann Demeulemeester lives and works in Antwerp reflects her place in the fashion world. It stands at the edge of a treeless lot near a highway overpass, isolated both aesthetically and physically from the apartment blocks in the southern part of this Flemish city. The original owner of the house, built in 1926, had hoped to establish a Modernist community, if only to counter the local gingerbread, but it never came. What came instead was a world war and senseless urban planning. In 1985, her career not yet begun, Demeulemeester and her husband, Patrick Robyn, who was trying to establish himself as a photographer, bought Belgium's only Le Corbusier house and started to restore it. Now, except to travel to their country home, 30 minutes away, they rarely leave Antwerp.

"I'm not confused about what's happening in fashion, because I follow my direction and go," Demeulemeester says one afternoon at her dining table. She has laid out plates of salad and cold tuna and opened a bottle of wine. She is 47, and the lines of her face have begun to set in, but it is still a fascinating face to look at, pale and vigilant and framed by dirty-blond hair. Victor Robyn, the couple's only child, an art student in Brussels, has dropped by and left with friends. When Victor was 3, his parents built a studio next door, with offices and a private entrance for the family, so that Demeulemeester wouldn't have to feel like she was actually leaving her son to go to work. Today the family compound consists of four buildings. Although the house is by no means a shrine to its architect, Demeulemeester and Robyn are eager to play host to Le Corbusier's ideas. There are the original paint colors — chocolate, azure and cream for the main room. There are simple light fixtures and cool, black-tiled floors. There is, as well, the grid of windows facing a small walled garden. Demeulemeester seems oblivious to the traffic beyond the open windows. She says she doesn't pay attention to other designers' work: "I never study what others are doing because it doesn't help me."

This seems strange. At a moment when many designers, along with architects, star chefs and art dealers, feel driven to be everywhere in the world — in China, at the latest art fair, opening

Portrait by Thomas Struth

INVITATION PHOTOGRAPHED BY LARS KLOVE

Ann Demeulemeester，2004—2005 秋冬系列

Landmark status
Clockwise from left: Patti Smith at Ann Demeulemeester's fall 2006 men's show; the designer's restored 1926 Le Corbusier house in Antwerp; a show invitation.

Self-determination
Clockwise from above: Demeulemeester in her home studio; Jim Dine photo prints graced the 2000 summer collection; a show invitation.

a hotel in Dubai — Demeulemeester is interested in only her world. Her influence is pervasive this season. Among those designers like Marc Jacobs and Miuccia Prada whose power we readily trust, if only because they more easily monopolize one's attention, there was a strong sense in their clothes of Demeulemeester's proportions, her asymmetrical cuts, her blunt, northern femininity. Discharging their ladylike tweeds and presumably the women in them, designers now spoke of "urban females" and "the warrior woman," ignoring, as Sarah Mower of Vogue pointed out, that this has been Demeulemeester's single-minded view for 20 years.

Demeulemeester says she was unaware of her influence until a journalist mentioned it, and then, even in the collections where it seemed most obvious, like Marc by Marc Jacobs, it wasn't evident to her. "When I looked at the clothes, I didn't see my thing," she says. She is at least sensitive to the prevailing rhetoric. "I hate when people suddenly say, 'And now we are going to do the glamorous woman, now we're going to do the strong woman,'" she says, studying me. "Sorry, I am a strong woman. And I go for it. I don't have to play this game."

Demeulemeester and the other Belgian designers of the late 1980's, among them Martin Margiela and Dries Van Noten, made their reputations by opposing and even mocking the barbarism of the decade — none more so than Margiela, who made clothes from recycled garments and plastic trash bags and set himself up as a virtual designer, remote and unanswerable, before the term was fully understood.

It may be that in the current climate of opportunism, with its what-do-I-get-out-of-this attitude, people again want clothes of substance and surprise. Clearly Demeulemeester thinks so. "I don't think women can take superficiality much longer," she says. "They want a soul again. I've always worked with this emotion. That's why people are turning toward me, I think."

Demeulemeester graduated from Antwerp's Royal Academy of Fine Arts in 1981, the same year that Rei Kawakubo showed her first Comme des Garçons collection in Paris. Kawakubo, with her almost brutal cutting techniques, proposed that women were strong and self-determined. Demeulemeester, born a generation later, just assumed that they were. Both her father and her grandfather earned their living drying chicory for the coffee market, and when she was 16, she met Robyn, a local boy who already had leanings to become an artist. Demeulemeester says the only time fashion entered her consciousness in her girlhood was when she made drawings of classical portraits; she noticed the relationship between the subject and his clothes.

At the academy, she says, she felt like an outsider "because I was not fashionable in the eyes of the others." Though Belgium produced children's clothes and fine tailoring, it had no fashion identity, and of the two old women who taught Demeulemeester pattern making, one sewed her own clothes and the other was extremely rigid. She believed that you should not put white and black in the same outfit. "That was my big discussion with her," Demeulemeester says, smiling. "And she was, like: 'Ann, you can't use white. It's not chic. Use off-white. Chanel used off-white.' Chanel was her ideal. So I had a big fight with her. All these things were happening, punk in London, and

CLOCKWISE FROM TOP LEFT: JEFF RIEDEL (2); DON ASHBY; LARS KLOVE (2); AP PHOTO/DIR.

244

2004 – 汤姆·福特和 CEO 多梅尼科·德索莱（DomenicoDe Sole）离开 Gucci。

—— – 卡尔·拉格斐为 H&M 设计一个系列。

—— – Louis Vuitton 成立 150 周年。

—— – 索菲亚·科波拉（Sofia Coppola）：电影《迷失东京》（*Lost in Translation*）。

Graphic design
ockwise from below:
ree show invitations
press the designer's
aesthetic in black
and white (and red);
two looks from
er men's collection.
SES
ANN DEMEULEMEESTER ETE 2004
VENDREDI 10 OCTOBRE 2003 - 19H30
ECOLE NATIONALE SUPERIEURE DES BEAUX ARTS
14 RUE BONAPARTE 75006 PARIS
PRESSE: MICHELE MONTAGNE
TEL. 01.42 03 91 00 - FAX 01.42 03 12 22
Warrior princesses Below, from left, Demeulemeester's loose, layered style has always had a romantic toughness.
L 1994
FALL 1995
FALL 1997
FALL 2004
SPRING 2005
SPRING 2006
FALL 2006

hanel, off-white world."
was a media appellation born in London in the late
foreign-sounding Flemish names. In reality
nal spirit in the group. "Everybody was doing his
ter says. "We weren't doing things together."
Belgians had established themselves as devout
ris shows, with Demeulemeester projecting a
der, modernism. Her women looked cool and
st finished a gig in Rotterdam. Though she has
nental cuts and fabrics, like the papery leather she
r a stunning white shift, her clothes follow a
problem in the 90's, when designers fell under one
another. "I had the impression, around 1995,
weather changed," Demeulemeester says. "It was
ses. Gucci had started. For me, it was the opposite
understand."
nts to show me her studio, and we head upstairs,
the house, has black-tiled floors and wall colors
hat they resemble velvet. We follow a passage
ding and enter a large white studio with a copy
nobile. Few independent designers have the
n the mid-90's, Demeulemeester asked Anne
nce and businesswoman, to run her company,
er says, Chapelle restructured the business "as a
ater they created a holding company that today
includes the rising Belgian star Haider Ackermann.

We pull out photographs taken by Robyn of early collections, beautiful portfolios produced despite the fact that the couple had little money. Demeulemeester is often associated with Patti Smith, but to my mind her clothes have never resonated more emotionally than when she collaborated with the artist Jim Dine. "I saw his photos in a gallery, and it was one of those moments that you don't have often," she explains. "I could feel it in the pit of my stomach. I felt sick. I came home and wrote him a letter. I had to do it. And four or five days later, he was sitting here in my studio and saying, 'O.K., we're going to work together.' Can you imagine?" The result was exquisite asymmetrical dresses with silvery-gray photo prints of birds of prey.

For fall, as other designers were paying homage to her past work, Demeulemeester explored drapery, creating wrapped dresses that lent mystery to her tailoring. She has her store in Antwerp, which each week sends hard-to-find pieces to clients in New York, and I know women who have as much Demeulemeester stashed in their closets — skinny T-shirts, boyish black boots — as they do Prada. She recently expanded her men's collection and would like to do a perfume.

"I never organize or plan things," she says. "I go step by step. Maybe it's safe like this, I don't know." Demeulemeester smiles, coyly, and you know that this thought doesn't trouble her in the least. She says: "I just wait because I think people will find me. And I'm not the kind of person who will knock on somebody's door. I wait. If they're good for me, they will come towards me." ■

245

《The New York Times Style》杂志 2006 秋

○

| 安特卫普的安

比利时暗黑女王降临秋冬季

在这一季中，安·得穆鲁梅斯特的影响无孔不入。虽然像 Marc Jacobs 和 Prada 这样的大牌很容易就能够征服人们的眼球，但值得注意的是，在这一季里，从他们身上我们也能看到得穆鲁梅斯特的服装比例、不对称剪裁、直白与北方女性诗意。来自《Vogue》杂志的萨拉·摩尔（Sarah Mower）表示，各大品牌在这一季都弃用原有的女性化面料，或者说传统的女性形象，强调“都市女性”或者“女战士”一样的女性新形象。可是得穆鲁梅斯特已经这么做了二十年。

20 世纪 80 年代从伦敦出发的“安特卫普六君子”，结合在一起只是为了摆脱拗口的弗拉芒名字这个障碍。到 90 年代初期，这群比利时人开始在巴黎虔诚地展示自己的特色。得穆鲁梅斯特所创造的形象既勇猛又温柔，她手中的女性总是又酷又强，十分具有现代主义色彩。她十分喜爱试验性的材料与剪裁，比如上一季中她用到的极近于纸的皮革。她的衣服总在叙述一个故事，而不像大多 90 年代的设计师，极端追逐一个又一个的潮流。得穆鲁梅斯特说：“人们只关注大牌，这一切从 Gucci 开始。可是对于我来说，这和自由恰恰相反，我无法理解。”

在 20 世纪 90 年代中期，得穆鲁梅斯特邀请从商的友人安·拉切贝尔（Ann Chapelle）来管理自己的公司，变得更加国际化。在公司成功上市之后，如今还收购了上升中的比利时品牌 Haider Ackermann。

—— －电视剧《迷失》（*Lost*）在 ABC 开播。
—— －《The Face》杂志最后一期。

2005 －安·得穆鲁梅斯特的首个男装系列：2006 春夏系列。

—— － Maison Martin Margiela 担任佛罗伦萨男装展访问设计师。

Kris Van Assche，2006—2007 秋冬系列

Bruno Pieters，2006 年

Christian Wijnants，2003—2004 秋冬系列

2005 – 山本耀司客座编辑的《A Magazine》杂志出版。(见上左图)
—— – 克里斯蒂安·崴楠茨获得瑞士纺织协会颁发的“瑞士纺织大奖”。
—— – 彼得·皮洛托(Peter Pilotto)的首个系列。

—— – 拉夫·西蒙担任 Jil Sander 的艺术指导。
—— – 拉夫·西蒙担任佛罗伦萨男装展客座设计师，出版图书《Raf Simons Redux》，展出“Raf Simons Repeat 1992—2005”视频装置。

—— – 海德尔·阿克曼客座编辑的《A Magazine》杂志出版。(见上右图)
—— – 安内米·维贝克、维奥莱塔·佩帕和薇拉·佩帕(Violetta & Vera Pepa)、罗密·施密茨(Romy Smits)一同在安特卫普开店。

ものにとても興味を持っていました。シーズンごとにどんどん新しいものへチャレンジするその速いリズムが好きなんです。美術館で見るようなものではなく、服は生活の一部のアートであり、生き物であると思いました」とアン。

そして二人は「世界最高のモード学校の一つ」と称される王立芸術アカデミーに入学する。

アンとフィリップ。二人のコンビネーション。

「今でも鮮明に覚えています。王立芸術アカデミーに入学した初日のオリエンテーションの時が出会いでした。クラス分けでは別のクラスになったのにフィリップが突然私のクラスに来て、クラス担当のリンダ・ロッパ女史（現、校長）にアンと同じクラスに入りたいから、このクラスに入っていいですか、ときいたんです！　もちろんそれは受け入れられなかった。でも、誰かと入れ替わるならよい、ということで、ある学生とクラスを交替してもらい、その時からいつも一緒にモードに向かい合ってきました」

'91年、アカデミーを卒業した二人。アンはマルタン マルジェラでの研修生を経て、ドリス ヴァン ノッテンで約6年半アシスタントとして経験を積む。フィリップは友人であり先輩のダーク・ビッケンバーグの仕事を手伝い、ファッション雑誌のスタイリングやフリーでコマーシャルラインの服をデザインするなど、モードをいろんな角度から学んでいた。お互いに違うフィールドの中で経験を積み重ね、5、6年後には、クリエーションのイメージができ上がり、自分たちのコレクションづくりを考えはじめたという。イメージの熟成といおうか、'98年3月、パリ・コレクションにデビュー。アーティスト、ヨゼフ・ボイスの哲学、生き方に共鳴し、タイトルはずばり「ヨゼフ・ボイス」だった。

コンセプチュアルなコレクションは注目を浴び評価された。次シーズンもやはりヨゼフ・ボイスのイメージで、その時発表したホスピタルルックはヴィーナス賞の新人賞を獲得。その後も、二人の作品には、常にヨゼフ・ボイスのエスプリが服作りの基本に流れる。

6年前に結婚し、名実共にモードに道

An Vandevorst

WORKSHOP

アンとアシスタントのヴェレナ、生産管理のリヨネルが働くデザイン室。至る所に十字のロゴを発見できる。アンのペンダントはお守り代りのライター。ただし半年前から禁煙中。アーミー帽に刺した大量のピンはのみの市で購入。ビニールに包まれたブーツを指して「こういう感じが好き」とアン。机上にはたくさんの資料と日本で見つけた帯ひもなどの来季のアイディアソースが。彼女のデザイン画はそのまま作品にできるくらい精密。

A.F.ヴァンデヴォースト。彼の、彼女の出発点。

ベルギーのアントワープを拠点として活動するファッションデザイナー、アン・ヴァンデヴォーストとフィリップ・アリックス。二人がA.F.ヴァンデヴォーストを設立、パリ・コレクションにデビューしたのは1998年。今回、彼らのコンビネーションとクリエーションの実態を探るためにパリから高速列車、タリスに乗ってアントワープを訪れた。アントワープ市街の北方、港に面した倉庫が立ち並ぶ一角にある船の修理工場の元事務所だったという建物が彼らのクリエーションの現場である。

フィリップとアンはアントワープの王立芸術アカデミーの同級生で、気の合う友達だった。フィリップがモードにかかわるきっかけとなった話がおもしろい。

「15歳の時、ある雑誌で『ティーンエージャーは服に対して個性がない』という記事を読んで『それは違う!』と、記事を書いたドイツ人のジャーナリストに直接手紙を書きました。そうしたら彼はそれをテレビのファッション番組に持ち込み、僕をゲストによんだのです。そこに出演していたデザイナー、ダーク・ビッケンバーグは僕を気に入ってくれ、番組終了後に『きみはデザイナーになったらいいな、まずアカデミーで勉強しなさい』とアドバイスをくれました。そしてなんと、彼は当時15歳だった僕をパリ・コレクションに連れていってくれ、ティエリー・ミュグレー、ジャンポール・ゴルチエ、コム デ ギャルソンのショーを見せてくれたんです。それが僕にとっての始まりです」

自分の意見をはっきり述べる早熟な少年フィリップが浮かび上がる話。

「私には彼のようなショッキングな出会いはありません(笑)。母が美術の教師をしていたせいもあり、アーティスティックな環境にいたと思います。コンテンポラリーアートを見たり、エキシビションにはよく足を運びました。自然のなりゆきみたいにクリエーティブな仕事を考えて、最初はダンサーを目指していました。でも背中を傷めてしまってダンスができなくなりました。そんな時、王立芸術アカデミーのことをテレビで見て……。私は前からファッションのスピードという

Filip Arickx

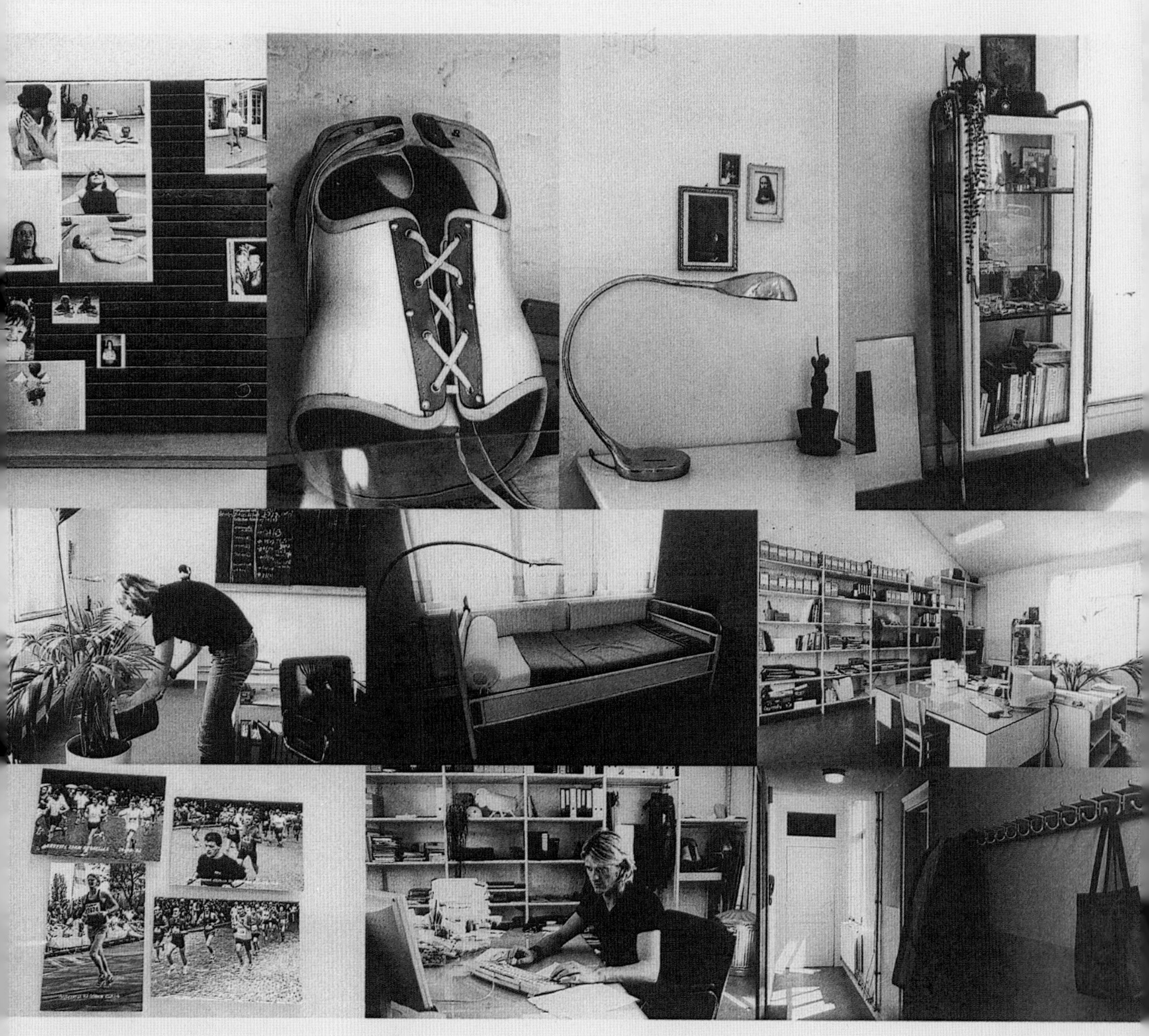

奥のドア(写真右下)を開けるとそこはフィリップの仕事部屋。ボイス関連の本や黒板、コルセット、プライベート写真、今は亡き愛犬ボンブーのベッドなど、彼らのフェイバリットアイテムとアイディアソースであふれている。

左下は彼が出場したハーフマラソンの写真。身長182cm、アスリートのような体型の彼の健康法はジョギングとスイミング。ほかにも水上スキーやスノーボード、ジムでのトレーニングなどもこなす、超スポーツマン。

A.F. Vandevorst，2002 春夏系列

SPRING 2007

DEFINING MOMENTS

Flower power, Armani-mania, hot parties, big hips/skinny models and the other hallmarks of the season.

BOTANICAL GARDENS

Some said it with flowers, thousands of them, in exquisitely constructed displays that filled Paris shows with the colors and scents of a garden in bloom. There was a towering cascade of pink petals at Dries Van Noten, a canopy dotted with white orchids at Emanuel Ungaro, a runway of purple violets at Yves Saint Laurent: Paris was blossoming for spring. "It's *Jack and the Beanstalk* for my butterfly-inspired collection," explained Peter Dundas, Emanuel Ungaro's artistic director, whose hanging ceiling of wild foliage, scattered with rare orchids, took three days to construct and required three truckloads o 15 species of plants.

The runway at Yves Saint Laurent was sewn with thousands of violets as dainty as the models sent tripping tiny steps through them. They were cultivated in the Netherlands to bloom on the very day of t show, but the journey took its toll on many of the buds, which then had to be found last-minute in France.

At Van Noten, the decor was a prelude to the giant flowers printed on dresses. A team of 13 worked through the night before the show to place 130,000 dahlia gerberas, hydrangea and lisianthus in varying shades of pink on a backdrop to the runway.

Conceived by Belgian floral designer Daniël Ost, the display was Van Noten's farewell bouquet to the Beaux Arts, wher he has shown his collection for five seasons.

34 SPRING 2007

2005 – 斯特拉·麦卡特尼为 H&M 工作。
—— – 克林特·伊斯特伍德（Clint Eastwood）：电影《百万美元宝贝》（*Million Dollar Baby*）。
—— – 教皇约翰·保罗二世（Pope John Paul II）去世。
—— – 设计师马汀·范·斯维伦（Maarten Van Severen）去世。
—— – 飓风“卡特里娜”袭击美国新奥尔良。

2006 – 安·得穆鲁梅斯特在东京开店，成为“Hyères”艺术节特邀嘉宾。
—— – 琳达·洛帕离开安特卫普艺术学院，担任意大利佛罗伦萨柏丽慕达时装学院（Polimoda）院长。

BLOOM

Never one to go by the rules, Dries Van Noten strives for the unpredictable in his latest independent production. By Robert Murphy

ONE OF THE PARIS SEASON'S PRETTIEST INVITATIONS—DELICATE dried flowers in a transparent plastic bag—came courtesy of Dries Van Noten. For those familiar with the Antwerp designer's proclivity for fanciful florals and flights of folksy chic, it said: Brace for some serious flower power.

But for Van Noten, who loathes being pigeonholed after having worn the "ethnic" yoke for so long, the invitation was a deliberate way to throw his guests a curve.

"Usually, I use a lot of flowers in the collection," explains Van Noten, who is an avid horticulturist and the proprietor of what is said to be a spectacular garden (though he allows only his closest circle to see it and absolutely refuses to let it be photographed by the press).

"By putting the dried flowers in the plastic bags, I was sure people would say, 'Oh, another collection about flowers.' But, for me, the invitation wasn't about the flowers," he says. "It was actually about the plastic bags, with the accessories in plastic. Flowers weren't such an obvious part of the collection. This collection was about limiting myself. I wanted to take my style one step further."

It's a bright and unseasonably warm October afternoon in Antwerp, and Van Noten, who is 48, is seated in his fifth-floor office at his cavernous headquarters here. A bouquet of dahlias sits on his uncluttered oak desk, and from the windows unfurls a panorama that stretches across the Scheldt River and the bustling docks below.

Soft-spoken and reserved, Van Noten, his brown hair neatly trimmed, is dressed in natty chalk-striped blue trousers and a cardigan, giving him a slightly professorial air.

"I wanted to do a story that was really for the modern woman and to make a kind of evolution in my aesthetic," he says, reaching for a rack of fabrics to help explain how he took his usual rich decorative trappings in a simpler and sportier direction.

"We started working with draping, so the emphasis naturally fell on the fabrics. The simplest cotton, for example, mixed with a paper yarn, produced a twist in the cloth impossible to get from cotton alone that changed the look of a garment. We also did mixtures of polyesters with silk or nylon with cotton. It gave us the possibility to do a very simple dress, just by the way the fabric draped or didn't drape, to get something new.

"Typically we also have some couture elements in the collection, like bright silk, or shiny yellow," he continues. "But when we added to those sportswear elements, it gave a very modern twist to couture. You had a parka with a military or sportswear feel, but by playing drawstrings, you got a balloon sleeve or a round bottom. It was really very fun touching on those connotations."

The effort certainly pleased retailers. Julie Gilhart, senior vice president and fashion director at Barneys New York, says it showed "a true, complete idea of what a woman can wear in every aspect of her life. He makes a woman feel unique and allows her to be her own style icon."

Gilhart adds that Barneys' Van Noten business continues to grow. "He has absolute devotees," she says. "He tends to attract a clientele that is highly educated and very creatively inclined. They appreciate the study and intensity that goes into making the collections unique."

Van Noten founded his house in 1985 and was one of the pioneers—with the so-called group of "Antwerp Six" designers that includes Ann Demeulemeester and Walter Van Beirendonck—that put this small, Flemish-speaking town, better known for its diamond trade, on the fashion map.

But fashion—or at least clothes—has always run in his blood. His grandfather was a tailor known for resurrecting worn jackets and turning them inside out, then founded a successful men's ready-to-wear firm.

Van Noten's father left the family business to create his own prosperous chain of men's stores that sold upscale collections like Zegna. As a youth, Van Noten remembers the weekend ritual of clients attending fashion shows as coffee and snacks were served.

A similar sociable approach to commerce has pervaded Van Noten's own career. Ask any editor or buyer who knows him well and he or she undoubtedly will rave about Van Noten's sparkling hospitality, or being served his succulent Belgian meat loaf.

Even his shows are among the favorites in Paris—he gives enormous attention to creating a memorable set, whether it be hundreds of inverted umbrellas hanging from the ceiling or a sit-down dinner followed by models walking on the table. (For spring, he created a breathtaking backdrop of thousands of fresh flowers.)

"I'm a product of my education," offers Van Noten. "Just growing up in a store environment becomes an important part of your education."

Being steeped in retail culture also instilled in Van Noten a high regard for commercial viability. He says he never designs clothes only for show.

"Everything on the runway is for sale," he says proudly. "Our collections are quite big and varied. It's important that each store can give it their own spin."

Though he is intensely private and reluctant to discuss figures, Van Noten's clothes are carried in more than 500 stores around the world and he employs 65 people in Antwerp. "Let's just say things are going very well," says Van Noten when pushed to pinpoint the size of his business.

Similar cryptic responses are offered on other business or personal matters. In most cases, the best he will offer is a puzzled shrug.

But then, Van Noten has never aspired to participate in fashion's celebrity circus—"You don't have to in Belgium," he says—and he fiercely clings to his independent status.

Van Noten does not advertise and prefers to funnel his energy into clothes rather than higher-margin accessories, which account only for about 6 percent of his house's sales.

"I want to have a kind of freedom that allows me to do what I feel," he says. "Because, at the end, fashion has to be fun. And being an independent designer, I have to do what I feel. There's no one looking over my shoulder telling me I have to do prints if I don't feel like prints."

So even if Van Noten's focus remains firmly on his clients, he increasingly reserves the right to surprise them by bending his trademarks in new directions.

For example, when he started selling his spring collection in September, many buyers were puzzled. In place of his usual palette of rich colors, there was a predominance of black and white. His ethnic touches had been reined in, and even sequins were relegated to tone-on-tone. "Some of my clients said, 'Oh, where are the ethnic influences and the prints?'" Van Noten relates with palpable relish. "But we've moved one step further. Fashion can't only be what you're good in, but you have to push yourself further.

"You often don't need to make a big statement to change things," says Van Noten. "Sometimes you just change the colors or the fabrics. But I want to feel young, and to move on. It's important to change without betraying what you stand for." ■

—— －高桥盾／Undercover 客座编辑的《A Magazine》杂志出版。（见左页左图）

—— －布鲁诺·皮特斯获得瑞士纺织协会颁发的“瑞士纺织大奖”。

—— －法国品牌 Rochas 关闭，设计师奥利维尔·泰斯金斯成为 Nina Ricci 创意指导。

—— －荷兰设计师组合 Viktor & Rolf 为 H&M 设计一个系列。

—— －小说《达芬奇密码》（*Da Vinci Code*）以及同名电影。

—— －婴儿和马里籍保姆“双重谋杀案”震惊安特卫普。

—— －朝鲜进行核试验。

—— －谷歌（Google）以价值 16.5 亿美元收购 YouTube 网站，创下纪录。

Jil Sander，2006—2007 秋冬系列（艺术指导：拉夫·西蒙）

Jil Sander，2006—2007 秋冬系列〔艺术指导：拉夫·西蒙〕

Maison Martin Margiela，1991 春夏系列

奇异恩典

马丁·马吉拉与安特卫普学院

芭芭拉·温肯（Barbara Vinken）

最具备创新潜力的地区往往是被人们认为落后的地区。在法国，这个代表着优雅的国家，比利时只存在于笑话之中。而时尚和法兰德斯这样的组合，法国人是绝对不会相信的——直到20世纪90年代。也许正是因为不被看好，安特卫普才成为了这场时尚革命的发源地，能与之相比的，只有日本设计师的欧洲进军。“安特卫普六君子”彻底改变了欧洲时尚，在他们的唤醒下，我们开始以不一样的方式看待服装。安特卫普时装学院的成功毫无争议，却又同样地令人出乎意料。这场激动人心的凯旋游行的最新范例就是拉夫·西蒙为Jil Sander设计的系列。

这群来自安特卫普学院的设计师出现在“时尚世纪”之末，也就是巴黎垄断走向尾声的时代。[1] 在一个又一个的时尚背后，有三个参数决定了每一次的时尚变革：时尚与时间的关系、时尚与身体的关系以及品牌的地位。[2] 安特卫普学院关注的是时尚的概念，把时尚看作一个系统。所以学生们的设计本身就是对这个系统的评论。对于我来说，在他们之中，把这件事做得最纯粹、最系统但又最优雅的就是马丁·马吉拉。他的手法可以被看作一种“反审美”，或者更准确地说，是对时尚系统的一种解构。[3] 马吉拉曝光和拆卸了现代时尚中的所有策略，在这个过程中，诞生了他的“奇异恩典”。

为了用简单明了的方式具体地说明，让我们来看看他的2007秋冬系列。这个名为“Dust, Furniture, Off”的系列，挑选了组成时尚关键部分的三个结构来探讨：新与旧的关系，由于穿衣而形成的身体的对称，以及覆盖与裸露的相反关系。这些元素并没有被消除，而是被重新排列，并在这个过程中被给予全新的设置。首先，这些灰蒙蒙、满是霉斑的衣服看上去和时尚完全相反，像是连“救世军商店”都卖不出去的毛毯，完全被排除在时尚系统之外。但这并不只是一个关于时尚系统的反论。这些衣服上的奇异霉菌，有时候看起来就像星尘，让这些作品徘徊在童话的浪漫与被抛弃的心酸之间。即使一件镶满仿钻的晚礼服，仿佛都能让人看到二十年前一个女人穿着它带着希望匆匆赶往舞会的忧愁。就像是一个人试图从自己的物质逃离，奔向死亡，因为这个人身上穿着的也是其他生命的痕迹。

然后一件用灰色的柔软羊毛面料制成的夹克，第一眼看上去非常经典，可是穿在人身上看起来就怪怪的，因为它并不对称。如果你仔细地多看几眼，会发现它有一种带着“脱离”

---

1 参看：吉尔·利波维斯基（Gilles Lipovetsky）：《短暂的帝国：现代社会的时尚与命运》（*L'empire de l'éphémère: la mode et son destin dans les sociétés modernes*），巴黎，1987年。

2 参看：芭芭拉·温肯：《时尚系统中的时代精神、潮流变迁与循环更替》（*Zeitgeist, Trends, and Cycles in the Fashion System*），伦敦，2005年。

3 关于“解构”的概念，参看：芭芭拉·温肯：《解构的女权主义：美洲文学研究》（*Dekonstruktiver Feminismus: Literaturwissenschaft in America*），法兰克福，Suhrkamp出版社，1992；另一个时尚背景下的“解构”概念参看：《解构时尚：制作未完成，服装的分解与重组》（*Deconstruction Fashion: the making of Unfinished, Decomposing and Re-assembled Clothes*），《时尚理论》期刊（*Fashion Theory*）第二卷第一期，1998年。

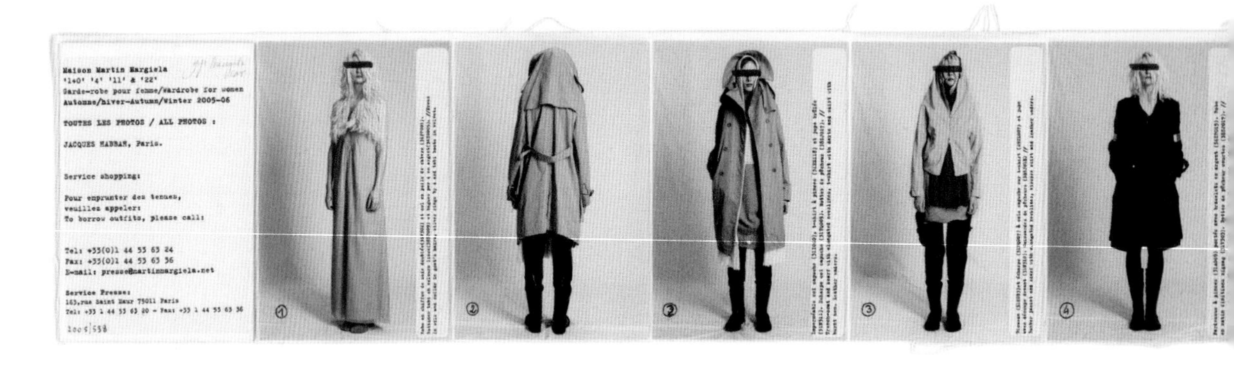

Maison Martin Margiela，2005—2006 秋冬系列目录

感的魅力，轻微地脱离于形态之外。在一个将严格对称当作美的标准的系统中，这样的“脱离”被看作缺陷。但正因如此，它在美学上才成就了自己的一派。

另外，一件汽油色、用粗羊毛手织的 V 领毛衣，就像父亲在滑雪或登山的时候会穿的毛衣一样，只是在肩部被切断。肩膀并没有因为切断被暴露出来，而是被一层像 20 世纪 50 年代尼龙丝袜一样的肉色透明面料包裹。这件衣服的幽默并不在于对性吸引力的扩大化——裸露的肩膀被出乎意料、几近超现实的切断突出。偷窥的欲望以一种奇怪的方式被满足。毛衣的复古风韵和尼龙面料完全不合，几乎丑得让人恶心。因为裸露的皮肤和面料之间的关系，这样的暴露变得非常矛盾，又美又丑。

在“Furniture”主题的部分有一件黑色羊毛军装外套，它很好地体现了对时尚系统的重新解读、结构分解以及重新设置。军装外套原本是使用防水的迷彩面料，为战壕里的战士们所设计。因为考虑到战时的极端条件，它的功能性很强，可以应付各种情况，所以今天也成为了男女衣橱中的常规单品。马吉拉对这款经典外套的解读我认为是最有意思的：没有别的衣服比它更不合身，而连在衣服上的椅罩简直就是对任何追求优雅合身剪裁的侮辱。椅罩的缝线因为本身的节奏性带来一种独特的美感，好像也是在和肩部原来只为了防雨的设计相互呼应。在高超的制衣技术下，椅罩意外地成为了一座优雅的雕塑，给穿着它的人带来一丝超现实感。它既没有过度地重塑身体廓形，又没有像肩饰一样直接为了功能无视身体的构造，实际上它把身体变得更美了。一件原本为了抵抗恶劣条件而设计的外套，因为肩上的斜裁面料，转变成了优雅的雕塑，成为了一个缠绕在身体上的创意。而露出的颈部和对肩膀的强调，让它仿佛还带有和晚礼服一样轻微的色情。亲密的身体在一个以功能为初衷的无视里，现在又加上一点讽刺，却不伤大雅。

马吉拉在最近的“设计师眼中的世界”展览[4]中展示了他对于时尚“解构／重构”的关系。在底片中马吉拉展示了他暴露在 X 光下的设计，从而让本来不可见的一面被暴露出来。完美却被隐藏的手工，以及迷人的短暂表现，这两个时尚的重要组成部分，在他的这个作品

---

4 “设计师眼中的世界”（*Le monde selon ses créateurs*），巴黎时尚博物馆加列拉宫，1991 年 6 月 6 日至 9 月 15 日。

Maison Martin Margiela，1999—2000 秋冬系列目录

中被卸下面具破坏了。这个过程被描述为“服饰秘史的重现”。[5] 而这些被马吉拉暴露的“秘史”，正是通常在一开始就已经完全被冲淡、无从了解的事实。

这种曝光带来的问题不只是揭露行业机密这么简单。菲利普·萨尔加多（Felipe Salgado）是第一批评论马吉拉时装的人，他写到过马吉拉的“解码”和“解构”。他通过一个夸张的对比带出马吉拉这个做法的激烈性。他说，马吉拉这么做，就好像掀起了巴黎的裙子，揭露了一个骇人的秘密。什么秘密呢？因为女性生殖器的外露威胁到了阉割，所以产生了焦虑？如果说时尚是一个将女性身体隐藏在恋物伪装下的过程，试图摆脱它性别歧视的可怕事实，并且变得有魅力，那么马吉拉则解构了时尚这个产品，将它的秘密公之于众，拆穿了它把女性物化的精妙伪装。女性气质中的拒绝性元素，充满拒绝的女性气质，在他的衣服中反复闪现。而与众不同的状态，阉割或是死亡，并没有压抑在他不清楚的身体当中，他将它们摆上台前，并美丽地重新定义。

他服装中的优雅来自于毁灭性与不可侵犯性的爆发。而这一点可以走到美和丑的临界点，然而却因为另一种美而被拯救：它不仅知道自己的生命有限，还身体力行地将这一点带到自己身上来。让年华老去的时间，偏离正常的个性，这些时尚所拒绝的、在自然发展中却又必定会出现的，在马吉拉的设计中都被保存了下来。

1. 品牌

当别的设计师忙于创造一种形象，一张脸，一个故事，一个名声，以便之后可以贩售香水和手袋，马吉拉却反传统地完全拒绝了这些。他没有经营自己，没有试图把自己打造成一个明星。他不去讲述自己的过往，分享自己的性格，不在公开场合露面，拒绝拍摄任何照片。在名字就是一切的市场中，他却隐姓埋名：既没有脸，也没有名。他的设计独立存在，并不个人化，不借助他的脸或名，为自己说话。[6]

5 奥利维·扎哈（Olivier Zahm）：《时尚之前，时尚之后——一个马丁·马吉拉的〈艺术论坛〉项目》（*Before and After Fashion - A Project for Artforum by Martin Margiela*），《艺术论坛》杂志（*Artforum*），1995 年 3 月。

6 参看：萨拉·摩尔：《神秘的马吉拉》（*Le mystère Margiela*），《Vogue》法国版，第 224 期，2002 年 2 月。

同样，他的模特们也是匿名的。时尚企业通常都是利用模特的形象来营销，而在马吉拉的出版物中，她们不作为广告形象出现，而是独立的人。他有时候把模特的眼睛划掉，或者让她们缠着很厚的面纱，高调地保护着身份。而在同样的世界里，像 Chanel 或者 Lancôme 这样的大公司却大张旗鼓地选着新面孔，只为给予品牌一个形象，一个声音，一个故事。特别是现在，你可以用凯特·摩丝卖出任何的东西，从 H&M 到 Dior。马吉拉选择摒弃激发购买欲的重要因素——对理想形象的自恋认同，以及在偶像现象中的自恋型参与。

匿名的政策不仅在品牌上完全体现，还贯彻到每一个店面当中。纽约分店开设在西村的砖瓦房之中，不是太好找。门的位置不是太显眼，也没有橱窗展示新一季的系列。在店前摆着一个廉价的、典型纽约式的告示牌，或许对于这个比较高级的区域太廉价了。你可以用单独的字母拼字，但它们通常都不是太整齐。像一般热狗摊会把价格写在上面，或者老电影院的场次告示。马丁·马吉拉的名字就写在这样一个告示牌上，不是太引人注目。它看起来那么过时，那么便宜，那么不时尚。招牌上的名字也不能代表永恒——它随机的字母组合更像是一种应急措施，好像会随时间消逝。进门之后，你会觉得非常舒适，让人联想到学生时代，就好像某个开心的流浪汉短暂地占据了这个地方。

同样出名的是，马吉拉从来不在他的设计上做任何的签名行为。取而代之的是，他会在每个单品里附上一个标签，就像父母在孩子校服上缝上的名牌一样。一块棉布的四个角被缝在衣服上，针迹从外面清晰可见，不知情的人会以为这是瑕疵品，或者就是一个孩子气的名牌。更重要的是，在这个标签上，没有任何的名字，只是一片空白，或者有时候是一串数字。所以一定程度上，马吉拉的服装做到了去品牌化。可是这个谦逊的品牌策略对于知情人来说，却可以成为辨别对方的名片。

2. 服装与时间

时尚总是最新的。每六个月，它敲锣打鼓地革新整个世界，完全重新发明自己，把所有在它之外的东西分离出来，划为不时尚。时尚不断给予“当下”形体，也只出现于“当下”，所以它也属于昨天，属于陈旧，属于过去。时尚否认时间的有限性，它只庆祝一个盲目的时刻：时间经过却了无痕迹的时刻。而老去的过程完全被排除在外，被定义为时尚的反面。时尚一直凌驾于变老、耗尽的时间之上。“时尚世纪”其实是自己掐掉了自己的时间。时尚用杀戮来存活。帮助可可·香奈儿创造了很多金句的保罗·莫朗（Paul Morand），曾把时尚比作“克星”——毁灭女神：“时尚越短暂越完美，因为没有人可以保护已经死去的东西。”[7] 时尚本身毁灭在它成真的那一刻。作为属于完美时刻的艺术，作为惊喜与完美形象的代表，它将某种理想实现，并最后一次，使用最后一瞥作为代价，让理想可得。而忧郁的面纱让转瞬即逝变成越发迷人的心痛的美丽。在时尚出现的瞬间，时间的质量被拿走，不再留下痕迹：模特们站在时间之外，代表标准的身体，不老不死。时尚，因为自己的定义，是忧伤又恋物

7 保罗·莫朗（Paul Morand）：《香奈儿的魅力》（*L'allure de Chanel*），巴黎，1976 年。

Maison Martin Margiela，2006—2007 秋冬系列

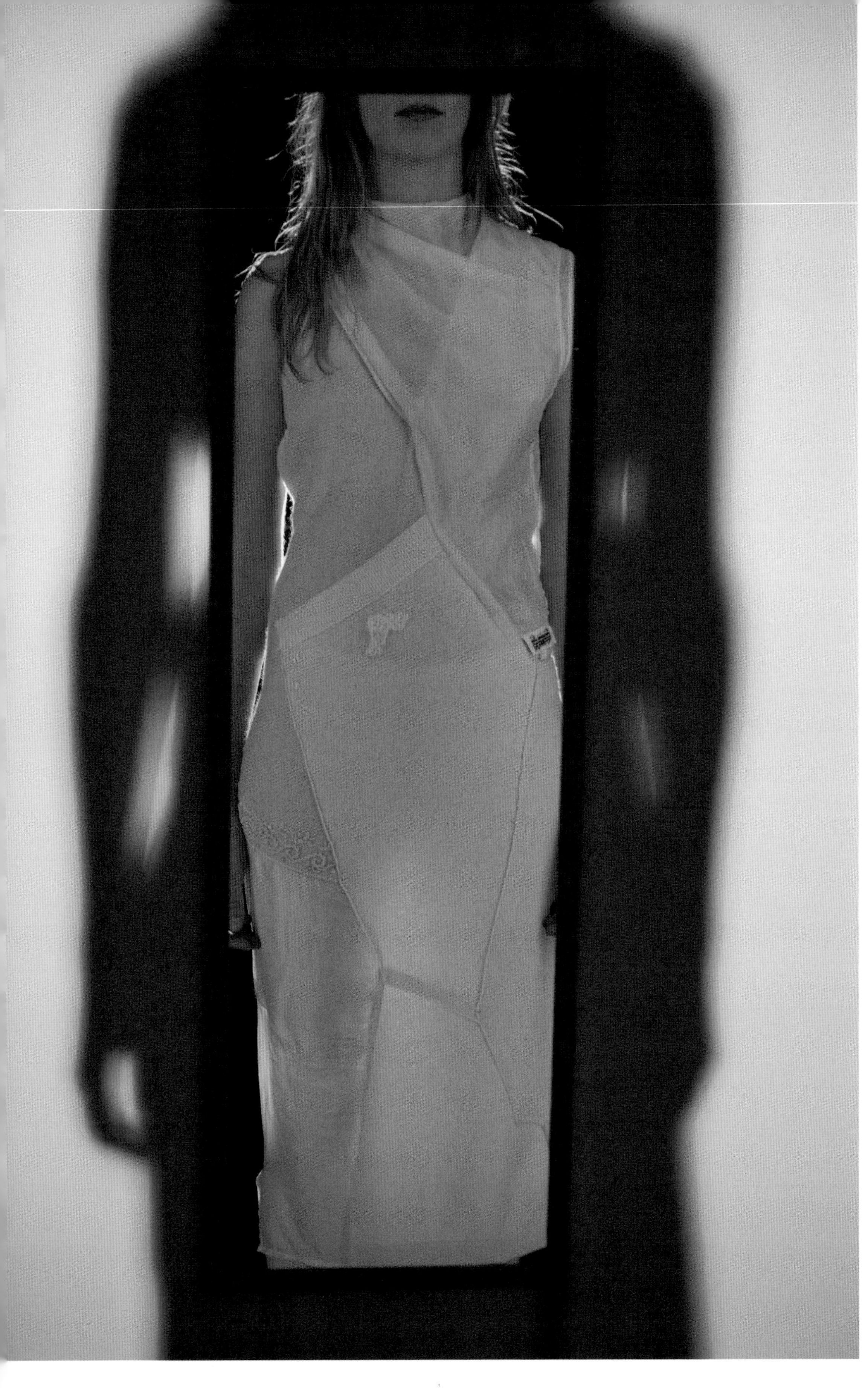

Maison Martin Margiela，2006—2007 秋冬系列

的；它否认死亡与时间，否认过去与不时尚，却被它们永远困扰。它用完美模特的肉体展示自己，结果只会被死亡更加无情地追逐。而现代时尚之后的时尚，往往只做一件事——解构“时尚世纪”的时间结构——一个被恋物癖主导的世纪。

时尚也有让所有事物焕然一新的能力，这体现在每年的时装秀中。这个季节性的节奏是马吉拉唯一遵守的规则——当然在这里他也不忘在暗中破坏它。比起看到上一季最喜欢的几个单品，什么才能更有效地打破这种对于新鲜的憧憬，忘记时间的渴望，以及对于当下的狂喜？一个展示旧物的系列？时尚是忘记一切的灵丹妙药，而马吉拉的时装却刚好与之相反，是记忆的艺术。他的服装是时间的象征，所用的材料上都饱含时间与使用的痕迹。他使用破旧的面料，既不试图让过去复活，又不想让过去来到永恒的现在，只是完整地让它们走在各自独有的死亡痕迹之上。它们展示了记忆的未知痕迹，刻画了它的期限。在最终的成品中，我们能清晰地看到材料制造的痕迹，以及被投入的工作时间。通常它也承载着对于某些特定风格的历史性见证，就像缩时摄影一样。如果说“时尚世纪”的核心结构在于被忘却的风格定期性的回归，一个又一个的时尚往往也把定量的时间注入它的材料当中：面料褪色的时间；制作的时间；被穿在身体上的时间。

马吉拉使用了很多被时尚抛弃的材料来制作他的衣服：毛毯，或是没有人想要再穿的衣服，即使缝线、毛毡或是旧手套他都不放过。今年他就用商标和洗涤标识做了一件背心。在一个基于快速与一次性消费的社会里，一个拯救不起眼、容易被抛弃材料的策略，有时候会显得特别任性，特别矫情。使用这样的方式做衣服，原材料本身并不花钱，只是投入在上面巨大的手工让它变得特别奢侈。但是随之带来的美观上的剩余价值却并不确定。比如用滑雪手套制成的滑雪夹克，以及商标背心，它们到底美不美，值得推敲。

另一个让废物美丽蜕变的例子，是马吉拉给薇欧奈的答案。玛德琳·薇欧奈（Madeleine Vionnet）开创了丝绸的斜裁，让衣服最大程度上适合人体曲线。在这一季的秋冬系列中，马吉拉用了20世纪40年代的象牙色、白色和蛋壳色的女装两件套毛衣，将它们织成一件晚礼服。有些毛衣上已经有虫蛀的痕迹，有些则已经褪色。这样的一件晚礼服非常合身，同时又不像斜裁那样损失很多材料。带着宽容的热情拥抱被抛弃的废物，并让它重生，在这个过程中诞生了一种全新的优雅。薇欧奈的斜裁礼服让人的身体看起来完整得像一座经典的雕塑，而马吉拉的再造礼服却让穿上它的身体徘徊在完整和破碎之间。这样的徘徊让女性气质无比优雅，它不再隐藏“被穿过”这个事实，不再否认生命的有限。

3. 恋物癖的女性美

没有任何其他的设计师像马吉拉这样带着力量与决心展现女性与物质的区别。身体，在时尚中被当作恋物的化身，而马吉拉则将身体的这个“地点”的性质可视化。这样的可能性来自于身体本身，因为它和其化身并不是完全相同的。它只是物化的女性特征这个“外体”的佩戴者。在对生老病死生命黑暗面的隐藏与模仿的背后，生命渐渐觉醒。马吉拉创作中的女性不再需要刻画物化后的女性形象：她们可以像理解任何“外体”一样理解它；她们不再

Maison Martin Margiela，印刷品，2005—2006 秋冬系列

是它的象征，而可以自己诠释它。他通过调整裁缝的人体模特——标准的身体，与女性——鲜活的身体之间的关系来达到这个效果。马吉拉在法式的优雅中发现了传统的弗拉芒痕迹，并将它变成了自己工作的主题——人体模特（弗拉芒语：Mannekin）：他在工作室中使用的用木头或布料制成的模特。他将这些人体模特推向台面：他让女性成为人体模特。他所完成的作品就像在模特台上一样：缝合线和缝皱，所有的制作轨迹都被暴露在外，清晰可见。而精妙的制衣技术就在女性模特刻画的模特台上生动体现，因为它不再静止。鲜活的模特穿着未完成的衣服，展现了作为吸引力的时尚与死亡之间的关系。在马吉拉身上，这个过程更加直白：现在它也可以逆转。被刻画的并不是没有生命的模特台，而是作为模特出现的、鲜活的身体。发现了自己和自己化身的不同，女性不再是为恋物而定制的物化存在，而是像一个外体一样佩戴着它，展示着它，一个可以穿在身上的死亡的征兆，一个新生的象征，一个生命的艺术。

这么看来，很多马吉拉的创造都是独一无二的。他的独特性在于对独立身体的不同感觉的列举。而所有的这些感觉，都是身体走向死亡道路上留下的痕迹。从瓦尔特·本雅明（Walter Benjamin）的观点来看，马吉拉的时尚做到了他的初衷——真实。一个回收毛毯的设计师，画完了一个圆，让我们得以回到 19 世纪的后半叶。用本雅明的观点，马吉拉可以说："设计方法：文学蒙太奇。我什么都不用说，展示就够了。我不偷取任何无价之宝，不借用任何精妙构想。但是这些毛毯，这些废弃物——我不会列举出它们，但是我允许它们成为它们自己，用唯一可能的办法：让它们变得有用。"[8] 只有这样的时尚才能在遭遇死亡的途中，成功地保存每一个奔向生命的时刻。

8　瓦尔特·本雅明（Walter Benjamin）：《"拱廊"计划》（*The Arcades Project*），剑桥，1999 年；也许加入了我的个人理解，参看：《黄金垃圾工人：马丁·马吉拉作品及展览评论》（*The Golden Dustman: a critical evaluation of the work of Martin Marginal and a review of Martin Margela: Exhibition 9/4/1615*），《时尚理论》期刊（*Fashion Theory*）第二卷第一期，1998 年。

32 | Autumn / Winter 2005-2006 Photographe : Marina Faust

ビンテージ・ウエディングドレス

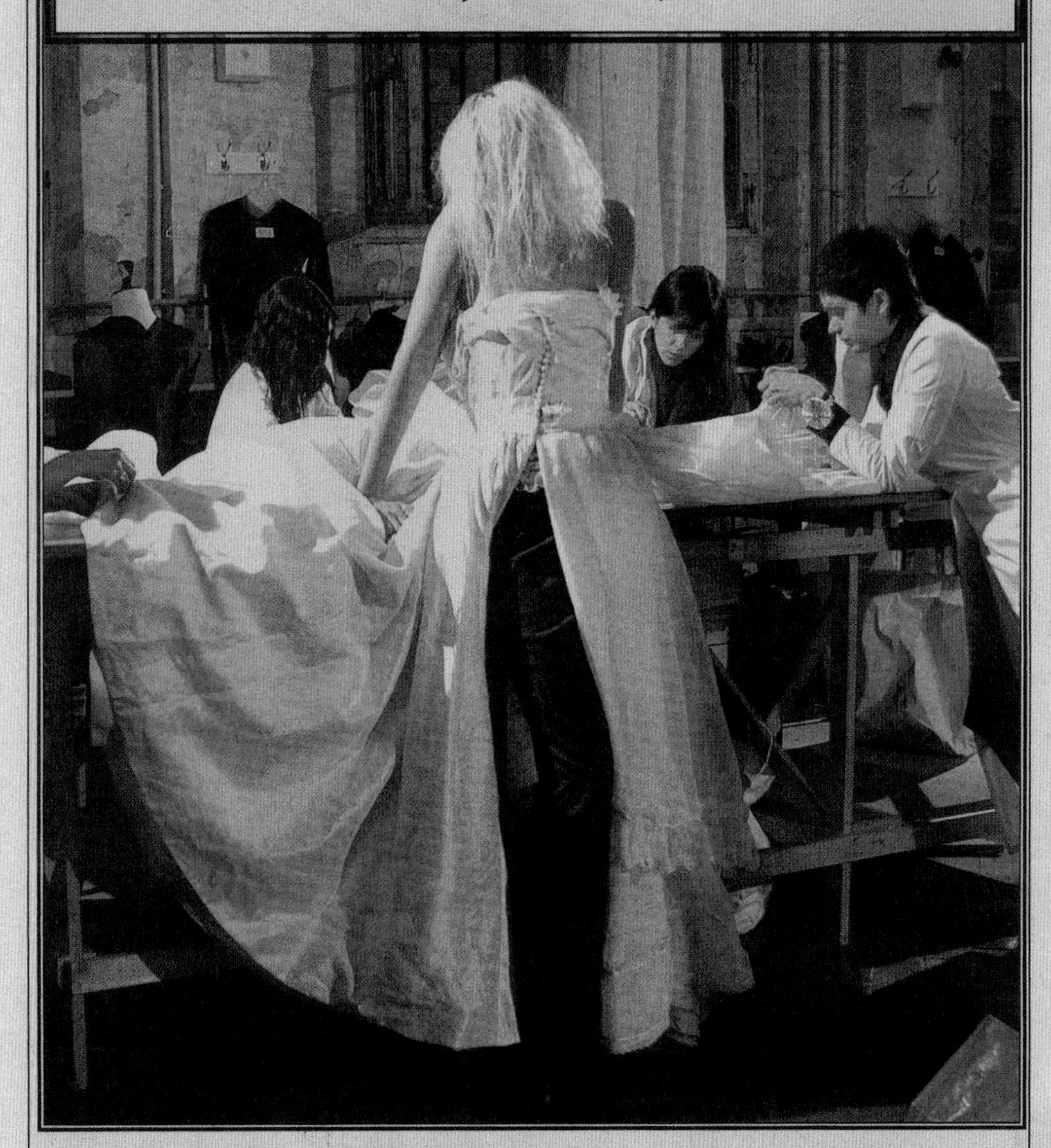

VINTAGE

WEDDING DRESSES ARE TRANSFORMED INTO

A BALL GOWN

スタイルも時代も異なる三着のウエディングドレスを組み合わせ、それをビンテージ・コルセットに縫いつけて、舞踏会ガウンが一つ一つクリエートされる。この作業は最初から最後まで型紙なし。直接マネキンに着付けるように進行する。ウエディングドレスをガウンのスカートに縫いつけないのは、スカートの前と後ろに大きなスプリットを入れるため。こうしてガウンが、完全な男性的スタイルのスーツとなる。ドレスの元の白は、そのままにすることもあり、黒に染め直すこともある。

Maison Martin Margiela，印刷品，2005—2006 秋冬系列

Maison Martin Margiela，涂鸦分趾靴，1991 年

Maison Martin Margiela，2002—2003 秋冬系列

图档说明

P3 Cornelie Tollens
P4 Marleen Daniëls
P6 Ronald Stoops
P8 Ronald Stoops
P10 Ronald Stoops
P11 Jean-François Carly
P12 Wouter Wiels
P13 Ronald Stoops
P14 来源不明
P19 Hilaire De Moor – Archive MoMu
P20–23 Raoul Van den Boom
P33 来源不明
P34 Ronald Stoops
P37（上、下右）unknown
P37（下左）Ronald Stoops
P39（左）Raoul Van den Boom
P39（右）Johan Mangelschots
P40 Johan Mangelschots
P41 Ronald Stoops
P42（左）Johan Mangelschots
P42（右）Ronald Stoops
P43 来源不明
P44 Marina Yee
P63 Patrick Robyn
P64 Bernadette & Toppaz
P67 Patrick Robyn
P68 Patrick Robyn
P73 Luc Willame
P74 Patrick Robyn
P90 Walter Van Beirendonck
P94–95 Ronald Stoops
P97 Ronald Stoops
P101 Marleen Daniëls
P107 Ronald Stoops
P111 Ronald Stoops
P112 Ronald Stoops
P114（右）Ronald Stoops
P114（左）Etienne Tordoir
P115（左）Alex Salinas
P115（右）Etienne Tordoir
P117 Carmen Freudenthal & Elle Verhagen
P118–119 Johan Sandberg
P120 Ronald Stoops
P122（左）Alex Salinas
P122（右）Archive Patrick Van Ommeslaeghe
P123 Archive Patrick Van Ommeslaeghe
P124 Taiyo Onorato & Nico Krebs
P127 Marleen Daniëls
P128 Jean-Baptiste Mondino
P130–131 Ronald Stoops
P132 Ronald Stoops
P133 来源不明
P136 Ronald Stoops
P139 Gillesz Schippers
P143 Paul Boudens
P146–147 Kayt Jones
P152 Ronald Stoops
P154 Ronald Stoops
P156–157 Ronald Stoops
P161 Nathaniel Goldberg
P164–165 Stephan Schneider
P167 Willy Vanderperre
P168 Paul Boudens
P170 Lieven Segers
P171 Paul Boudens
P174 Ronald Stoops
P175 Dirk Van Saene
P176–177 Patrice Stable
P179 Giovanni Giannoni
P180–181 Carmen Freudenthal & Elle Verhagen
P182–183 Elisabeth Broekaert
P184 Patrice Stable
P186 Katja Devlamynck
P187 Pieter Huybrechts & Ellen Smeets
P190–191 Ronald Stoops
P195 Dan Lecca
P198 Etienne Tordoir
P199 Alex Salinas
P200 Kurt de Wit
P203 Jean-François Carly
P206–209 Willy Vanderperre
P210 Ronald Stoops
P212–213 Jacques Habbah
P215 Piero Biasion
P216 Marina Faust
P218 Maison Martin Margiela
P219 Marina Faust
P220 Tatsuya Kitayama
P221 Maison Martin Margiela

时间线

P17 Vogue, Millennium Special, 1999.11
P18 Roger Violett
P20 Fondation Pierre Bergé – Yves Saint Laurent
P23 Hulton Getty/Tony Stone
P25（左）www.thx1138.com
P25（右）Sygma
P28 Vivienne Westwood – Rex Features
P29（上）*The Face*, Nr.1, 1980.5–
Chalkie Davies
P29（下）*i-D*, Nr.1, 1980
P30 *Flair*, Nr.1, 1981.1
P32（左 1、左 2）© *The book with no name*
P32（右 1）Nick Knight
P46 *Mode Dit is Belgisch*, 1983
P50 Sygma
P51 Bert Houbrechts
P53（上）Jean-Paul Gaultier – Peter
Lindbergh, in: *Six*, Nr.2, 1988
P53（下）Bodymap – Chris Moore
P55（左）Ray Petri for *The Face*, Nr.59, 1985
P55（右）DPA
P60 Anne Kurris
P66 Luc Willame
P76（左）Patrick Robyn
P76（右）Anne Kurris
P78 *The Face*, 1997.2
P80 Ronald Stoops/Jan Bosschaert
P87 Luc Willame
P98 Corinne Day, *The Face*, 1990.7
P103（上）© Calvin Klein
P103（下）Steven Meisel, Madonna–'Sex',
in: *Photo*, Nr. 297, 1992.11
P109 Inez Van Lamsweerde & Vinoodh
Matadin, in: *The Face*, 1994.4
P126 Larry Clark, in: *American Photo
Collecting*, Vol.8, Nr.2, 1997.3-4
P135 Anushka Blommers & Niels Schlumm
P138（左）Danny Clinch, Tupac Shakur in:
Vanity Fair, 1997.3
P138（右）Ebct Robcrts
P141 © Louis Vuitton, in: *Vogue*, 2001.5
P142 Thomas Vanhaute
P150 Bruce Weber, in: *The Face*, Nr.11, 1997.12
P151 © Tracy Emin, *My Bed*
P155 Dan Lecca
P159 来源不明
P163（右）Steven Meisel
P168（左）Bert Houbrechts
P168（右）© Hugo Maertens
P171 Paul Boudens
P172 Paul Boudens
P174 Etienne Tordoir
P184 Ronald Stoops
P192 Maison Martin Margiela/Paul Boudens
P200（左）Paolo Roversi/Paul Boudens
P200（右）Ronald Stoops/Paul Boudens
P202 Jun Takahashi/Paul Boudens

图书在版编目（CIP）数据

6+ 安特卫普时尚 /（比）琳达·洛帕（Linda Loppa）等著；吴俊伸译 . --
重庆：重庆大学出版社，2017.12（2018.4 重印）
书名原文：6+ Antwerp Fashion
ISBN 978-7-5689-0786-6

Ⅰ. ① 6… Ⅱ. ①琳… ②吴… Ⅲ. ①服装设计 – 学院 – 校史 – 比利时 Ⅳ. ① TS941.2-40

中国版本图书馆 CIP 数据核字（2017）第 205155 号

6+ 安特卫普时尚
6+ ANTEWEIPU SHISHANG

（比）琳达·洛帕　等著
吴俊伸　译

策划编辑　张　维
责任编辑　李衡熹
责任校对　邬小梅

重庆大学出版社出版发行
出版人　易树平
社址　（401331）重庆市沙坪坝区大学城西路 21 号
网址　http://www.cqup.com.cn
印刷　北京盛通股份印刷有限公司

开本：787mm×1092mm　1/16　印张：14　字数：224 千
2017 年 12 月第 1 版　2018 年 4 月第 2 次印刷
ISBN 978-7-5689-0786-6　定价：168.00 元

6+ ANTWERP FASHION

Published by arrangement with Uitgeverij Ludion through LEE's Literary Agency

版贸核渝字（2015）第052号